Programming in Android

Android 编程

钟元生 高成珍 主编

清华大学出版社
北京

内 容 简 介

本书是在教学实践的基础上反复提炼而成的,内容包括 Android 起步、Android 界面设计基础、Android 事件处理、Android 活动与意图(Activity 与 Intent)、Android 服务(Service)、Android 广播接收器(BroadcastReceiver)、Android 文件与本地数据库(SQLite)、Android 内容提供者(ContentProvider)应用、Android 图形图像处理、Android 界面设计进阶、Android GPS 位置服务与地图编程、Android 编程综合案例等。

书中内容全面、材料新颖、案例丰富、条理清晰,既可作为大学教材,又可作为自学 Android 编程的快速入门参考书。

本书封面贴有清华大学出版社防伪标签,无标签者不得销售。
版权所有,侵权必究。侵权举报电话: 010-62782989 13701121933

图书在版编目(CIP)数据

Android 编程/钟元生,高成珍主编. --北京: 清华大学出版社,2015
ISBN 978-7-302-41548-0

Ⅰ. ①A… Ⅱ. ①钟… ②高… Ⅲ. ①移动终端－应用程序－程序设计 Ⅳ. ①TN929.53

中国版本图书馆 CIP 数据核字(2015)第 216762 号

责任编辑: 袁勤勇　薛　阳
封面设计: 傅瑞学
责任校对: 白　蕾
责任印制: 刘海龙

出版发行: 清华大学出版社
网　　址: http://www.tup.com.cn, http://www.wqbook.com
地　　址: 北京清华大学学研大厦 A 座　　邮　编: 100084
社 总 机: 010-62770175　　邮　购: 010-62786544
投稿与读者服务: 010-62776969, c-service@tup.tsinghua.edu.cn
质量反馈: 010-62772015, zhiliang@tup.tsinghua.edu.cn
课件下载: http://www.tup.com.cn,010-62795954

印 装 者: 三河市少明印务有限公司
经　　销: 全国新华书店
开　　本: 185mm×260mm　　印　张: 18.5　　字　数: 425 千字
版　　次: 2015 年 11 月第 1 版　　印　次: 2015 年 11 月第 1 次印刷
印　　数: 1~2000
定　　价: 34.50 元

产品编号: 061812-01

作者简介

钟元生，江西财经大学软件与通信工程学院教授、学术委员会主任，电子商务专业博士生导师，教育技术学研究生导师组组长，浙江大学博士毕业，美国加州大学尔湾分校访问学者，江西省计算机学会理事，江西省政府学位委员会学科评议组成员，江西省中青年学科带头人；曾任江西财经大学本科教学质量评建创优专家组副组长、用友软件学院教学副院长，科技部科技支撑计划项目评审专家、江西省教学成果奖评审专家，多次担任IEEE电子商务国际学术会议程序委员；主持或参与国家自然科学基金、全国教育科学规划教育部重点课题、江西省自然科学基金、江西省工业支撑计划项目和江西省科技型中小企业技术创新基金项目
等10多项，江西省教育厅科技项目等其他省级以上项目多项。作为第一完成人获江西省教学成果一等奖两项，作为第二、第三完成人获省教学成果二、三等奖多项，获全国高校计算机基础教育优秀教材二等奖一项。出版专著两部，近年来主编《Android应用开发教程》、《Android编程经典案例解析》和《移动电子商务》等教材多部。

江西省大学生手机软件设计赛发起人、总策划和前三届竞赛的专家委员会主任，正在联合全国百所高校举办全国大学生手机软件邀请赛。

创办倚动实验室，基于软件工厂思想，探索移动互联网领域的软件设计、服务创新和人才培养等。培养了软件工程、计算机科学与技术、电子商务、教育技术、MBA等专业的一大批研究生。

高成珍，本科院校计算机专业教师，江西财经大学软件与通信工程学院教育技术学专业移动学习与手机软件开发方向硕士毕业，作为骨干开发完成了《Android手机编程》网络课程，曾任江西省大学生手机软件设计赛——Android编程指导教师培训班主讲教师、竞赛命题专家和评审教师；参与创建的Android编程网络学习社区——倚动实验室，影响越来越大。主编的教材《Android编程经典案例解析》在清华大学出版社出版。

阅 读 指 南

本书假定读者懂得一些基本的 Java 语法知识,具有一定的 Java 编程经验。如果没有 Java 基础,也可阅读本书,但在涉及 Java 知识时,建议去补充学习一些相关的 Java 知识。

书中示例较多,源代码较长。本书注重示例的程序分析,为了方便介绍知识重点、压缩篇幅,仅列出一些关键代码,读者可从本书配套网站下载完整源码。

建议读者基于书中说明和关键代码自己补充完成程序,而不主张一开始就下载程序、粗看、调通并对比运行结果。仅在反复尝试失败时,才看下载的源码。

为便于教学,书中源码分别添加了行号,为一些关键语句添加了注释,例如:

```
1   public class MainActivity extends Activity {
2       public void onCreate(Bundle savedInstanceState){
3           super.onCreate(savedInstanceState);            →调用父类的该方法
4           setContentView(R.layout.activity_main);        →设置 Activity 对应的
                                                            →界面布局文件
5       }
6       public boolean onCreateOptionsMenu(Menu menu){     →创建选项菜单
7           getMenuInflater().inflate(R.menu.activity_main, menu);   →指定菜单资源
8           return true;
9       }
10  }
```

其中,左边的 1、2、3、5……10 表示行号,中间的"super.onCreate(savedInstanceState);"才是真实的程序代码内容。"→"及后面的内容"调用父类的该方法"表示对中间代码的注释,非真实编程时所需,请读者注意。

为了方便读者学习,倚动实验室网站上提供了本书相关资源的下载路径,包括源码、课件、教学视频、试题等,网址为 http://WWW.xs360.cn/book。

特别是,我们在以往录制的"手把手教你学 android"教学视频基础上,根据本书的新结构重新录制或编辑了具有微课性质的短小精炼的小视频,便于读者学习时使用。

在学习或使用本书过程中有什么疑问或有什么好的建议,欢迎通过 QQ 群:482198687(Android 学习交流群)或 QQ:1281147324、645595894 与我们联系。

在教学实践中,我们发现很多同学上机调试时遇到一些错误就束手无策。本书整理了 Android 上机调试中的部分常见错误与程序调试方法(见附录 A),希望对这些同学有所帮助。

前言

近年来,移动互联网的影响越来越大,Android终端越来越普及,各种新的APP层出不穷。谁更早地掌握了手机编程技术,谁就占有发展先机。现在,越来越多高校开设Android编程课,希望有一本好的教材。

为此,我们在江西省大学生手机软件设计赛指导教师"Android编程"培训班和多年Android教学经验的基础上,完成本书。本书努力做到:

(1) 既介绍Android基本语法、基本知识和基本应用,又介绍可直接运行的应用教学案例。使教师容易教学,学生能寓学于练、寓学于用。

(2) 不仅注重讲解语法细节,而且循序渐进地引导和启发学生建构自己的知识体系,包括用图解法详细分析Android应用程序的结构、运行过程以及各部分间的调用关系,演示Android应用的开发流程,给出一些关键代码由学生自己去重组和实现相应功能。

(3) 重点关注手机应用中的常见案例,将有关知识串联起来。结合学生用Android手机的体验,逐步引导他们深入思考其内部实现。每章都有一些练习题,以帮助学生自测。

本书由钟元生担任主编,负责全书的组织设计、质量控制和统稿定稿。各章分工如下:钟元生负责第1、第2和第10章,同时指导和参与了其余各章的编写、修改;高成珍负责第3、4、7、8、11和12章,徐军负责第5章,朱文强负责第6章,涂云钊负责第9章。研究生刘平、何英、章雯、陈海俊、吴微微、高必梵、杨旭、邵婷婷等参与了初稿讨论、编辑加工以及配套教学课件的制作工作。陈海俊做了大量的初稿排版工作。

许多领导与朋友为本书编写、大学生手机软件设计赛提供了无私支援。特别是江西财经大学校长、博士生导师王乔教授,在百忙之中过问竞赛并特批经费支持;江西省科技厅副厅长(原江西财经大学副校长)、博士生导师卢福财教授对竞赛给予了大力支持;江西省教育厅高等院校科技开发办公室主任陈东林编审、省教育工委党校校长杜侦研究员参与策划竞赛。江西财经大学软件与通信工程学院院长关爱浩博士、党委书记李新海先生、副院长黄茂军博士、副院长白耀辉博士、副院长邓庆山博士,现代经济管理学院院长、博士生导师陆长平教授,经济管理与创业模拟实验中心主任、博士生导师夏家莉教授,协同创新中心监测预警仿真部主任万本庭博士,以及清华大学出版社副社长卢先和先生、计算机分社袁勤勇主任以不同的形式对我们的工作提供了许多帮助。对上述领导与朋友们的帮助,我们深表感谢。

希望本书能帮助Android任课教师更快地教好Android编程课,也能帮助使用本书的学生更快更扎实地掌握Android应用开发技能。

编　者
于南昌江西财经大学麦庐园
2015年10月

目 录

第1章 Android 起步 <<< 1
- 1.1 初识 Android ……………………………………………………………… 2
  - 1.1.1 Android 的概述 ……………………………………………………… 2
  - 1.1.2 Android 的体系结构 ………………………………………………… 3
- 1.2 搭建 Android 开发环境 ………………………………………………… 4
  - 1.2.1 安装 JDK 和配置 Java 开发环境 …………………………………… 5
  - 1.2.2 Eclipse、Android SDK 和 ADT 三合一安装包的安装 …………… 8
  - 1.2.3 管理模拟器 …………………………………………………………… 10
- 1.3 开发第一个 Android 应用 ……………………………………………… 13
  - 1.3.1 创建 Android 项目 …………………………………………………… 13
  - 1.3.2 运行 Android 应用 …………………………………………………… 16
- 1.4 Android 应用结构分析 …………………………………………………… 16
  - 1.4.1 Android 应用程序的结构 …………………………………………… 16
  - 1.4.2 Android 应用程序运行过程 ………………………………………… 18
  - 1.4.3 Android 应用下载与安装 …………………………………………… 21
  - 1.4.4 Android 四大基本组件介绍 ………………………………………… 21
  - 1.4.5 Android 设计的 MVC 模式 ………………………………………… 22
- 1.5 本章小结 …………………………………………………………………… 24
- 课后练习 ……………………………………………………………………… 24

第2章 Android 界面设计基础 <<< 26
- 2.1 基础 View 控件 …………………………………………………………… 27
  - 2.1.1 View 与 ViewGroup 控件 …………………………………………… 27
  - 2.1.2 文本显示框 TextView ……………………………………………… 29
  - 2.1.3 文本编辑框 EditText ……………………………………………… 30
  - 2.1.4 按钮 Button ………………………………………………………… 30
  - 2.1.5 应用举例 ……………………………………………………………… 31
- 2.2 布局管理器 ………………………………………………………………… 37
  - 2.2.1 线性布局 ……………………………………………………………… 37
  - 2.2.2 表格布局 ……………………………………………………………… 38
  - 2.2.3 相对布局 ……………………………………………………………… 39
  - 2.2.4 其他布局 ……………………………………………………………… 39

2.2.5　布局的综合运用 ·· 40
　2.3　开发自定义 View ·· 44
　2.4　本章小结 ·· 45
　课后练习 ··· 46

第 3 章　Android 事件处理　　<<< 48
　3.1　Android 的事件处理机制 ·· 50
　　3.1.1　基于监听的事件处理 ··· 50
　　3.1.2　基于回调的事件处理 ··· 58
　　3.1.3　直接绑定到标签 ··· 61
　3.2　Handler 消息传递机制 ··· 62
　3.3　异步任务处理 ·· 65
　3.4　本章小结 ·· 69
　课后练习 ··· 69

第 4 章　Android 活动与意图（Activity 与 Intent）　　<<< 71
　4.1　Activity 详解 ·· 73
　　4.1.1　Activity 概述 ·· 73
　　4.1.2　创建和配置 Activity ·· 74
　　4.1.3　启动和关闭 Activity ·· 75
　　4.1.4　Activity 的生命周期 ·· 76
　　4.1.5　Activity 间的数据传递 ··· 82
　4.2　Intent 详解 ··· 92
　　4.2.1　Intent 概述 ··· 92
　　4.2.2　Intent 构成 ··· 93
　　4.2.3　Intent 解析 ··· 96
　4.3　本章小结 ·· 100
　课后练习 ··· 100

第 5 章　Android 服务（Service）　　<<< 102
　5.1　Service 概述 ··· 103
　　5.1.1　Service 介绍 ··· 103
　　5.1.2　启动 Service 的两种方式 ·· 103
　　5.1.3　Service 中的常用方法 ·· 104
　　5.1.4　绑定 Service 过程 ··· 107
　　5.1.5　Service 生命周期 ·· 112
　5.2　跨进程调用 Service ·· 113
　　5.2.1　什么是 AIDL 服务 ·· 114

5.2.2 建立 AIDL 文件 114
5.2.3 建立 AIDL 服务端 115
5.2.4 建立 AIDL 客户端 116
5.3 调用系统服务 118
5.4 本章小结 119
课后练习 120

第 6 章 Android 广播接收器（BroadcastReceiver） <<< 121
6.1 BroadcastReceiver 介绍 122
6.2 发送广播的两种方式 123
6.3 音乐播放器 125
6.4 本章小结 131
课后练习 132

第 7 章 Android 文件与本地数据库（SQLite） <<< 133
7.1 文件存储 134
7.1.1 手机内部存储空间文件的存取 134
7.1.2 读写 SD 卡上的文件 138
7.2 SharedPreferences 141
7.2.1 SharedPreferences 的存储位置和格式 141
7.2.2 读写其他应用的 SharedPreferences 147
7.3 SQLite 数据库 148
7.3.1 SQLite 数据库简介 148
7.3.2 SQLite 数据库相关类 149
7.4 本章小结 159
课后练习 159

第 8 章 Android 内容提供者（ContentProvider）应用 <<< 160
8.1 ContentProvider 简介 161
8.2 ContentProvider 操作常用类 162
8.2.1 URI 基础 162
8.2.2 URI 操作类 UriMatcher 和 ContentUris 163
8.2.3 ContentResolver 类 164
8.3 ContentProvider 应用实例 164
8.3.1 用 ContentResolver 操纵 ContentProvider 提供的数据 164
8.3.2 开发自己的 ContentProvider 167
8.4 获取网络资源 171
8.5 本章小结 175

课后练习 ·· 175

第 9 章　Android 图形图像处理　<<< 176

- 9.1　简单图片和逐帧动画 ·· 178
  - 9.1.1　简单图片 ··· 179
  - 9.1.2　逐帧动画 ··· 182
  - 9.1.3　示例讲解 ··· 184
- 9.2　自定义绘图 ·· 184
  - 9.2.1　Canvas 和 Paint ··· 185
  - 9.2.2　Shader ··· 186
  - 9.2.3　Path 和 PathEffect ·· 187
  - 9.2.4　示例讲解 ··· 188
- 9.3　本章小结 ··· 191
- 课后练习 ··· 191

第 10 章　Android 界面设计进阶　<<< 193

- 10.1　图片控件 ··· 194
  - 10.1.1　ImageView 图片视图 ··· 194
  - 10.1.2　ImageButton 图片按钮 ··· 195
  - 10.1.3　ImageSwitcher 图片切换器 ··· 198
- 10.2　列表视图 ··· 199
  - 10.2.1　AutoCompleteTextView 自动提示 ··· 199
  - 10.2.2　Spinner 列表 ··· 201
  - 10.2.3　ListView 列表 ·· 202
  - 10.2.4　ExpandableListView 扩展下拉列表 ··· 204
- 10.3　对话框 ·· 207
  - 10.3.1　对话框简介 ··· 207
  - 10.3.2　创建对话框 ··· 210
  - 10.3.3　自定义对话框 ·· 212
- 10.4　菜单 ··· 214
  - 10.4.1　选项菜单 ·· 214
  - 10.4.2　上下文菜单 ··· 220
- 10.5　本章小结 ··· 223
- 课后练习 ··· 224

第 11 章　Android GPS 位置服务与地图编程　<<< 226

- 11.1　GPS 位置服务编程 ·· 227
  - 11.1.1　支持位置服务的核心 API ··· 227

11.1.2　简单位置服务应用……………………………………………229
　11.2　Google Map 服务编程……………………………………………232
　　　11.2.1　使用 Google 地图的准备工作………………………………232
　　　11.2.2　根据位置信息在地图上定位…………………………………236
　11.3　本章小结……………………………………………………………241
　课后练习……………………………………………………………………242

第 12 章　Android 编程综合案例　　<<< 243

　12.1　"校园通"概述……………………………………………………244
　12.2　"校园通"应用程序结构…………………………………………245
　12.3　"校园通"应用程序功能模块……………………………………246
　　　12.3.1　"学校生活"模块……………………………………………248
　　　12.3.2　"出行指南"模块……………………………………………254
　　　12.3.3　"游玩南昌"模块……………………………………………264
　　　12.3.4　"号码百事通"模块…………………………………………265
　12.4　注意事项……………………………………………………………271
　12.5　本章小结……………………………………………………………272
　课后习题……………………………………………………………………272

附录　Android 中常见的错误与程序调试方法　　<<< 273

参考文献　　<<< 282

Android 起步

本章要点

- 初识 Android
- 搭建 Android 开发环境
- 开发第一个 Android 应用
- Android 应用结构分析
- Android 应用的下载与安装

本章知识结构图

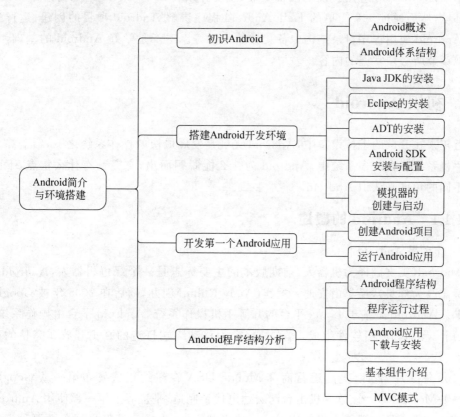

本章示例

Android 环境搭建成功后,创建第一个 Android 项目,启动模拟器,并运行 Android

程序,效果如图 1-1 所示。

图 1-1 本章示例效果

本章是 Android 应用开发的准备章节,主要介绍什么是 Android,如何搭建 Android 开发环境,然后通过一个简单的 HelloAndroid 程序讲解 Android 项目的创建、运行过程以及 Android 应用程序目录结构中各文件的作用等。本章是学好 Android 的基础,是学习其他章节所必须掌握的内容。

1.1 初识 Android

近年来在开放的手持设备中,Android 无疑是发展最快的操作系统之一,覆盖高、中、低端手机系统。在众多系统中,Android 为什么能脱颖而出,它究竟有什么特点,下面我们从不同的角度来认识 Android。

1.1.1 Android 的概述

1. 什么是 Android

Android(英文翻译为机器人,前期版本的主要标志是一个绿色机器人,Android 3.0 之后标志改为蜂巢),最早由安迪·罗宾(Andy Rubin)创办,随后在 2005 年被 Google 公司收购。Android 是基于 Linux 平台的开源手机操作系统,Android 平台由操作系统、中间件、用户界面和应用软件组成,号称是首个为移动终端打造的真正开放和完整的移动软件。

2008 年 9 月 22 日,美国运营商 T-Mobile USA 在纽约正式发布第一款 Google 手机——T-Mobile G1。该款手机由台湾宏达电代工制造,是世界上第一部使用 Android 操作系统的手机。目前智能手机的应用已经越来越广泛,市场上已经出现数百万种运行于 Android 平台的手机应用软件,涉及办公软件、影视娱乐软件、游戏软件等应用领域,可以说已深入到移动应用的方方面面。应用软件开发人才的需求数量庞大,据统计,软件应用类 Android 开发人才的需求约占总需求的 72%。

2. Android 的特点

Android 的特点包括开放性、平等性、无界性、方便性、硬件的丰富性等。

1.1.2 Android 的体系结构

Android 系统的底层建立在 Linux 系统之上。该平台由操作系统、中间件、用户界面和应用软件 4 层组成，采用一种被称为软件叠层(Software Stack)的方式进行构建。这种软件叠层结构使得层与层之间相互分离，以明确各层的分工。这种分工保证了层与层之间的低耦合，当下层的层内或层下发生改变时，上层应用程序无须做任何改变。

Android 体系结构主要由三部分组成。底层以 Linux 内核工作为基础，主要由 C 语言开发，提供基本功能；中间层包括函数库 Library 和 Dalvik 虚拟机，由 C++ 语言开发。最上层是各种应用框架和应用软件，包括通话程序、短信程序等。应用软件则由各公司自行开发，主要是以 Java 语言编写。可以把 Android 看作是一个类似于 Windows 的操作系统。Android 的体系结构如图 1-2 所示。

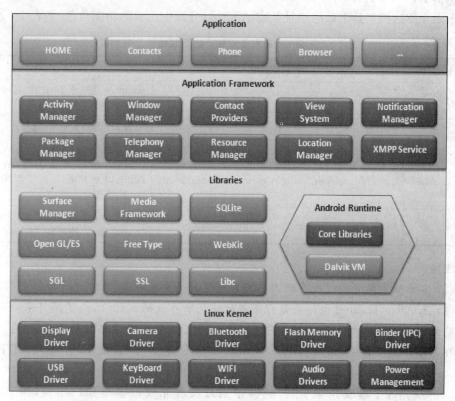

图 1-2 Android 系统的体系结构

1. 应用程序(APPLICATIONS)

Android 内有一系列的核心应用，如短信程序、日历工具、地图浏览器、网页浏览器等工具，以及基于 Android 平台的应用程序框架，所有的应用都是用 Java 语言编写的。

2. 应用程序框架（APPLICATION FRAMEWORK）

开发者可以完全使用与内核应用程序相同的框架，这些框架用于简化和重用应用程序的组件。若某程序能够"暴露"其内容，则其他程序就可以使用这些内容。例如 Android 的 4 大组件：Activity、Service、ContentProvider、BroadcastReceiver。

3. 系统运行库层（LIBRARIES）

Android 定义了一套 C/C++ 开发库供 Android 平台的其他组件使用。这些功能通过 Android 应用程序框架提供给开发者，开发者是不能直接使用这些库的。

4. Linux 内核层（LINUX KERNEL）

Android 的核心系统服务依赖于 Linux 2.6 内核，如安全性、内存管理、进程管理、网络协议栈和驱动模型。Linux 内核也同时作为硬件和软件栈之间的抽象层。

1.2 搭建 Android 开发环境

本书示例的运行环境为 Java JDK1.6＋Eclipse4.2＋ADT20.0.3＋Android SDK 4.4。下面介绍这些工具下载的地址及在 Android 开发中扮演的功能角色，如表 1-1 所示。

表 1-1 Android 开发所需软件的下载地址及其功能

软件名称	下载地址	功能角色
Java JDK	http://java.sun.com	Android 是基于 Java 的，需要安装 Java 运行环境
Eclipse	http://www.eclipse.org	免费、开源的集成开发工具，方便、快捷开发
Android SDK	http://developer.android.com/sdk/index.html	Android 应用开发工具包，包含 Android 程序运行所需要的各种资源、类库
ADT	https://dl-ssl.google.com/android/eclipse/	将 Eclipse 和 Android SDK 连接起来的纽带，方便开发 Android 程序

注意：

（1）本章假定读者已将所有的工具安装包下载并存放在 D:\android 文件夹下。

（2）上述 D:\android 文件夹是指下载软件包所存放的文件夹，而不是将来运行的开发环境文件所存放的文件夹。本书不特别指定时，后面假定开发环境均存放在 F:盘。

在上述开发工具中，Java JDK 和 Android SDK 是必需的，而 Eclipse 和 ADT 是可选的。

Eclipse 是一个集成开发工具，能够帮助开发者完成很多繁琐的事情，而 ADT 是 Eclipse 中开发 Android 应用所需要的插件，使用它们可以提高开发者的开发速度和效率。实际上，完全可以通过记事本和命令行来开发和运行 Android 应用程序。

Android4.2 之后官方提供了三合一的安装包，当前最新版本为 4.4。

三合一安装包包括 Eclipse、android SDK 和 Anroid ADT 三部分，只要直接解包即可，极大地简化了安装过程，便利初学者。

三合一安装包的下载地址是：

http://dl.google.com/android/adt/adt-bundle-windows-x86-20131030.zip（官方网站）

本教程选用三合一安装包来配置 android 开发环境。

这些工具的安装流程与主要步骤如图 1-3 所示。

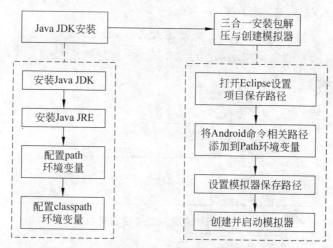

图 1-3　Android 开发环境搭建的流程与主要步骤

1.2.1　安装 JDK 和配置 Java 开发环境

Android 程序是基于 Java 语言的，若要开发和运行 Android 程序，必须首先安装 Java JDK，并对其进行简单配置。

1. JDK1.6 程序的安装

单击下载好的 Java JDK 安装包，然后弹出提示框，单击"下一步"按钮，直到选择安装目录，如图 1-4 所示，此处将 Java JDK 安装在 F:\Java\jdk1.6.0_10\目录下，然后继续单击"下一步"（安装目录可任意设置，建议选择的安装目录中最好不要包含中文和空格）。

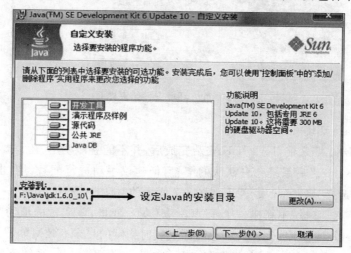

图 1-4　设定 JDK 安装目录图

JDK(Java 开发工具)安装过程中,系统会自动安装 JRE(Java 运行时环境),更改 JRE 的安装目录,将其与 JDK 放在同一目录下,如图 1-5 所示。

图 1-5　设定 JRE 安装目录

安装完成后,出现如图 1-6 所示的界面。

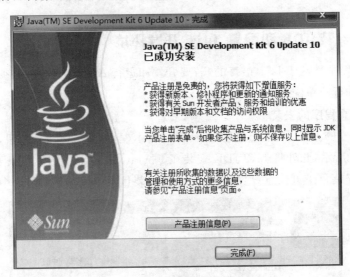

图 1-6　Java 环境安装结束界面

2. 配置 Java 环境

在 Java JDK1.5 之前,Java JDK 安装完成后,并不能立即使用,还需要配置相关环境变量,Java JDK1.5 之后系统会有默认的配置,但建议手动进行配置。右击"计算机"(或"我的电脑"),选择"属性"选项,弹出如图 1-7 所示的对话框,选择"高级"→"环境变量"。

首先,在"系统变量"中新建一个 JAVA_HOME 变量,该变量的值为 JDK 的安装目录。在此为 F:\Java\jdk1.6.0_10\(与前面安装时指定的目录一致),如图 1-8 所示。

建议 JAVA_HOME 变量名为大写,表示常量。但 Windows 系统不区分大小写,即

第 1 章 Android 起步

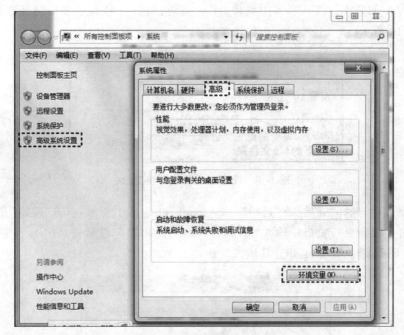

图 1-7 "系统属性"对话框

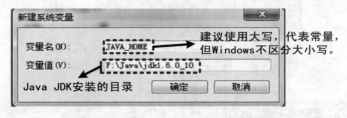

图 1-8 JAVA_HOME 环境变量设置图

大写、小写、大小写混合表示同一个变量名,虽不会出错,但不符合规范。

注意:变量值后不需要加任何符号。

然后在系统变量中查找 Path 变量,如果存在,则将 JDK 安装目录下的 bin 文件夹添加其后,多个目录以分号(";")隔开,如图 1-9 所示。如果不存在则新建一个,然后将 bin 目录放进去即可。%JAVA_HOME%\bin 代表的路径就是 F:\Java\jdk1.6.0_10\bin。

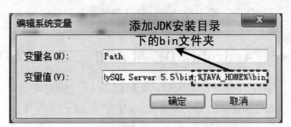

图 1-9 在 path 变量中添加 Java bin 目录

新建 classpath 环境变量,该变量的值为 JDK 安装目录下 lib 文件夹的路径,在此为

":;%JAVA_HOME%\lib",其中点(.)表示当前目录,分号表示多个路径之间的分隔符,如图 1-10 所示。

图 1-10　设定 classpath 环境变量

配置完成后,选择"开始"→"运行",输入 cmd,如图 1-11 所示,单击"确定"按钮,打开命令行窗口。在命令行窗口中输入"java -version"命令,若能显示安装的 Java 版本信息,如图 1-12 所示,则表明 Java 开发环境搭建成功。

图 1-11　打开命令行窗口的命令

图 1-12　Java 环境测试结果

1.2.2　Eclipse、Android SDK 和 ADT 三合一安装包的安装

已经安装了 Java JDK 1.6 并配置好 Java 环境后,直接解压三合一安装包,就可以直接在 Eclipse 目录下运行 Eclipse.exe,即可直接开发 Android 程序。

解压官方提供的 Android 三合一安装包,解压后包含三个文件夹,如图 1-13 所示。打开 eclipse 文件夹,启动 Eclipse,第一次启动时,会弹出如图 1-14 所示的对话框,确定项目默认存放的位置,这里将其放在 F 盘下的 android 文件夹下,如果文件夹不存在,系统将会自动创建。勾选"不再询问"复选框,并单击 OK 按钮。

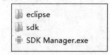

图 1-13　Android 三合一
　　　　安装包中内容

图 1-14　Eclipse 第一次启动时弹出存放位置对话框

当出现 Eclipse Java EE IDE for Web Developers 标题时,说明 Eclipse 正常可用。Eclipse 的默认设置是不能开发 Android 程序的,需要安装相应的插件 ADT(Android Develop Tools)。但三合一安装包解包后,Eclipse 中就已经包含了 ADT 插件,其标志是在 Eclipse 的菜单栏中多了两个按钮(如图 1-15 所示)。

图 1-15　Eclipse 菜单栏上的两个图标

查看 Android 的安装目录,包含许多文件夹,各个文件夹的作用如表 1-2 所示。

表 1-2　Android SDK 完整开发包下各文件的作用

文 件 名 称	文件夹及文件的作用
add-ons	该目录下存放额外的附件软件
docs	该文件夹下存放 Android SDK 开发文件和 API 文档等
extras	该目录下存放一些额外的插件
platforms	该目录下存放所包含的 Android 版本
platform-tools	该目录下存放 Android 平台相关的工具
samples	该目录下存放 Android 平台的一些示例程序
sources	该目录下存放 Android 的源文件
system-images	该目录下存放系统所使用的图片
temp	该目录用于存放一些临时文件

续表

文 件 名 称	文件夹及文件的作用
tools	该目录下存放大量 Android 开发、调试的工具
AVD Manager.exe	Android 模拟器管理器
SDK Manager.exe	Android SDK 管理器
SDK Readme.txt	SDK 使用说明

注意：为了能在命令行窗口使用 Android SDK 的各种工具，建议将 Android SDK 目录下的 tools 子目录、platform-tools 子目录添加到系统的 Path 环境变量中。

1.2.3　管理模拟器

Android 程序的运行需要相应设备的支持，既可以是真实的 Android 手机，也可以是 Android 提供的模拟器，下面介绍模拟器的使用方法。

管理模拟器有两种方式：在命令行中输入相应命令或用 Eclipse 的图形化界面管理。

1. 命令行管理 AVD

在命令行下管理 AVD 需要借助于 Android 命令（位于 Android SDK 安装目录的 tools 子目录下），如果直接执行 android 命令将会启动 Android SDK 和 AVD 管理器。除此之外，该命令还支持如表 1-3 所示的子命令。

表 1-3　Android 支持的命令

命　　令	功　　能
android list	列出机器上所有已经安装的 Android 版本和 AVD 设备
android list avd	列出机器上所有已经安装的 AVD 设备
android list target	列出机器上所有已经安装的 Android 版本
android create avd	创建一个 AVD 设备
android move avd	移动或重命名一个 AVD 设备
android delete avd	删除一个 AVD 设备
android update avd	更新 AVD 设备使之符合新的 SDK 环境

创建和启动模拟器的命令如下：

（1）android create avd　-n<avd 名称>　-t <android 版本>

（2）emulator　-avd<avd 名称>　启动指定模拟器

例如需要创建一个名为 myAVD 的 AVD 设备，则可输入如下命令：Android create avd　-n　myAVD　-t　3，如图 1-16 所示。3 代表 Android4.4 所对应的序号，如果仅有一个 Android 版本，则为 1；否则可通过 list target 查看 Android 版本所对应的序号。

提示 Do you wish to create a custom hardware profile [no]，这里直接按回车键就可以创建 AVD 设备。创建的 AVD 设备信息如图 1-17 所示。

图 1-16 使用 create 创建 AVD 的命令

图 1-17 已创建模拟设备的信息

输入 android list avd 查看已安装的 AVD 设备，如图 1-18 所示。

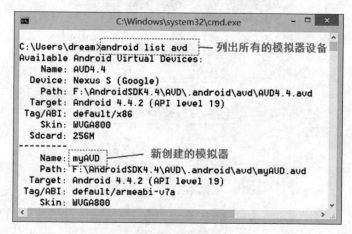

图 1-18 列出已经创建的 AVD 设备

注意：

（1）创建、删除和浏览 AVD 之前，通常应该先为 Android SDK 设置一个环境变量 ANDROID_SDK_HOME，该环境变量的值为磁盘上一个已有的路径（可任选）。

（2）如果不设置该环境变量，开发者创建的虚拟设备默认保存在 C:\Documents and Setting\<user_name>\.android 目录下，不同系统路径有所差异。

（3）如果设置了 ANDROID_SDK_HOME 环境变量，那么虚拟设备就会保存在 %ANDROID_SDK_HOME%\.android 路径下。注意它与 JAVA_HOME 等环境变量的区别，它们都是指向自身的安装目录。

2. 图形化管理 AVD（Android 虚拟设备管理器）

单击 Eclipse 菜单栏中的 图标，弹出 AVD 管理界面或者在 Eclipse 中选中 Windows→AVD Manager，弹出 AVD 管理界面，如图 1-19 所示。

单击 New 按钮创建模拟器，输入相应的参数，如图 1-20 所示。

单击 Create AVD 创建该模拟器。创建完 AVD 模拟器后，返回到 AVD 管理器界面，已创建的 AVD 模拟器 AVD 4.4 已经在 AVD 设备界面列表中，如图 1-21 所示。

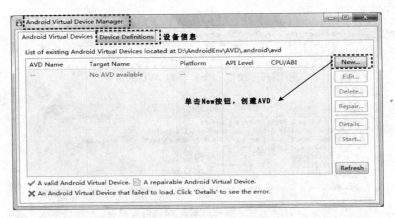

图 1-19 创建 AVD 模拟器

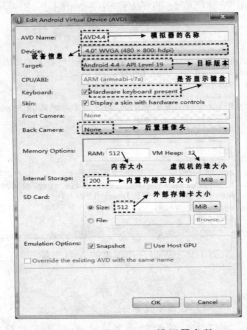

图 1-20 设置 Android 模拟器参数

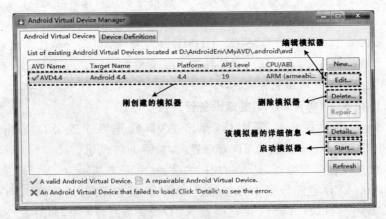

图 1-21 启动模拟器

选中模拟器,单击 Start 按钮,弹出 Launch Options 界面,单击 Launch 按钮,运行创建的 AVD 4.4 模拟器,启动后的模拟器如图 1-22 所示。

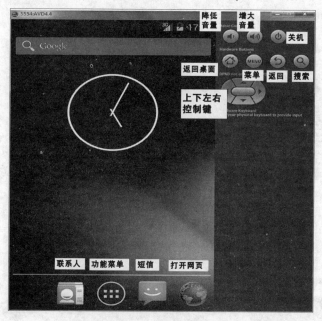

图 1-22　Android 模拟器界面

注意:在安装过程中,需要选择目录时,所有的目录最好都不要包含中文和空格,以避免带来一些不必要的麻烦。

1.3　开发第一个 Android 应用

前面所有的准备工作都完成后,再通过一个简单的例子来测试 Android 开发环境是否搭建成功,同时熟悉开发 Android 应用程序的一般步骤。

1.3.1　创建 Android 项目

(1) 启动 Eclipse,选择 File→New→Other 菜单项,或者单击工具栏中的 按钮,弹出"新建工程"对话框,如图 1-23 所示。

(2) 选择 Android Application Project 创建一个 Android 项目。Eclipse 弹出如图 1-24 所示的窗口,填好参数后,单击 Next 按钮。

(3) 进入 Configure Launcher Icon 界面,配置应用程序图标,如图 1-25 所示。

(4) 单击 Next 按钮,显示创建 Activity 面板,选择默认选项,单击 Next 按钮,显示创建的空 Activity 面板,如图 1-26 所示,最后单击 Finish 按钮完成项目的创建。项目创建后会在左边生成一个 HelloAndroid 文件夹。

Android 编程

图 1-23 创建一个 Android 项目

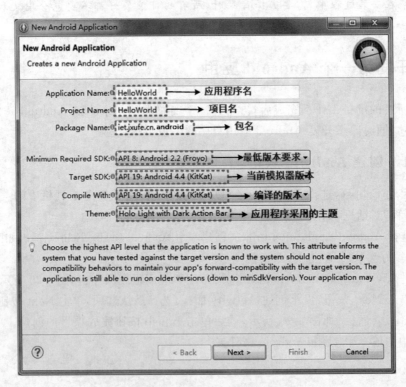

图 1-24 创建 Android 项目图

第 1 章　Android 起步

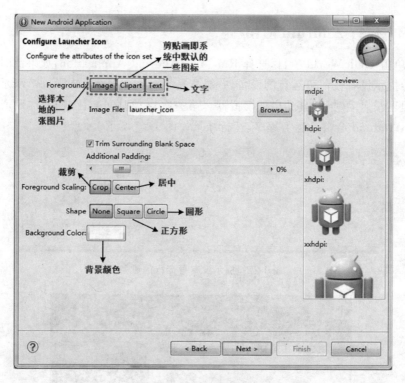

图 1-25　配置应用程序图标

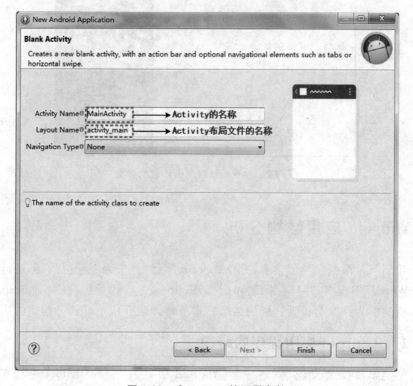

图 1-26　主 Activity 的配置参数

1.3.2 运行 Android 应用

右键单击 HelloWorld 项目，选择 Run As→Android Application，如果此时没有创建模拟器，会提示没有任何可运行的设备，并提醒是否要创建一个（如图 1-27 所示），如果有模拟器，但还没启动时，会自动启动模拟器。第一次启动时间会比较长，需耐心等待。启动完成后，Android 会自动运行程序，运行结果如图 1-28 所示。

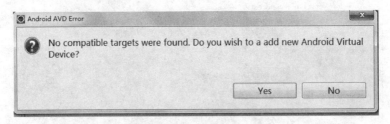

图 1-27　提示没有可运行的设备

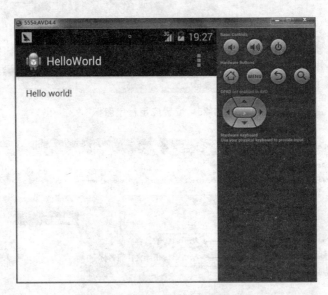

图 1-28　Android 程序运行后的界面

1.4　Android 应用结构分析

前面我们只是根据向导创建了一个 Android 项目，并未编写任何代码，运行后却能显示"HelloWord!"字符串，并且有标题和图标，Eclipse 究竟做了些什么？Android 程序又是如何运行的？为什么会得到这样的结果？本节将详细介绍 Android 程序的执行过程。

1.4.1　Android 应用程序的结构

细心的同学可能会发现，创建一个 Android 项目后，会在 Eclipse 左边的 Package Explorer 视图下生成一个以 HelloWorld 为根的文件夹结构，如图 1-29 所示。

第1章 Android起步

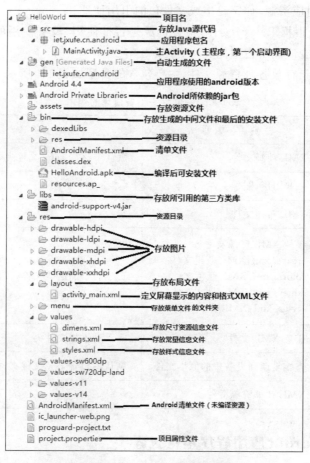

图 1-29 HelloWorld 项目目录结构

对于图 1-29 中，需要特别注意的几个文件如下。

(1) MainActivity.java：主程序，运行一个 APP 时，首先启动的界面就是这个程序定义的类的一个实例。

(2) HelloAndroid.apk：可直接安装的包，平时我们下载的 APP 安装程序包就是这个文件。

(3) activity_main.xml：主布局文件的源代码文件，一般设置 APP 的页面显示时，可以用 layout 下的 XML 布局文件来定义。

除此之外，其他还有一些文件也是比较有用的。除图 1-29 标志的文件或文件夹含义外，还有 gen 和 res 文件有必要关注。

gen 文件夹：

(1) gen 目录中存放 ADT 自动生成的文件，该目录中最主要的就是 R.java 文件。

(2) Android 开发工具会根据 res 目录中的 XML 文件、图片等资源，同步更新 R.java 文件。

(3) R.java 在应用中起着字典的作用，它包含各种资源的引用，通过 R.java 系统可

17

以很方便地找到对应资源,如字符串或文件包的引用地址。

(4)编译器会根据 R.java 文件,检查资源是否被使用,没有使用的资源将不会打包到安装文件中,减少应用所占空间大小。

res 文件夹用于存放各种资源文件,主要包含的类型如表 1-4 所示。

表 1-4 res 文件夹下各目录的作用

目录结构	资源类型	备注
res\anim\	XML 动画文件	默认不存在 anim 文件夹,需要手动添加
res\drawable\	一些图形、图像文件	
res\layout	XML 布局文件	
res\values\	各种 XML 资源文件 arrays.xml:XML 数组文件 colors.xml:XML 颜色文件 dimen.xml:XML 尺寸文件 styles.xml:XML 样式文件	可手动添加这些文件,文件名没有特殊要求
res\xml\	任意 XML 文件	需手动添加文件夹
res\raw\	直接复制到设备中的原生文件	默认不包含 raw 文件夹,需要手动添加
res\menu\	XML 菜单资源文件	

1.4.2 Android 应用程序运行过程

上面介绍了 HelloAndroid 项目的各个文件的作用,这些文件如何协同工作?最后得到的运行效果如何?下面介绍 Android 应用程序的运行过程。

当运行程序时,系统首先会读取 AndroidManifest.xml 清单文件,内容如下。

```
1   <manifest xmlns:android="http://schemas.android.com/apk/res/android"      →命名空间
2       package="iet.jxufe.cn.android"                                        →应用程序包名
3       android:versionCode="1"                                               →版本号
4       android:versionName="1.0" >                                           →版本名
5       <uses-sdk
6           android:minSdkVersion="8"                                         →最低版本要求
7           android:targetSdkVersion="19" />                                  →目标版本
8       <application
9           android:icon="@drawable/ic_launcher"                              →应用程序的图标
10          android:label="@string/app_name"                                  →应用程序标签
11          android:theme="@style/AppTheme" >                                 →主题样式
12          <activity
13              android:name=".MainActivity"                                  →Activity 对应的类名
```

```
14              android:label="@string/title_activity_main" >    →Activity 的标签名
15              <intent-filter>                                   →启动的过滤条件
16                  <action android:name="android.intent.action.MAIN" />
                                                                  →主活动的 activity
17                  <category android:name="android.intent.category.LAUNCHER" />
18              </intent-filter>
19          </activity>
20      </application>
21  </manifest>
```

其中命名空间对应的文件中，定义了该 XML 文件中的各种标签及属性，必不可少，否则系统无法解析这些标签资源。

应用程序的图标指的是安装该应用程序后，显示在手机所有应用程序列表中该应用的图标，如图 1-30 所示。它的值由属性 android:icon 规定，为@drawable/ic_launcher，其中@表示引用 R.java 文件中的资源，drawable 是 R 类中的一个内部类，ic_launcher 是该内部类下的一个静态成员，它所对应的资源存放在 res/drawable 下。通过更改该值，可以更改应用程序的图标。

Application 标签下的 android:label 属性对应的值是@string/app_name，表示 R 类中、string 内部类中 app_name 成员变量所对应的资源的值。具体是指 strings.xml 文件中，name 属性值为 app_name 的标签所对应的内容，查看 strings.xml 文件的内容如下，在此其值为 HelloWorld。

```
1   <resources>
2       <string name="app_name">HelloWorld</string>
3       <string name="hello_world">Hello world!</string>
4       <string name="menu_settings">Settings</string>
5       <string name="title_activity_main">MainActivity</string>
6   </resources>
```

那么这个标签有什么作用或显示在哪里呢？打开系统菜单，选择管理应用，不仅会显示本机上所有已安装的应用程序，还会显示所设置的应用标签（如图 1-31 中的 Hello-World）。

<activity>元素是应用程序的关键部分，Activity 为用户提供了一个执行操作的可视化用户界面。需要指定 Activity 所对应的类名以及过滤条件。每个应用程序默认会有一个主 Activity，即过滤条件为如下代码所示的 Activity 主 Activity 对应的图标及标签将会显示在功能菜单上，见图 1-31 所示。详细的指定办法我们将在第 4 章 Android 活动一章中介绍。

```
1   <intent-filter>
2       <action android:name="android.intent.action.MAIN" />
3       <category android:name="android.intent.category.LAUNCHER" />
4   </intent-filter>
```

图 1-30　应用的图标和标签的位置

图 1-31　功能菜单中显示的图标和标签

系统找到主 Activity 后，通过反射机制①自动创建该 Activity 所对应的类的实例，在此为 MainActivity。查看 MainActivity 的代码如下。

```
1  public class MainActivity extends Activity {
2      public void onCreate(Bundle savedInstanceState){
3          super.onCreate(savedInstanceState);              →调用父类的该方法
4          setContentView(R.layout.activity_main);          →设置 Activity 对应的
                                                              界面布局文件
5      }
6      public boolean onCreateOptionsMenu(Menu menu){       →创建选项菜单
7          getMenuInflater().inflate(R.menu.activity_main, menu);  →指定菜单资源
8          return true;
9      }
10 }
```

创建 MainActivity 对象后，会自动回调该类的 onCreate()方法，在 onCreate()方法中，设置了界面布局文件为 R.layout.activity_main 所对应的文件，即 activity_main.xml 文件。该文件内容如下。

```
1  <RelativeLayout                                          →相对布局
2      xmlns:android="http://schemas.android.com/apk/res/android"
                                                            →xml 对应的命名空间
3      xmlns:tools="http://schemas.android.com/tools"
4      android:layout_width="match_parent"                  →宽度为整个屏幕
```

---

① 反射机制是指程序在运行时能够获取自身的信息。在 Java 中，只要给定完整的包名和类的名字，就可以通过反射机制来创建该类的对象。

```
5      android:layout_height="match_parent" >          →高度为整个屏幕
6      android:paddingBottom="@dimen|activity_vertical_margin"
7      android:padding Left="@dimen|activity_horizontal_margin"
8      android:padding Right="@dimen|activity_horizontal_margin"
9      android:padding Top="@dimen|activity_vertical_margin"
10     tools:context="iet,jxufe.cu,android.Main Activity"
11     <TextView                                        →文本显示框
12         android:layout_width="wrap_content"          →宽度为内容包裹
13         android:layout_height="wrap_content"         →高度为内容包裹
14         android:text="@string/hello_world"/>         →文本框显示的文字
15     </RelativeLayout>
```

整个界面中只有一个文本显示框,该文本显示框的宽度和高度都为内容包裹,该文本框的内容为@string/hello_world,查看 strings.xml 文件,对应的值为"Hello world!"。因此,将按 layout 文件显示"Hello world!"。至此,我们终于得到了运行结果。

综上所述,android 应用程序的运行过程大致如下。

首先读取 AndroidManifest.xml 清单文件,根据配置找到默认启动的类 MainActivity 并创建该类对象,系统自动调用 MainActivity 的 onCreate()方法,该方法中设置的用户界面根据布局文件 activity_main.xml 确定,而该文件中有一个文本显示控件,控件居中显示在布局上,其显示的信息是 string.xml 文件中定义的 hello_world 所对应的值,即为"Hello World!"。所以最后就显示出如图 1-28 所示的"HelloWorld!"的样子。

1.4.3 Android 应用下载与安装

可运行的 android 程序的文件后缀名为".apk"。可以是我们自己开发的,也可以是网上下载的。在图 1-29 的 bin 文件夹下,只要编译成功就会生成对应的可运行程序。

Android 的模拟器与我们的 Android 手机功能类似,可以从网上下载一些 Android 应用,然后安装到模拟器上。主要是通过 Android 提供的 adb 命令来完成的。例如在 D:\android 目录下存放一个 Android 应用"abc.apk",打开命令行,进入到该目录,然后输入 adb install abc.apk,如图 1-32 所示。

在真实手机上运行自己开发程序的方法如下:在 Eclipse 中运行自己的 Android 应用时,Eclipse 会自动生成对应的 apk 文件,并存放在 bin 文件夹下(如图 1-29 所示)。只需要将 apk 拷贝到自己手机后直接安装,就可以在自己的手机上运行自己开发的应用。

1.4.4 Android 四大基本组件介绍

(1) Activity:在 Android 应用中负责与用户进行交互的组件,人们称之为"活动",一个 Activity 就是一个屏幕。每一个 Activity 都被实现为一个独立的类,并且从活动基类中继承而来,活动类将会显示由视图控件组成的用户接口,并对事件做出响应。Android 应用需要多个用户界面,将会包含多个 Activity,多个 Activity 组成了 Activity 栈,当前活动的 Activity 位于栈顶。

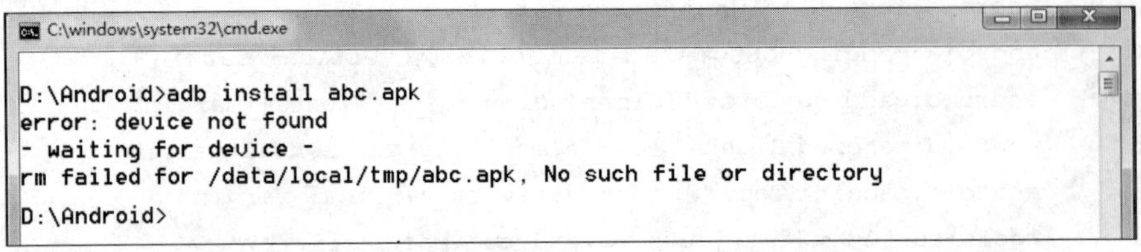

(a) 若没有启动模拟器也没有连接手机，则会提示"device not found"错误，否则开始安装应用

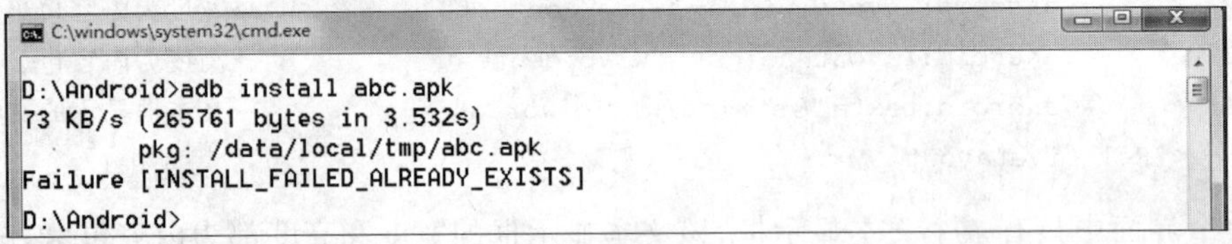

(b) 若模拟器上已有该应用，则会提示：INSTALL_FAILED_ALREADY_EXISTS失败信息，可先卸载再安装

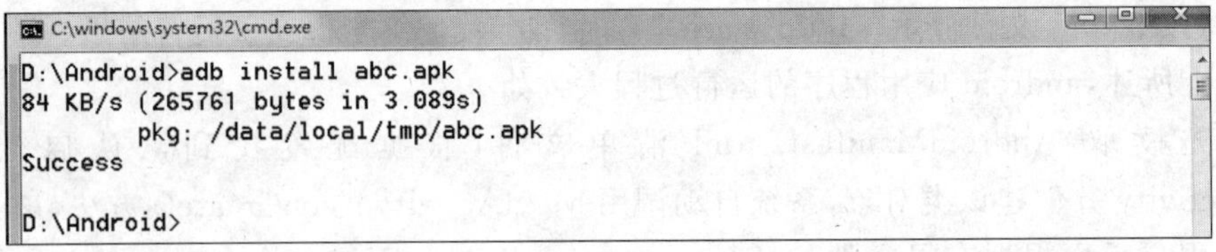

(c) 命令行中出现Success时，表示该应用安装成功，可以在功能菜单中找到相应的应用图标，并启动它

图 1-32　在模拟器上安装 Android 应用

（2）Service：它也代表一个单独的 Android 组件，Service 与 Activity 的区别在于：Service 通常位于后台运行，一般不需要与用户交互，一些 Service 组件没有图形用户界面。同样，Service 组件需要继承 Service 基类。一个 Service 被运行起来之后，它将拥有自己独立的生命周期，Service 组件通常用于为其他组件提供后台服务或监控其他组件的运行状态。

（3）BroadcastReceiver：广播消息接收器，非常类似于事件编程中的监听器，所监听的事件源是 Android 应用中的其他组件。使用 BroadcastReceiver 组件接收广播消息，需要继承自 BroadcastReceiver 类，并重写 onReceive(Context context, Intent intent)方法。

（4）ContentProvider：提供一种跨应用的数据交换的标准。应用程序继承 ContentProvider 类，并重写该类用于提供数据和存储数据的方法，就可以将自己的数据提供给其他应用程序共享。

1.4.5　Android 设计的 MVC 模式

Android 程序开发采用了流行的 MVC 模式，即（Model-View-Controller）。其中，M 指模型层，V 指视图层，C 是控制层。

MVC 模式实现了应用程序的模型层与视图层代码分离，使得同一程序可以有不同的表现形式，而控制层则用于确定模型层与视图层之间的关系，使得数据一致。MVC 把应用程序的模型层与视图层完全分开，最大的好处就是分工明确，界面设计人员可以直接参与到界面开发，程序员则可以把精力放在业务逻辑上。而不用像以前那样，设计人员把所有的材料交给开发人员,开发人员除业务逻辑外还要设计实现界面。在 Android 中 MVC 各部分对应的关系如下。

(1) 视图层(View):在 Android 中,所有的界面控件都继承于 View 类,每个界面都是由很多个 View 对象组合而成的。在 Android 中,为每个 View 类定义了相应的 XML 标签,并为 XML 标签定义了各种属性,这些 XML 标签通常在 XML 布局文件中定义。因此,可以用 XML 文件简单而快速地设计界面,不懂代码的美工也可以采用一些界面设计工具快速设计界面,而不用理会复杂的 Java 代码,较好地实现了分工。例如,在 Eclipse 中布局文件的定义,提供了源代码和图形化界面两种形式(如图 1-33 所示)。图 1-33(a)是图形化界面设计窗口,提供了各种图形化界面,设计者只需将自己需要的控件拖到视图窗口中即可,右边是对应的 XML 源代码文件,二者是一一对应的关系,任何一方的改变都会影响另一方。

注意:两个视图之间的转换只要单击左下角的 Graphical Layout(图形化视图标签)或 activity_main.xml(源代码文件标签),就可以从一种模式转到另一种模式。

(a) 图形化界面设计窗口

(b) XML 源代码文件

图 1-33 同一个界面两种不同的表现形式

(2) 控制层(Controller):Android 中控制层的重任通常是由 Acitvity 和 Intent 来实现的,一个 Activity 可以有多种界面,通过 setContentView()方法指定以哪个视图模型显示数据。这也提醒人们不要在 Acitivity 中写过多的业务处理代码,要通过 Activity 交给 Model 业务逻辑层处理,这样做的另外一个原因是 Android 中的 Acitivity 的响应时间是 5s,如果耗时的操作放在这里,程序就很容易被回收掉。

(3) 模型层(Model):主要处理数据库、网络以及对业务计算等操作,模型层主要采用 Java 程序来实现。

1.5 本章小结

本章介绍了 Android 应用开发的基础知识，包括什么是 Android、Android 的体系结构、Android 环境搭建、Android 程序的运行与下载安装、Android 程序结构分析以及 Android 程序设计的 MVC 模式。

通过本章的学习，读者应重点掌握 Android 的环境搭建，包括 Java 环境变量的配置、Android SDK 的配置、Android 模拟器的创建等，并熟悉 Android 应用的创建、运行方式；了解 Android 应用程序中各文件夹的作用以及 Android 程序的运行过程。能够独立搭建 Android 开发环境并描述 Android 程序的运行过程。

课后练习

1. Android 的 4 大基本组件是_____、_____、_____和_____。
2. 搭建 Android 开发环境必需的工具是_____和_____。
3. Android 系统的底层建立在（　　）操作系统之上。
   A）Java　　　　　B）UNIX　　　　　C）Windows　　　　　D）Linux
4. Android 系统中安装的应用软件是（　　）格式的。
   A）exe　　　　　B）java　　　　　C）apk　　　　　D）jar
5. Android 中启动 Android SDK 和 AVD 管理器的命令是（　　）。
   A）adb　　　　　B）aidl　　　　　C）android　　　　　D）emulator
6. Android 中启动模拟机（Android Virtual Device）的命令是（　　）。
   A）adb　　　　　B）android　　　　　C）avd　　　　　D）emulator
7. Android 中完成模拟器文件与计算机文件的相互复制以及安装应用程序的命令是（　　）。
   A）adb　　　　　B）android　　　　　C）avd　　　　　D）emulator
8. Android 项目工程下面的 assets 目录的作用是（　　）。
   A）放置应用到的图片资源
   B）主要放置一些文件资源，这些资源会被原封不动打包到 apk 里面
   C）放置字符串、颜色、数组等常量数据
   D）放置一些与 UI 相应的布局文件，都是 XML 文件
9. 关于 res\raw 目录的说法中正确的是（　　）。
   A）该目录下的文件将原封不动地存储到设备上，不会转换为二进制的格式
   B）该目录下的文件将原封不动地存储到设备上，会转换为二进制的格式
   C）该目录下的文件最终以二进制的格式存储到指定的包中
   D）该目录下的文件最终不会以二进制的格式存储到指定的包中
10. 创建一个 Android 项目时，该项目的图标是在（　　）文件中设置的。

A）AndroidManifest.xml　　　　　　B）string.xml
　　C）main.xml　　　　　　　　　　　D）project.properties

11. 在第一个 Android 项目的 AndroidManifest.xml 文件中，<Application>标签内的 android:label 对应的属性值是什么？该值会显示在模拟器的哪个位置？

12. 请简要描述 HelloAndroid 程序的执行过程。

13. res 目录下各文件夹与 R.java 中的类与成员变量之间有什么关系？

14. 在手机及手机模拟器中下载并安装"校园通"APP，简述安装的基本过程。

15. 创建一个 Android 项目，该项目的应用名称为 Name，包名为 com.text.book，为它设置一个自定义的图标，并实现如图 1-34 所示的 Android 运行结果（注意标题文字和中间显示文字的变化）。

图 1-34　练习 15 要求实现的效果图

Android 界面设计基础

本章要点

- View 与 ViewGroup 的理解
- 文本显示框的功能和用法
- 文本编辑框的常用属性
- 按钮的简单用法
- 线性布局的功能和用法
- 表格布局的功能和用法
- 相对布局的功能和用法
- 布局的嵌套使用
- 开发自定义 View 的方法和步骤

本章知识结构图

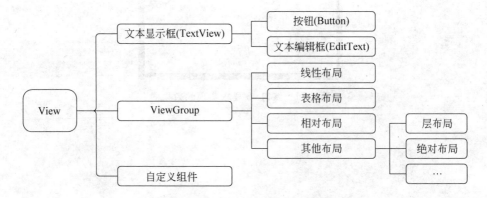

本章示例

第1章通过一个简单的程序熟悉了Android应用程序的运行过程。Android程序开发主要分为三部分：界面设计、代码流程控制和资源建设。代码和资源主要是由开发者编写和维护的，对于大部分用户来说是不必关心的，展现在用户面前最直观的就是界面设计。作为一个程序设计者，必须首先考虑用户的体验，只有用户满意了你开发的产品，应用才能推广，才有价值，因此界面设计尤为重要。

Android系统提供了丰富的界面控件，开发者熟悉这些界面控件的功能和用法后，只需要直接调用就可以设计出优秀的图形用户界面。除此之外，Android系统还允许用户开发自定义的界面控件，在系统提供的界面控件基础之上设计出符合自己要求的个性化界面控件。本章详细讲解Android中的一些最基本的界面控件以及简单的布局管理，通过本章的学习，读者应该能开发出简单的图形用户界面。

本书中有时会提到控件、界面控件或界面组件，不特指时均指界面控件。

2.1 基础View控件

2.1.1 View与ViewGroup控件

Android中的所有界面控件都继承于View类。View类代表的就是屏幕上的一块空白的矩形区域，该空白区域可用于绘画和事件处理。不同的界面控件，相当于是对这个矩形区域做了一些处理，例如文本显示框、按钮等。

View类有一个重要的子类：ViewGroup。ViewGroup类是所有布局类和容器控件的基类，它是一个不可见的容器，它里面还可以添加View控件或ViewGroup控件，主要用于定义它所包含的控件的排列方式，例如网格排列或线性排列等。通过View和ViewGroup的组合使用，使得整个界面呈现一种层次结构，如图2-1所示。

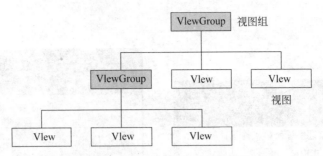

图 2-1 ViewGroup 控件的层次结构

ViewGroup 是一个抽象类，并没有指定容器中控件的摆放规则，而是提供了一个抽象方法 onLayout()，由其子类实现该方法，控制摆放规则。

Android 中控制控件的显示有两种方式：一种是通过 XML 布局文件来设置控件的属性进行控制；另一种是通过 Java 代码调用相应的方法进行控制。这两种方式控制 Android 界面显示的效果是完全一样的。实际上，XML 文件的属性与 Java 代码中的方法之间存在着一一对应的关系。从 Android API 文档中对 View 类的介绍中，可以查看所有的属性与方法之间的对应关系，在此只列出一些常用的属性供参考。

表 2-1 View 类的常见 XML 属性、对应方法及说明

XML 属性	对应的 Java 方法	说　　明
android:alpha	setAlpha(float)	设置控件的透明度
android:background	setBackgroundResource(int)	设置控件的背景
android:clickable	setClickable(boolean)	设置控件是否可以触发点击事件
android:focusable	setFocusable(boolean)	设置控件是否可以得到焦点
android:id	setId(int)	设置控件的唯一 ID
android:minHeight	setMinimumHeight(int)	设置控件的最小高度
android:minWidth	setMinimumWidth(int)	设置控件的最小宽度
android:padding	setPadding(int,int,int,int)	在控件四边设置边距
android:scaleX	setScaleX(float)	设置控件在 X 轴方向的缩放
android:visibility	setVisibility(int)	设置控件是否可见

几乎每一个界面控件都需要设置 android:layout_height、android:layout_width 这两个属性，用于指定该控件的高度和宽度，主要有以下三种取值。

(1) fill_parent：表示控件的高或宽与其父容器的高或宽相同。

(2) wrap_content：表示控件的高或宽恰好能包裹内容，随着内容的变化而变化。

(3) match_parent：该属性值与 fill_parent 完全相同，Android2.2 之后推荐使用 match_parent 代替 fill_parent。

虽然两种方式都可以控制界面的显示，但是它们又各有优缺点。完全使用 Java 代码来控制用户界面，不仅繁琐，而且界面设计代码和业务处理代码相混合，不利于软件设计

人员的分工合作；完全使用 XML 布局文件虽然方便、便捷，但灵活性不好，不能动态改变属性值。

因此，人们经常会混合使用这两种方式来控制界面，一般来说，习惯将一些变化小的、比较固定的、初始化的属性放在 XML 文件中管理，而对于那些需要动态变化的属性则交给 Java 代码控制。例如，可以在 XML 布局文件中设置文本显示框的高度和宽度以及初始时的显示文字，在代码中根据实际需要动态改变显示的文字。

2.1.2 文本显示框 TextView

TextView 类直接继承于 View 类，主要用于在界面上显示文本信息，类似于一个文本显示器，从这个方面来理解，有点类似于 Java 编程中的 JLable 的用法，但是比 JLable 的功能更加强大、使用更加方便。TextView 可以设置显示文本的字体大小、颜色、风格等属性，TextView 的常见属性如表 2-2 所示。

表 2-2 TextView 类的常见 XML 属性、对应方法及说明

XML 属性	对应的 Java 方法	说　　明
android:gravity	setGravity(int)	设置文本的对齐方式
android:height	setHeight(int)	设置文本框的高度(以 pixel 为单位)
android:text	setText(CharSequence)	设置文本的内容
android:textColor	setTextColor(int)	设置文本的颜色
android:textSize	setTextSize(int,float)	设置文本的大小
android:textStyle	setTextStyle(Typeface)	设置文本的风格
android:typeface	setTypeface(Typeface)	设置文本的字体
android:width	setWidth(int)	设置文本框的宽度(以 pixel 为单位)

这些是所有的字处理软件都具有的功能。

除此之外，Android 中的 TextView 还能自动识别文本中的各种链接，能够显示字符串中的 HTML 标签的格式等特性。识别自动链接的属性为 android:autoLink，该属性的值有以下几种。

(1) none：不匹配任何格式，这是默认值。
(2) web：只匹配网页，如果文本中有网页，网页会以超链接的形式显示。
(3) email：只匹配电子邮箱，电子邮箱会以超链接的形式显示。
(4) phone：只匹配电话号码，电话号码会以超链接的形式显示。
(5) map：只匹配地图地址。
(6) all：匹配以上所有。

当匹配时，相应部分会以超链接显示，单击超链接，会自动运行相关程序。例如电话号码超链接会调用拨号程序，网页超链接会打开网页等。

而解析 HTML 标签格式，则需要通过 Java 代码来控制。首先为该文本框添加一个

id 属性,然后在 onCreate()方法中,通过 findViewById(R.id.***)获取该文本框,最后通过 setText()方法来设置显示的内容。例如:

```
1  TextView tv=((TextView)findViewById(R.id.myText);
   //在布局中有一个 TextView,其 id 为 myText
2  tv.setText(Html.fromHtml("欢迎参加<font color=blue>手机软件设计赛</font>"));
```

该代码的显示效果是:

"手机软件设计赛"这几个字为蓝色,其他字的颜色为布局文件中设置的颜色。

在上面的例子中,fromHtml()方法可识别字符串中的 HTML 标签,返回值为 Spanned 类型。Spanned 类实现了 CharSequence 接口,可作为参数传入方法 setText()。

在 Android 中经常需要设置尺寸,包括组件的宽度和高度、边距、文本大小等,这些尺寸的单位各不相同,在 Android 提供了多种尺寸单位,常见有如下几种。

(1) px(即像素,pixels):屏幕上真实像素表示,不同设备显示效果相同,用于表示清晰度,像素越高越清晰。

(2) dip 或 dp(Device Independent Pixels):设备独立像素,是一个抽象单位,基于屏幕的物理密度,1dp 在不同密度的屏幕上对应的 px 不同,从而整体效果不变,dp 可消除不同类型屏幕对布局的影响。

(3) sp(Scale-independent Pixels—best for text size):比例独立像素,主要处理字体的大小,可以根据屏幕自适应。

为了适应不同分辨率、不同的屏幕密度的设备,推荐尺寸大小使用单位 dip,文字大小使用单位 sp。

2.1.3 文本编辑框 EditText

TextView 的功能仅仅是用于显示信息而不能编辑,好的应用程序往往需要与用户进行交互,让用户输入信息。为此,Android 中提供了 EditText 控件,EditText 是 TextView 类的子类,与 TextView 具有很多相似之处。它们最大的区别在于:EditText 允许用户编辑文本内容。使用 EditText 时,经常使用到的属性有以下几种。

(1) android:hint:设置当文本框内容为空时,文本框内显示的提示信息,一旦输入内容,该提示信息立即消失,当删除所有输入的内容时,提示信息又会出现。

(2) android:minLines:设置文本框的最小行数。

(3) android:inputType:设置文本框接收值的类型,例如只能是数字、电话号码等。当其值为 textPassword 时,可表示密码输入,输入的内容将会以点替代。

2.1.4 按钮 Button

Button 也继承于 TextView,功能非常单一,就是在界面中生成一个按钮,供用户单击。单击按钮后,会触发一个单击事件,开发人员针对该单击事件可以设计相应的事件处理,从而实现与用户交互的功能。可以设置按钮的大小、显示文字以及背景等。当我们想把一张图片作为按钮时,有以下两种方法。

(1) 将该图片作为 Button 的背景图片；

(2) 使用 ImageButton 按钮，将该图片作为 ImageButton 的 android：src 属性值即可。

需要注意的是，ImageButton 按钮不能指定 android：text 属性，即使指定了，也不会显示任何文字。

2.1.5 应用举例

下面以一个简单的例子介绍这三种简单控件一些属性的用法，程序运行效果如图 2-2 所示。在此界面中包含两个 TextView、两个 EditText、两个 Button，界面布局文件见本书第 35 页。

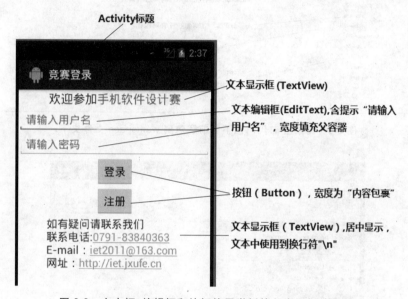

图 2-2　文本框、编辑框和按钮使用举例的程序运行效果图

在正式学习前，读者可以从网站将应用程序直接引入，直接看代码运行结果，也可以先看完后面的代码再按第 1 章创建 Android 项目的步骤来从头建立该程序，根据个人的学习习惯自由选择。但是，不管哪种方法，建议一定要亲自从头到尾将本项目例子创建起来，这样才学得扎实。

为便于读者阅读，这里给出引入代码后执行并查看代码的具体过程，步骤如下。

(1) 下载第 2 章源代码包，如图 2-3 所示。

(2) 选择 Eclips 的 File→import 菜单，显示"引入资源"对话框（如图 2-4 所示），选择 Android→Existing Android Code Into Workspace，则显示"引入项目"对话框（Import Projects，如图 2-5 所示）。

(3) 选定项目后，单击"确定"按钮，返回如图 2-4 所示的"引入资源"对话框，再单击 Finish 按钮。

在 Package Explorer 下面将出现刚才引入的项目名称(本例中为 TextViewTest)，可以打开它看到类似于图 1-28 中所示的程序结构（如图 2-6 所示）。

Android 编程

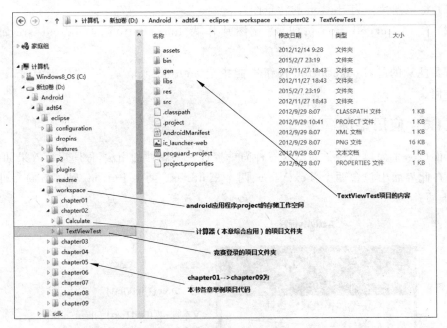

图 2-3　本书全部代码包下载前解包到 workspace 文件夹下

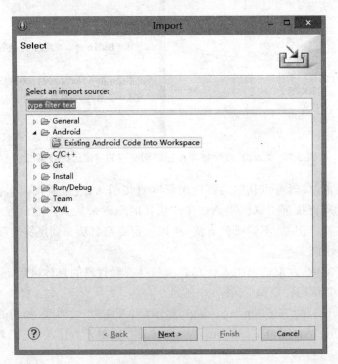

图 2-4　"引入资源"对话框

图 2-5 "引入项目"对话框

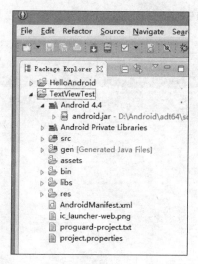

图 2-6 引入了新的项目——TextViewTest

（4）运行引入的项目：右击 TextViewTest 项目，然后在弹出菜单中选择 Run as→Android Application（如图 2-7 所示），系统将自动对程序进行编译、启动模拟器、装入目标程序，直至最后显示前述运行结果。

（5）查看所需看的代码，这里主要是看布局文件。选择 res→layout→activity_main.

xml,再双击,这个主布局文件即可在屏幕右侧显示该文件的代码(如图 2-8 所示)。

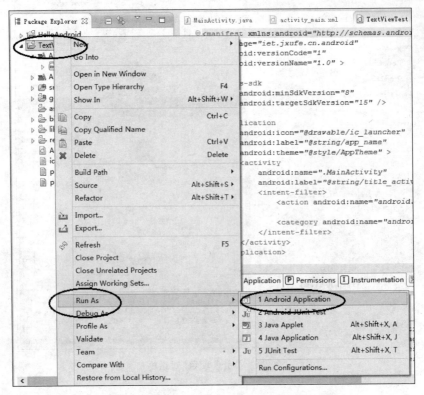

图 2-7　启动项目运行的菜单选择过程

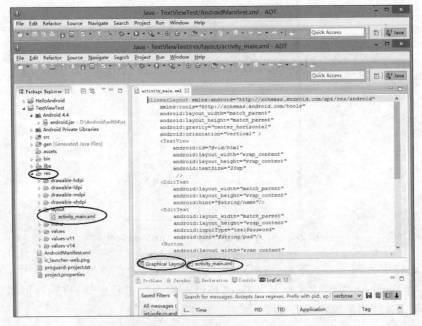

图 2-8　查看布局文件的代码

同样，可以查看该项目的清单文件（AndroidManifest.xml）和主程序（MainActivity.java）等。文件 codes\chapter02\TextViewTest\AndroidManifest.xml 的代码如下：

```
1   <manifest xmlns:android="http://schemas.android.com/apk/res/android"
2       package="iet.jxufe.cn.android"
3       android:versionCode="1"
4       android:versionName="1.0" >
5
6       <uses-sdk
7           android:minSdkVersion="8"
8           android:targetSdkVersion="19" />
9
10      <application
11          android:icon="@drawable/ic_launcher"
12          android:label="@string/app_name"
13          android:theme="@style/AppTheme" >
14          <activity
15              android:name=".MainActivity"
16              android:label="@string/title_activity_main" >
17              <intent-filter>
18                  <action android:name="android.intent.action.MAIN" />
19                  <category android:name="android.intent.category.LAUNCHER" />
20              </intent-filter>
21          </activity>
22      </application>
23  </manifest>
```

布局文件 codes\chapter02\TextViewTest\res\layout\activity_main.xml 代码如下：

```
1   <LinearLayout xmlns:android="http://schemas.android.com/apk/res/android"
2       xmlns:tools="http://schemas.android.com/tools"
3       android:layout_width="match_parent"
4       android:layout_height="match_parent"
5       android:gravity="center_horizontal"           →线性布局内控件的对齐方式为水
                                                        平居中
6       android:orientation="vertical" >              →线性布局方向为垂直
7       <TextView
8           android:id="@+id/html"                    →为 TextView 添加 id 属性
9           android:layout_width="wrap_content"       →控件宽度为内容包裹
10          android:layout_height="wrap_content"      →控件高度为内容包裹
11          android:textSize="20sp"  />               →设置文本大小为 20px
12      <EditText
13          android:layout_width="match_parent"       →控件宽度为填充父容器
14          android:layout_height="wrap_content"      →控件高度为内容包裹
15          android:hint="@string/name"/>             →设置文本编辑框的提示信息
```

```
16      <EditText
17          android:layout_width="match_parent"
18          android:layout_height="wrap_content"
19          android:inputType="textPassword"      →设置文本编辑框的输入类型为密码
20          android:hint="@string/psd"/>          →设置文本编辑框的提示信息
21      <Button
22          android:layout_width="wrap_content"
23          android:layout_height="wrap_content"
24          android:text="@string/login"/>        →设置按钮的显示文本
25      <Button
26          android:layout_width="wrap_content"
27          android:layout_height="wrap_content"
28          android:text="@string/register"/>     →设置按钮的显示文本
29      <TextView
30          android:layout_width="wrap_content"
31          android:layout_height="wrap_content"
32          android:textSize="18sp"               →设置文本字体大小为18sp
33          android:textColor="#0000ff"           →设置文本颜色为蓝色
34          android:autoLink="all"                →自动识别所有链接
35          android:text="@string/test"/>         →设置显示的文本
36  </LinearLayout>
```

在布局文件中多次用到@string/***作为 android:text 的属性值,表示引用 R. java 中 string 内部类的***成员变量所代表的资源。这些常量值是在 strings. xml 文件中定义的。查看 strings. xml 文件的内容如下。

变量文件 codes\chapter02\TextViewTest\res\values\strings. xml 的代码如下:

```
1   <resources>
2       <string name="app_name">TextView</string>
3       <string name="hello_world">Hello world!</string>
4       <string name="menu_settings">Settings</string>
5       <string name="title_activity_main">竞赛登录</string>
6   <string name="test">如有疑问请联系我们\n 联系电话:0791-83840363\nE-mail:
iet2011@163.com\n 网址:http://iet.jxufe.cn</string>
7       <string name="name">请输入用户名</string>
8       <string name="psd">请输入密码</string>
9       <string name="login">登录</string>
10      <string name="register">注册</string>
11  </resources>
```

其实,在设置 android:text 属性时,可以直接将这些字符串常量赋值给该属性,但是建议不要这么做。因为一些字符串常量可能会在多处被使用,如果都在属性里写,不仅占用更多的内存,而且修改起来也比较麻烦,需要一个个进行修改;另一方面,统一放在 strings. xml 文件中,还有利于以后软件语言的国际化。针对不同的语言,写一个相应的资源文件就可以了,而不用去更改别的文件,可扩展性比较好。

由于本程序中还涉及 HTML 格式标签的使用,因此需要在 Java 代码中进行简单设置,首先通过 findViewById()方法获取文本控件,然后进行设置显示文本。该过程调用了 Html 类的静态方法 fromHtml(),代码如下。

```
1    public void onCreate(Bundle savedInstanceState){
2         super.onCreate(savedInstanceState);
3         setContentView(R.layout.activity_main);
4         TextView html=(TextView)findViewById(R.id.html);     →根据 id 获取文本控件
5    html.setText(Html.fromHtml("欢迎参加<font color=red>"+
6    "手机软件设计赛</font>"));                                →设置文本控件的显示文本
7    }
```

读者也可以尝试自己来创建这一个 Android 项目,下面简要给出其主要步骤。

(1) 创建 android 应用程序 project,项目名为 TextViewTest,包名为 iet.jxufe.cn.android。

(2) 打开 res\values\strings.xml,修改有关变量值,主要是应用程序名称的变量。

(3) 打开 res\layout\activity_main.xml,修改文件内容,设置有关的布局文件内容。

(4) 打开 src\iet.jxufe.cn.android\MainActivity.java 文件,在其 onCreate()方法中增加相应的 Java 代码,使之实现所需要的功能。

(5) 保存并检查相应的错误。

(6) 若语法无误,则运行之,比较结果,根据结果再修改,直至正确为止。

读者可参照第 1 章创建 Android 应用程序的方法,按以上步骤创建本用例程序。

2.2 布局管理器

2.1 节中学习了几种简单的界面控件,并通过一个简单的示例演示了几种控件的常用属性的基本用法,但是程序的运行界面并不是很美观,控件排列杂乱。本节介绍 Android 中提供的几种管理界面控件的布局管理器。

Android 中布局管理器本身也是一个界面控件,所有的布局管理器都是 ViewGroup 类的子类,都可以当作容器类来使用。因此,可以在一个布局管理器中嵌套其他布局管理器。Android 中布局管理器可以根据运行平台来调整控件的大小,具有良好的平台无关性。Android 中用得最多的布局主要有线性布局、表格布局和相对布局。

2.2.1 线性布局

线性布局是最常用也是最基础的布局方式。在前面的示例中就使用到了线性布局,它用 LinearLayout 类表示。线性布局和 Java 中 AWT 编程里的 FlowLayout 有些相似,它们都会将容器里的所有控件一个挨着一个地排列。

它提供了水平和垂直两种排列方向,通过 android:orientation 属性进行设置,默认为垂直排列。

（1）当为水平方向时，不管控件的宽度是多少，整个布局只占一行，当控件宽度超过容器宽度时，超出的部分将不会显示。

（2）当为垂直方向时，整个布局文件只有一列，每个控件占一行，不管该控件宽度有多小。

线性布局与 AWT 编程中的 FlowLayout 的最明显的区别是：在 FlowLayout 中控件一个个地排列到边界就会自动从下一行重新开始；在线性布局中如果一行的宽度或一列的高度超过了容器的宽度或高度，那么超出的部分将无法显示，如果希望超出的部分能够滚动显示，则需在外边包裹一个滚动控件，ScrollView（垂直滚动）或 HorizontalScrollView（水平滚动）。

在线性布局中，除了设置高度和宽度外，主要设置如下两个属性。

（1）android:gravity：设置布局管理器内控件的对齐方式，可以同时指定多种对齐方式的组合，多个属性之间用竖线隔开，但竖线前后不能出现空格。例如 bottom|center_horizontal 代表出现在屏幕底部，而且水平居中。

（2）android:orientation：设置布局管理器内控件的排列方向，可以设置为 vertical（垂直排列）或 horizontal（水平排列）。

2.2.2　表格布局

表格布局是指以行和列的形式来管理界面控件，由 TableLayout 类表示，不必明确声明包含几行几列，而通过添加 TableRow 来添加行，在 TableRow 中添加控件来添加列。

TableRow 就是一个表格行，本身也是容器，可以不断地添加其他控件，每添加一个控件就是在该行中增加一列，如果直接向 TableLayout 中添加控件，而没有添加 TableRow，那么该控件将会占用一行。

在表格布局中，每列的宽度都是一样的，列的宽度由该列中最宽的那个单元决定，整个表格布局的宽度则取决于父容器的宽度，默认总是占满父容器本身。

TableLayout 继承了 LinearLayout，因此它完全支持 LinearLayout 所支持的全部 XML 属性，另外，TableLayout 还增加了自己所特有的属性。

（1）android:collapseColumns：隐藏指定的列，其值为列所在的序号，从 0 开始，如果需要隐藏多列，可用逗号隔开这些序号。

（2）android:shrinkColumns：收缩指定的列以适合屏幕，使整行能够完全显示而且不会超出屏幕。当某一行的内容超过屏幕的宽度时，会使该列自动换行，其值为列所在的序号。如果没有该属性，则超出屏幕的部分会自动截取，不会显示。

（3）android:stretchColumns：尽量用指定的列填充空白部分。该属性用于某一行的内容不足以填充整个屏幕，这样指定某一列的内容扩张以填满整个屏幕，其他列的宽度不变。如果某一列有多行，而每行的列数可能不相同，那么可扩展列的宽度是一致的，不会因为某一行有多余的空白而填充整行。也就是说，不管在哪一行，它的宽度都是相同的。

（4）android:layout_column：控件在 TableRow 中所处的列。如果没有设置该属性，默认情况下，控件在一行中是一列挨着一列排列的。通过设置该属性，可以指定控件所在的列，这样就可以达到中间某一个列为空的效果。

(5) android:layout_span：该控件所跨越的列数，即将多列合并为一列。

2.2.3 相对布局

相对布局，顾名思义就是相对于某个参照物的位置来设置当前控件的位置，由 RelativeLayout 类表示，这种布局的关键是找到一个合适的参照物，如果甲控件的位置需要根据乙控件的位置来确定，那么要求先定义乙控件，再定义甲控件。

在相对布局中，每个控件的位置可通过它相对于某个控件的方位以及对齐方式来确定，因此相对布局中常见的属性如表 2-3 所示。由于父容器是确定的，所以与父容器方位对齐的关系取值为 true 或 false。

表 2-3　相对布局中常用属性设置

属　　性	说　　明
android:layout_centerHorizontal	设置该控件是否位于父容器的水平居中位置
android:layout_centerVertical	设置该控件是否位于父容器的垂直居中位置
android:layout_centerInParent	设置该控件是否位于父容器的正中央位置
android:layout_alignParentTop	设置该控件是否与父容器顶端对齐
android:layout_alignParentBottom	设置该控件是否与父容器底端对齐
android:layout_ alignParentLeft	设置该控件是否与父容器左边对齐
android:layout_ alignParentRight	设置该控件是否与父容器右边对齐
android:layout_toRightOf	指定该控件位于给定的 ID 控件的右侧
android:layout_toLeftOf	指定该控件位于给定的 ID 控件的左侧
android:layout_above	指定该控件位于给定的 ID 控件的上方
android:layout_below	指定该控件位于给定的 ID 控件的下方
android:layout_alignTop	指定该控件与给定的 ID 控件的上边界对齐
android:layout_ alignBottom	指定该控件与给定的 ID 控件的下边界对齐
android:layout_ alignLeft	指定该控件与给定的 ID 控件的左边界对齐
android:layout_ alignRight	指定该控件与给定的 ID 控件的右边界对齐

2.2.4 其他布局

除以上几种常用的布局方式外，Android 还提供了层布局、绝对布局。在此简介之。

层布局也叫帧布局，由 FrameLayout 类表示。其每个控件占据一层，后面添加的层会覆盖前面的层，后面的控件会叠放在先前的控件之上。如果后面控件的大小大于前面的控件，那么前面的控件将会完全被覆盖，不可见；如果后面的控件无法完全覆盖前面的控件，则未覆盖部分显示先前的控件。这样看来，层布局的显示效果有些类似于 Java 中 AWT 编程里的 CardLayout，都是把控件一个接一个地叠在一起，但 CardLayout 通过使用 first、last、previous 等能够看到所有的控件,但是层布局没有这种功能。

绝对布局,即指定每个控件在手机上的具体坐标,每个控件的位置和大小都是固定的。由于不同手机屏幕可能不同,绝对布局只适合于固定的手机或屏幕,不具有通用性,现在已很少使用。

2.2.5 布局的综合运用

每种布局方式都有自己的优缺点,在实际的开发中,往往很难通过一种布局方式完成全部的界面设计,需要多种布局方式的嵌套使用,方能达到我们要求的效果。

下面以一个简单的示例演示多种布局管理器的综合运用。该程序设计出一个通用计算器的界面,程序运行效果如图 2-9 所示。

该界面中包含一个用于显示输入的数字和计算结果的文本编辑框和 28 个按钮。其中两个按钮比较特别,一个高度是普通按钮的两倍,一个宽度是普通按钮的两倍。单独采用某一种布局方式,例如线性布局,也可以达到该效果,需要在线性布局中不断地嵌套线性布局,非常烦琐。在此,根据各控件的特点,综合运用多种布局。该界面整体采用垂直线性布局,先添加一个文本编辑框,然后添加一个 4 行 5 列的表格布局,最后再添加相对布局,摆放剩余的按钮。

图 2-9　计算器界面设计图

由于所有的按钮都需要设置高度、宽度、对齐方式、字体大小等属性,下面定义三种按钮样式,分别对应于普通按钮、较高的按钮以及较宽的按钮,样式代码如下。

程序清单:codes\chapter02\Calculater\res\values\styles.xml

```
1   <resources xmlns:android="http://schemas.android.com/apk/res/android">
2     <style name="btn01">                                      →普通按钮的风格
3       <item name="android:layout_width">60dp</item>           →设置按钮宽度
4       <item name="android:layout_height">50dp</item>          →设置按钮高度
5       <item name="android:textSize">20sp</item>               →设置按钮上的字体大小
6       <item name="android:gravity">center_horizontal</item>
                                                                →设置按钮文本对齐方式
7     </style>
8     <style name="btn02">                                      →较宽按钮的风格
9       <item name="android:layout_width">120dp</item>          →按钮宽度为 120dp
10      <item name="android:layout_height">50dp</item>          →按钮高度为 50dp
11      <item name="android:textSize">20sp</item>               →按钮上的字体大小为 20sp
```

```
12          <item name="android:gravity">center_horizontal</item>
                                                                →按钮上的文字水平居中
13      </style>
14      <style name="btn03">                                    →较高按钮的风格
15          <item name="android:layout_width">60dp</item>       →按钮宽度为 60dp
16          <item name="android:layout_height">100dp</item>     →按钮高度为 100dp
17          <item name="android:textSize">20sp</item>           →按钮上的字体大小为 20sp
18          <item name="android:gravity">center_horizontal</item>
                                                                →按钮上的文字水平居中
19      </style>
20  </resources>
```

每一种样式都以<style>标签开始，样式中每一个属性值都用<item>标签表示，<item>标签的 name 属性指定具体的属性，<item>标签的内容为属性的值。引用时，只需将控件的 style 属性值设置为@style/样式名即可。

首先整体采用线性布局，代码如下。

```
1   <LinearLayout xmlns:android="http://schemas.android.com/apk/res/android"
2       xmlns:tools="http://schemas.android.com/tools"
3       android:layout_width="match_parent"
4       android:layout_height="match_parent"
5       android:orientation="vertical">                         →垂直线性布局
6       <EditText                                               →文本编辑框
7           android:layout_width="match_parent"
8           android:layout_height="wrap_content"
9           android:minLines="2" />                             →高度最少两行
10      <TableLayout.../ >                                      →表格布局
11      --<RelativeLayout.../>                                  →相对布局
12  </LinearLayout>
```

表格中包含 4 行 5 列，具体代码如下。

```
1   <TableLayout                                                →表格布局
2       android:layout_width="match_parent"                     →宽度填充父容器
3       android:layout_height="wrap_content" >                  →高度包裹内容
4       <TableRow                                               →表格行(第一行)
5           android:layout_width="match_parent"                 →宽度填充父容器
6           android:gravity="center_horizontal" >               →内容水平居中对齐
7           <Button                                             →插入一列(第 1 列)
8               style="@style/btn01"                            →引用样式 btn01
9               android:text="MC" />                            →按钮文字为 MC
10          <Button                                             →插入一列(第 2 列)
11              style="@style/btn01"
12              android:text="MR" />
13          <Button                                             →插入一列(第 3 列)
```

```
14              style="@style/btn01"
15              android:text="MS" />
16          <Button                                      →插入一列(第4列)
17              style="@style/btn01"
18              android:text="M+" />
19          <Button                                      →插入一列(第5列)
20              style="@style/btn01"
21              android:text="M-" />
22      </TableRow>
23      <TableRow                                        →表格行(第2行)
24          android:layout_width="match_parent"
25          android:gravity="center_horizontal" >
26          <Button
27              style="@style/btn01"
28              android:text="←" />
29          <Button
30              style="@style/btn01"
31              android:text="CE" />
32          <Button
33              style="@style/btn01"
34              android:text="C" />
35          <Button
36              style="@style/btn01"
37              android:text="±" />
38          <Button
39              style="@style/btn01"
40              android:text="√" />
41      </TableRow>
42      <TableRow                                        →表格行(第3行)
43          android:layout_width="match_parent"
44          android:gravity="center_horizontal" >
45          <Button
46              style="@style/btn01"
47              android:text="7" />
48          <Button
49              style="@style/btn01"
50              android:text="8" />
51          <Button
52              style="@style/btn01"
53              android:text="9" />
54          <Button
55              style="@style/btn01"
56              android:text="/" />
57          <Button
```

```
58              style="@style/btn01"
59              android:text="%" />
60         </TableRow>
61         <TableRow                              →表格行(第 4 行)
62              android:layout_width="match_parent"
63              android:gravity="center_horizontal" >
64              <Button
65                  style="@style/btn01"
66                  android:id="@+id/four"        →添加 ID 属性
67                  android:text="4" />
68              <Button
69                  style="@style/btn01"
70                  android:text="5" />
71              <Button
72                  style="@style/btn01"
73                  android:text="6" />
74              <Button
75                  style="@style/btn01"
76                  android:text=" * " />
77              <Button
78                  style="@style/btn01"
79                  android:text="1/x" />
80         </TableRow>
81    </TableLayout>
```

相对布局需要一个参照物。本例中,按钮"2"以按钮"1"(id 为 one,见下面代码第 6 行)为参考,与其顶端对齐(见代码 14 行),在"1"的右边(见代码 15 行),详见下面代码。

```
1  <RelativeLayout                              →相对布局
2       android:layout_width="match_parent"
3       android:layout_height="wrap_content"
4       android:gravity="center_horizontal" >   →水平居中对齐
5       <Button
6            android:id="@+id/one"              →添加 ID 属性,供其他组件参考
7            style="@style/btn01"
8            android:text="1"                   →按钮文字"1"
9            android:textColor="#0000ff"        →按钮文字为蓝色,"#RRGGBB"
10           android:textStyle="bold" />        →按钮文字为粗体字
11      <Button
12           android:id="@+id/two"
13           style="@style/btn01"
14           android:layout_alignTop="@id/one"  →"2"与"1"顶端对齐
15           android:layout_toRightOf="@id/one" →"2"在"1"的右边
16           android:text="2" />
17      <Button
```

```
18              android:id="@+id/three"
19              style="@style/btn01"
20              android:layout_alignTop="@id/two"           →"3"与"2"顶端对齐
21              android:layout_toRightOf="@id/two"          →"3"在"2"的右边
22              android:text="3" />
23          <Button
24              android:id="@+id/minus"
25              style="@style/btn01"
26              android:layout_alignTop="@id/three"         →"—"与"3"顶端对齐
27              android:layout_toRightOf="@id/three"        →"—"在"3"的右边
28              android:text="-" />
29          <Button
30              android:id="@+id/equal"
31              android:layout_alignTop="@id/minus"         →"="与"—"顶端对齐
32              android:layout_toRightOf="@id/minus"        →"="在"—"的右边
33              android:gravity="center"
34              style="@style/btn03"                         →高度为2倍,在styles.xml定义
35              android:text="=" />
36          <Button
37              android:id="@+id/plus"
38              style="@style/btn01"
39              android:layout_alignBottom="@id/equal"
40              android:layout_toLeftOf="@id/equal"
41              android:text="+" />
42          <Button
43              android:id="@+id/dot"
44              style="@style/btn01"
45              android:layout_alignTop="@id/plus"
46              android:layout_toLeftOf="@id/plus"
47              android:text="." />
48          <Button
49              style="@style/btn02"
50              android:layout_alignTop="@id/dot"
51              android:layout_toLeftOf="@id/dot"
52              android:text="0" />
53      </RelativeLayout>
```

　　本界面设计中最关键的就是两个特殊按钮的摆放,对于表格布局而言,每列的宽度是一致的,并且每一行中,各列的高度也是相同的。而这两个按钮,一个过高,一个过宽,因此采用表格布局不好处理这两个按钮,而对于线性布局而言,要么处于同一行,要么处于同一列,对于占多行或多列的控件需组合使用水平线性布局和垂直线性布局,比较麻烦,在此采用相对布局来处理。

2.3 开发自定义View

　　Android中所有的界面控件都继承于View类,View本身仅仅是一块空白的矩形区域,不同的界面控件在这个矩形区域上绘制外观即可形成风格迥异的控件,基于这个原

理,开发者完全可以通过继承 View 类来创建具有自己风格的控件。

开发自定义 View 的一般步骤如下。

(1) 定义自己控件的类名,并让该类继承 View 类或一个现有的 View 的子类。

(2) 重写父类的一些方法,通常需要提供一个构造器,构造器是创建自定义控件的最基本方式,当 Java 代码创建该控件或根据 XML 布局文件加载并构建界面时都将调用该构造器,根据业务需要重写父类的部分方法。例如 onDraw()方法,用于实现界面显示,其他方法还有 onSizeChanged()、onKeyDown()、onKeyUp()等。

图 2-10　自定义控件

(3) 使用自定义的控件,既可以通过 Java 代码来创建,也可以通过 XML 布局文件创建,在 XML 布局文件中,该控件的标签是完整的包名+类名,而不再仅仅是原来的类名。例如自定义一个圆形控件,程序运行效果如图 2-10 所示。

```
1  public class MyView extends View {              →定义自定义控件类
2      public MyView(Context context, AttributeSet attrs){
                                                    →构造方法,调用父类构造方法
3          super(context, attrs);
4      }
5      protected void onDraw(Canvas canvas){        →重写父类的 onDraw()方法
6          Paint paint=new Paint();                 →创建一个画笔
7          paint.setColor(Color.BLUE);              →设置画笔颜色——蓝色
8          canvas.drawCircle(50, 50, 50, paint);    →画一个圆,半径为 50
9      }
10 }
```

通过 XML 布局文件来使用该控件,代码如下。

```
1  <iet.jxufe.cn.android.MyView                     →完整的包名+类名
2      android:layout_width="wrap_content"
3      android:layout_height="wrap_content"/>
```

2.4　本章小结

本章主要讲解了 Android 中界面控件的基本知识,Android 中所有的界面控件都继承于 View 类,View 类代表的是一块空白的矩形区域,不同的控件在此区域中进行绘制从而形成了风格迥异的控件。View 类有一个重要的子类 ViewGroup,该类是所有布局类或容器类的基类,在 ViewGroup 中可以包含 View 控件或 ViewGroup,ViewGroup 的这种嵌套功能形成了界面上控件的层次结构。除此之外,详细介绍了几种最基本的界面控件的功能和常用属性,包括文本显示框、文本编辑框和按钮等,并通过"竞赛登录"(如图 2-2 所示)示例演示了具体的用法。

为了使这些控件排列美观,继续学习了 Android 中几种常见的布局管理器,包括线性布局、表格布局和相对布局,它们各有优缺点,线性布局方便,需使用的属性较少,但不够灵活;表格布局中通过 TableRow 添加行,每列的宽度一致;相对布局则通过提供一个参照物来准确定义各个控件的具体位置,通常在一个实例中会用到多种布局,把各种布局结合起来达到所要的界面效果。本章最后通过一个综合的示例演示了如何综合运用多种布局设计一些比较复杂的界面。

课后练习

1. 下列(　　)属性可做 EditText 编辑框的提示信息。
   A) android:inputType 　　　　B) android:text
   C) android:digits　　　　　　 D) android:hint

2. 为下列控件添加 android:text＝"Hello"属性,运行时无法显示文字的控件是(　　)。
   A) Button　　B) EditText　　C) ImageButton　　D) TextView

3. 下列选项中,前后两个类不存在继承关系的是(　　)。
   A) TextView、EditText　　　　　B) TextView、Button
   C) Button、ImageButton　　　　 D) ImageView、ImageButton

4. 假设手机屏幕宽度为 400px,现采取水平线性布局放置 5 个按钮,设定每个按钮的宽度为 100px,那么该程序运行时,界面显示效果为(　　)。
   A) 自动添加水平滚动条,拖动滚动条可查看 5 个按钮
   B) 只可以看到 4 个按钮,超出屏幕宽度部分无法显示
   C) 按钮宽度自动缩小,可看到 5 个按钮
   D) 程序运行出错,无法显示

5. 表格布局中,设置某一列是可扩展的正确的做法是(　　)。
   A) 设置 TableLayout 的属性:android:stretchColumns＝"x",x 表示列的序号
   B) 设置 TableLayout 的属性:android:shrinkColumns＝"x",x 表示列的序号
   C) 设置具体列的属性:android:stretchable＝"true"
   D) 设置具体列的属性:android:shrinkable＝"true"

6. 相对布局中,设置以下属性时,属性值只能为 true 或 false 的是(　　)。
   A) android:layout_below　　　　　B) android:layout_alignParentLeft
   C) android:layout_alignBottom　　 D) android:layout_toRightOf

7. 布局文件中有一个按钮(Button),如果要让该按钮在其父容器中居中显示,正确的做法是(　　)。
   A) 设置按钮的属性:android:layout_gravity＝"center"
   B) 设置按钮的属性:android:gravity＝"center"
   C) 设置按钮父容器的属性:android:layout_gravity＝"center"
   D) 设置按钮父容器的属性:android:gravity＝"center"

8. Android 中的水平线性布局不会自动换行，当一行中控件的宽度超过了父容器的宽度时，超出的部分将不会显示，如果以滚动条的形式显示超出的部分应该怎么做呢？

9. 运用表格布局设置三行三列的按钮，要求：第一行中有一列空着，第三列被拉伸。第三行中有一个按钮占两列，运行效果如图 2-11 所示。

10. 根据所学的相对布局的知识，设计出如图 2-12 所示的界面，要求在文本编辑框内只能输入数字，并且输入的内容会以"点"显示。

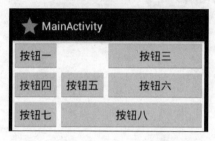

图 2-11　练习 9 运行效果

图 2-12　练习 10 运行效果

11. 在 View 类的 XML 属性中 android:layout_gravity 和 android:gravity 都用于设置对齐方式，它们之间有什么区别？

12. 学习了开发自定义 View 的知识，试着编写一个自己的控件。

13. 运用所学知识，设计图 2-13 所示的界面。要求："用户登录"这几个字的大小为 28sp、红色；"登录"、"注册"、"找回密码"这几个按钮水平排列并且居中显示。

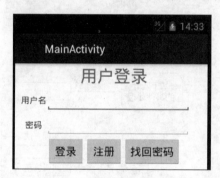

图 2-13　练习 13 运行效果

第 3 章

Android 事件处理

本章要点

- 基于监听的事件处理模型
- 实现事件监听器的 4 种方式
- 基于回调的事件处理模型
- 事件传播
- 事件直接绑定到标签
- Hanlder 消息传递机制
- 使用 Handler 动态生成随机数
- AsyncTask 异步任务处理

本章知识结构图

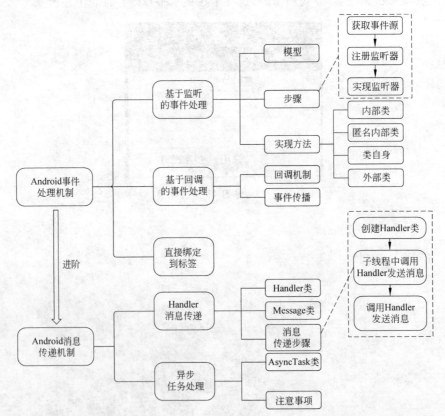

本章举例

简单文本编辑器

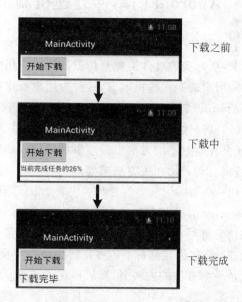

文件下载提示进度条

前面学习了 Android 所提供的一些基本控件,后面第 10 章还会介绍其他功能强大的界面控件,关于 Android 提供的其他控件读者可以查找有关参考资料。但是,这些控件主要是用来进行数据显示的,如果用户想与之交互,实现具体的功能,则还需要相应事件处理的辅助。当用户在程序界面上执行各种操作时,如单击一个按钮,应用程序必须为用户动作提供响应动作,这种响应动作就需要通过事件处理来完成。

Android 提供了三种事件处理方式:基于回调的事件处理、基于监听的事件处理和事件直接绑定到标签。熟悉传统图形界面编程的读者对于基于回调事件处理可能比较熟悉;熟悉 Java AWT/Swing 开发方式的读者对于基于监听的事件处理可能比较熟悉;熟悉 JavaScript 编程的读者对于直接绑定到标签的事件处理可能比较熟悉。Android 系统充分利用了三种事件处理的优点,允许开发者采用自己熟悉的事件处理方式来为用户操作提供响应。

在 Android 中,用户界面属于主线程,而子线程无法更新主线程的界面状态,那么,如何才能动态地显示用户界面呢?本章将学习通过 Handler 消息传递来动态更新界面。

如果在事件处理中需要做一些比较耗时的操作,直接放在主线程中将会阻塞程序的运行,会给用户不好的体验,甚至程序会没有响应或强制退出。本章将学习通过 AsyncTask 异步方式来处理耗时的操作。

学习完本章之后,再结合前面所学知识,读者将可以开发出界面友好、人机交互良好的 Android 应用。

3.1 Android 的事件处理机制

不管是什么手机应用,都离不开与用户的交互,只有通过用户的操作,才能知道用户的需求,从而实现具体的业务功能,因此,应用中经常需要处理的就是用户的操作,也就是需要为用户的操作提供响应,这种为用户操作提供响应的机制就是事件处理。

Android 提供了强大的事件处理机制,包括以下三种事件处理机制。

(1) 基于监听的事件处理:主要做法是为 Android 界面控件绑定特定的事件监听器,在事件监听器的方法里编写事件处理代码,由系统监听用户的操作,一旦监听到用户事件,将自动调用相关方法来处理。

(2) 基于回调的事件处理:主要做法是重写 Android 控件特定的回调方法,或者重写 Activity 的回调方法。Android 为绝大部分界面控件都提供了事件响应的回调方法,我们只需重写它们即可,由系统根据具体情景自动调用。

(3) 直接绑定到标签:主要做法是在界面布局文件中为指定标签设置事件属性,属性值是一个方法的方法名,然后再在 Activity 中定义该方法,编写具体的事件处理代码。

一般来说,直接绑定到标签只适合于少数指定的事件,非常方便;基于回调的事件处理代码比较简洁,可用于处理一些具有通用性的系统为我们定义好的事件。但对于某些特定的事件,无法使用基于回调的事件处理,只能采用基于监听的事件处理。在实际应用中,基于监听的事件处理方法应用最广泛。

3.1.1 基于监听的事件处理

Android 的基于监听的事件处理模型与 Java 的 AWT、Swing 的处理方式几乎完全一样,只是相应的事件监听器和事件处理方法名有所不同。在基于监听的事件处理模型中,主要涉及以下三类对象。

(1) EventSource(事件源):产生事件的控件,即事件发生的源头,如按钮、菜单等。

(2) Event(事件):具体某一操作的详细描述,事件封装了该操作的相关信息,如果程序需要获得事件源上所发生事件的相关信息,一般通过 Event 对象来取得,例如按键事件按下的是哪个键、触摸事件发生的位置等。

(3) EventListener(事件监听器):负责监听用户在事件源上的操作,并对用户的各种操作做出相应的响应,事件监听器中可包含多个事件处理器,一个事件处理器实际上就是一个事件处理方法。

那么在基于监听的事件处理中,这三类对象又是如何协作的呢?实际上,基于监听的事件处理是一种委托式事件处理。普通控件(事件源)将整个事件处理委托给特定的对象(事件监听器);当该事件源发生指定的事情时,系统自动生成事件对象,并通知所委托的事件监听器,由与事件监听器相对应的事件处理器来处理这个事件。具体的事件处理模型如图 3-1 所示。当用户在 Android 控件上进行操作时,系统会自动生成事件对象,并将这个事件对象以参数的形式传给注册到事件源上的事件监听器,事件监听器调用相应的事件处理器来处理。

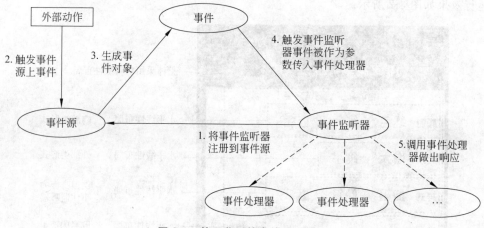

图 3-1 基于监听的事件处理模型

委托式事件处理非常好理解,就类似于生活中每个人能力都有限,当碰到一些自己处理不了的事情时,就委托给某个机构或公司来处理。你需要把你所遇到的事情和要求描述清楚,这样,其他人才能比较好解决问题,然后该机构会选派具体的员工来处理这件事。其中,自己就是事件源,遇到的事情就是事件,该机构就是事件监听器,具体解决事情的员工就是事件处理器。

基于监听的事件处理模型的编程步骤如下。

(1) 获取普通界面控件(事件源),也就是被监听的对象。

(2) 实现事件监听器类,该监听器类是一个特殊的 Java 类,必须实现一个 XxxListener 接口,并实现接口里的所有方法,每个方法用于处理一种事件。

(3) 调用事件源的 setXxxListener 方法将事件监听器对象注册给普通控件(事件源),即将事件源与事件监听器关联起来,这样,当事件发生时就可以自动调用相应的方法。

在上述步骤中,事件源比较容易获取,一般就是界面控件,根据 findViewById() 方法即可得到;调用事件源的 setXxxListener 方法是由系统定义好的,只需传入一个具体的事件监听器;所以,所要做的就是实现事件监听器。所谓事件监听器,其实就是实现了特定接口的 Java 类的实例。在程序中实现事件监听器,通常有如下几种形式。

(1) 内部类形式:将事件监听器类定义为当前类的内部类;

(2) 外部类形式:将事件监听器类定义成一个外部类;

(3) 类自身作为事件监听器类:让 Activity 本身实现监听器接口,并实现事件处理方法;

(4) 匿名内部类形式:使用匿名内部类创建事件监听器对象;

下面以一个简单的程序来示范基于监听的事件处理模型的实现过程。该程序实现简单文本编辑功能,程序界面布局中定义了一些文本显示框、若干个按钮,以及一个文本编辑框。为所有的按钮注册了单击事件监听器。为文本编辑框注册了编辑事件监听器。为了演示各种实现事件监听器的方式,该程序中使用了 4 种实现监听器的方式。界面分析与运行效果如图 3-2 所示。

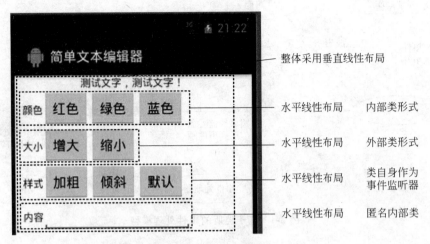

图 3-2 简单文本编辑器

在该布局文件中,省略了一些类似的代码,保留了整体结构,整体采用垂直线性布局,里面又嵌套了若干个水平线性布局。

界面设计完成后,运行程序,得到上述界面效果,但此时单击按钮没有任何反应,下面为这些按钮添加事件监听器。

程序清单:codes\ chapter03\TextEditor\res\layout\ activity_main. xml

```
1   <LinearLayout xmlns:android="http://schemas.android.com/apk/res/android"
2       xmlns:tools="http://schemas.android.com/tools"
3       android:layout_width="match_parent"
4       android:layout_height="match_parent"
5       android:orientation="vertical" >                →垂直线性布局
6       <TextView
7           android:id="@+id/testText"                  →为文本框添加 ID,便于查找
8           android:layout_width="match_parent"         →文本框的宽度为填充父容器
9           android:layout_height="wrap_content"        →文本框的高度为内容包裹
10          android:gravity="center_horizontal"         →文本内容水平居中
11          android:text="@string/test_text" />         →设定文本显示内容
12      <LinearLayout
13          android:layout_width="wrap_content"
14          android:layout_height="wrap_content"
15          android:layout_marginLeft="10dp"            →左边距为 10dp
16          android:orientation="horizontal" >          →水平线性布局
17          <TextView
18              android:layout_width="wrap_content"
19              android:layout_height="wrap_content"
20              android:text="@string/color" />
21          <Button
```

```
22              android:id="@+id/red"            →为按钮添加ID属性
23              android:layout_width="wrap_content"
24              android:layout_height="wrap_content"
25              android:text="@string/red" />
26       <Button ... />                          →按钮属性与上面相似,略
27       <Button ... />                          →按钮属性与上面相似,略
28   </LinearLayout>
29   <LinearLayout>...</Linearlayout>            →包含设置大小的按钮
30   <LinearLayout>...</Linearlayout>            →包含设置样式的按钮
31   <LinearLayout>...</Linearlayout>            →包含设置文本内容的编辑框
32 </LinearLayout>
```

首先为"红色"、"绿色"、"蓝色"三个按钮添加事件监听器,这里采用内部类的形式实现事件监听器,关键代码如下。

```
1  public class MainActivity extends Activity{
2      private Button red, green, blue;
3      private TextView testText;
4      public void onCreate(Bundle savedInstanceState){
5          super.onCreate(savedInstanceState);
6          setContentView(R.layout.activity_main);      →设置界面布局文件
7          testText=(TextView)findViewById(R.id.testText); →根据ID获取控件
8          red=(Button)findViewById(R.id.red);          →根据ID获取控件
9          green=(Button)findViewById(R.id.green);      →根据ID获取控件
10         blue=(Button)findViewById(R.id.blue);        →根据ID获取控件
11         ColorListner myColorListner=new ColorListner(); →创建监听器对象
12         red.setOnClickListener(myColorListner);      →注册监听器
13         green.setOnClickListener(myColorListner);    →注册监听器
14         blue.setOnClickListener(myColorListner);     →注册监听器
15     }
16     private class ColorListner implements OnClickListener {  →实现监听器的内部类
17         public void onClick(View v){
18             switch(v.getId()){                       →判断事件源
19             case R.id.red:
20                 testText.setTextColor(Color.RED); break;    →将字体设置为红色
21             case R.id.blue:
22                 testText.setTextColor(Color.BLUE); break;   →将字体设置为蓝色
23             case R.id.green:
24                 testText.setTextColor(Color.GREEN); break;  →将字体设置为绿色
25             default: break;
26             }
27         }
28     }
29 }
```

使用内部类作为事件监听器有以下两个优势：
（1）使用内部类可在当前类中复用该监听器类，即多个事件源可注册同一个监听器；
（2）使用内部类可自由访问外部类的所有界面控件，内部类实质上是外部类的成员。
内部类形式比较适合于有多个事件源同时注册同一事件监听器的情形。

下面我们为"增大"和"缩小"按钮添加事件监听器，这里采用外部类的形式实现事件监听器，关键代码如下。

```
1  public class MainActivity extends Activity{
2      private Button bigger,smaller;
3      public void onCreate(Bundle savedInstanceState){
4          ...
5          bigger=(Button)findViewById(R.id.bigger);        →根据 ID 获取控件
6          smaller=(Button)findViewById(R.id.smaller);      →根据 ID 获取控件
7          SizeListener mysizeListener=new SizeListener(testText);
                                                            →创建监听器对象
8          bigger.setOnClickListener(mysizeListener);       →注册监听器
9          smaller.setOnClickListener(mysizeListener);      →注册监听器
10     }
11 }
```

SizeListener 是一个外部类，该类实现了 OnClickListener 接口，可以处理单击事件，但外部类无法获取到 Activity 里的界面控件，也就不能对控件进行设置和更新，那么如何在该类中获取到需要改变的控件呢？在这里采用通过构造方法传入的方式。SizeListener 的代码如下。

程序清单：codes\ chapter 03\ TextEditor\src\iet\jxufe\cn\android\SizeListener.java

```
1  public class SizeListener implements OnClickListener {
2      private TextView tv;
3      public SizeListener(TextView tv){                    →初始化需要传入的控件
4          this.tv=tv ;
5      }
6      public void onClick(View v){
7          float f=tv.getTextSize();                        →获取当前的字体大小
8          switch(v.getId()){                               →判断是增大还是缩小
9          case R.id.bigger:
10             f=f+2; break;                                →字体每次增大 2
11         case R.id.smaller:
12             f=f-2; break;                                →字体每次减小 2
13         default:  break;
14         }
15         if(f>=72){  f=72;  }                             →判断字体是否大于 72
16         if(f<=8){  f=8;  }                               →判断字体是否小于 8
17         tv.setTextSize(TypedValue.COMPLEX_UNIT_PX,size);
```

```
18     }
19 }
```
　　→设置字体大小,指定单位为 px

使用外部类作为事件监听器类的形式较为少见,主要有如下两个原因。
　　(1) 事件监听器通常属于特定的 GUI(图形用户界面),定义成外部类不利于提高程序的内聚性;
　　(2) 外部类形式的事件监听器不能自由访问创建 GUI 界面中的控件,编程不够简洁。
　　但如果某个事件监听器确实需要被多个 GUI 界面所共享,而且主要是完成某种业务逻辑的实现,则可以考虑使用外部类的形式来定义事件监听器类。
　　接着为"加粗"、"倾斜"、"默认"三个按钮添加事件处理器,这里采用 Activity 类本身实现 OnClickListener 接口作为事件监听器,代码如下。

```
1  public class MainActivity extends Activity implements OnClickListener{
2      private Button bold, italic,moren;
3      private int flag=0;                               →标志量,默认为 0
4      public void onCreate(Bundle savedInstanceState){
5          ...
6          testText.setTypeface(Typeface.DEFAULT);       →设置字体样式
7  bold= (Button)findViewById(R.id.bold);                →根据 ID 获取控件
8          italic= (Button)findViewById(R.id.italic);    →根据 ID 获取控件
9          moren= (Button)findViewById(R.id.moren);      →根据 ID 获取控件
10         italic.setOnClickListener(this);              →注册监听器
11         bold.setOnClickListener(this);                →注册监听器
12         moren.setOnClickListener(this);               →注册监听器
13     }
14     public void onClick(View v){
15         Typeface tf=testText.getTypeface();           →获取当前字体样式
16         switch(v.getId()){                            →判断哪个按钮被单击
17         case R.id.italic:                             →单击倾斜按钮
18             if(flag==2||flag==3){
19                 testText.setTypeface(Typeface.MONOSPACE,Typeface.BOLD_ITALIC);
20                 flag=3;
21             }else{
22                 testText.setTypeface(Typeface.MONOSPACE, Typeface.ITALIC);
23                 flag=1;
24             }    break;
25         case R.id.bold:                               →单击加粗按钮
26             if(flag==1||flag==3){
27                 testText.setTypeface(Typeface.MONOSPACE,Typeface.BOLD_ITALIC);
28                 flag=3;
29             }else{
30                 testText.setTypeface(Typeface.DEFAULT_BOLD,Typeface.BOLD);
```

```
31          flag=2;
32       }       break;
33       case R.id.moren:                                       →单击默认按钮
34          testText.setTypeface(Typeface.MONOSPACE,Typeface.NORMAL);
35          flag=0;
36              break;
37       default:  break;
38       }
39    }
40 }
```

由于 Activity 自身可以充当事件监听器，因此为事件源注册监听器时，只需将当前对象传入即可，而不用单独创建一个监听器对象。由于加粗和倾斜两种样式可以进行叠加，因此，需要有一个标志量来记录当前的样式，flag＝0 表示当前没有任何样式，flag＝1 表示当前为斜体，flag＝2 表示当前为粗体，flag＝3 表示当前为粗斜体。单击按钮时，先判断当前样式，然后再进行相应样式的设置。

Activity 类本身作为事件监听器，就如同生活中，自己刚好能够处理某一件事，不需要委托给他人处理，可以直接在 Activity 类中定义事件处理器方法，这种形式非常简洁，但这种做法有两个缺点。

（1）可能造成程序结构混乱，Activity 的主要职责应该是完成界面初始化工作，但此时还需包含事件处理器方法，从而引起混乱；

（2）如果 Activity 界面类需要实现监听器接口，给人感觉比较怪异。

思考：在上面的程序中，单击事件监听器的具体事件处理器中，并没有接收到事件参数，即并没有发现事件的"踪迹"，这是为什么呢？这是因为 Android 对事件监听模型做了进一步简化：如果事件源触发的事件足够简单、事件里封装的信息比较有限，那就无须封装事件对象。而对于键盘事件、触摸事件等，程序需要获取事件发生的详细信息，如键盘中的哪个键触发的事件、触摸所发生的位置等。对于这种包含更多信息的事件，Android 会将事件信息封装成 XxxEvent 对象，然后传递给事件监听器。

最后，为文本编辑框添加输入事件监听器，采用匿名内部类的形式来实现该监听器，具体代码如下。

```
1  public class MainActivity extends Activity{
2     private EditText content;
3     public void onCreate(Bundle savedInstanceState){
4         ……                                              →系统自动生成代码(略)
5         content= (EditText)findViewById(R.id.content);   →根据 ID 获取控件
6         content.setOnEditorActionListener(new OnEditorActionListener(){
7             public boolean onEditorAction(TextView v, int actionId, KeyEvent event){
8                 testText.setText(content.getText().toString());  →设置文本框内容
9                 return false;
10  }
```

```
 11        });
 12    }
 13 }
```

注意:testText 应定义为 MainActivity 的成员变量或者为 final 修饰的局部变量,否则无法在匿名内部类中访问该变量。

大部分时候,事件处理器都没有什么复用价值(可复用代码通常都被抽象成了业务逻辑方法),因此大部分事件监听器只是临时使用一次,所以使用匿名内部类形式的事件监听器更合适。实际上,这种形式也是目前使用最广泛的事件监听器形式。

Android 中常见的事件监听器接口及其处理方法如表 3-1 所示。

表 3-1 常见事件监听器接口及其处理方法

事件	接口	处理方法	描述
单击事件	View.OnClickListener	public abstract void onClick(View v)	单击控件时触发
长按事件	View.OnLongClickListener	public abstract boolean onLongClick(View v)	长按控件时触发
键盘事件	View.OnKeyListener	public abstract boolean onKey(View v, int keyCode, KeyEvent event)	处理键盘事件
焦点事件	View.OnFocusChangeListener	public abstract void onFocusChange(View v, boolean hasFocus)	当焦点发生改变时触发
触摸事件	View.OnTouchListener	public abstract boolean onTouch(View v, MotionEvent event)	产生触摸事件
创建上下文菜单	View.OnCreateContextMenuListener	public abstract void OnCreateContextMenu(ContextMenu menu, View v, ContextMenu.ContextMenuInfo menuInfo)	当上下文菜单创建时触发

事件监听器要与事件源关联起来,还需要相应注册方法的支持,事件源通常是界面的某个控件,而所有的界面控件都继承于 View 类,因此,View 类所拥有的事件注册方法,所有的控件都可以调用。表 3-2 列出了 View 类常见的事件注册方法。

表 3-2 View 类的常见事件注册方法

方法	类型	描述
public void setOnClickListener(View.OnClickListener l)	普通	注册单击事件
public void setOnLongClickListener(View.OnLongClickListener l)	普通	注册长按事件
public void setOnKeyListener(View.OnKeyListener l)	普通	注册键盘事件
public void setOnFocusChangeListener(View.OnFocusChangeListener l)	普通	注册焦点改变事件
public void setOnTouchListener(View.OnTouchListener l)	普通	注册触摸事件
public void setOnCreateContextMenuListener(View.OnCreateContextMenuListener l)	普通	注册上下文菜单事件

3.1.2 基于回调的事件处理

Android 平台中,每个 View 都有自己处理特定事件的回调方法,开发人员可以通过重写 View 中的这些回调方法来实现需要的响应事件。View 类包含的回调方法主要有以下几种。

(1) boolean onKeyDown(int keyCode, KeyEvent event):它是接口 KeyEvent.Callback 中的抽象方法,用于捕捉手机键盘被按下的事件。keyCode 为被按下的键值,即键盘码;event 为按键事件的对象,包含了触发事件的详细信息,如事件的状态、类型、发生的时间等。当用户按下按键时,系统会自动将事件封装成 KeyEvent 对象供应用程序使用。

(2) boolean onKeyUp(int keyCode, KeyEvent event):用于捕捉手机键盘按键抬起的事件。

(3) boolean onTouchEvent(MotionEvent event):该方法在 View 类中定义,用于处理手机屏幕的触摸事件,包括屏幕被按下、屏幕被抬起、在屏幕中拖动。

如果说事件监听机制是一种委托式的事件处理,那么回调机制则与之相反。在基于回调的事件处理模型中,事件源和事件监听器是统一的,或者说事件监听器完全消失了,当用户在 GUI 控件上激发某个事件时,控件自己特定的方法将负责处理该事件。

为了使用回调机制类来处理 GUI 控件上所发生的事件,需要为该控件提供对应的事件处理方法,而 Java 又是一种静态语言,人们无法为每个对象动态地添加方法,因此只能通过继承 GUI 控件类,并重写该类的事件处理方法来实现。

下面以一个简单的程序来示范基于回调的事件处理机制。由于需要重写控件类的回调方法,因此通过自定义 View 来模拟,自定义 View 时重写该 View 的事件处理方法即可(见下页的 codes\chapter03\CallbackEventTest\src\iet\jxufe\cn\android\MyButton.java)。

在自定义的 MyButton 类中,重写了 Button 类的 onTouchEvent(MotionEvent event)方法,该方法将会负责处理触摸事件。接下来在界面布局文件中使用这个自定义的 View(见下页的 codes\ chapter03\ CallbackEventTest\res\layout\ activity_main.xml)。

几乎所有基于回调的事件处理方法都有一个 boolean 类型的返回值,该返回值用于标识该处理方法是否能完全处理该事件。如果处理事件的回调方法返回 true,表明该处理方法已完全处理该事件,该事件不会传播出去;如果处理事件的回调方法返回 false,表明该处理方法并未完全处理该事件,该事件会传播出去。

程序清单:codes\ chapter03\ CallbackEventTest\src\iet\jxufe\cn\android\MyButton.java

```
1   public class MyButton extends Button {
2       private Context context;
3       public MyButton(Context context, AttributeSet attrs){
```
→构造方法中必须有 AttributeSet 参数

```
4        super(context, attrs);
5        this.context=context;
6    }
7    public boolean onTouchEvent(MotionEvent event){
8        Toast.makeText(context, "MyButton 中触摸事件触发了!",Toast.LENGTH_
         SHORT).show();
9        return true;
10   }
11 }
```

程序清单：codes\ chapter03\ CallbackEventTest\res\layout\ activity_main. xml

```
1  <LinearLayout xmlns:android="http://schemas.android.com/apk/res/android"
2      xmlns:tools="http://schemas.android.com/tools"
3      android:layout_width="match_parent"
4  android:layout_height="match_parent" >
5      <iet.jxufe.cn.android.MyButton       →使用自定义 View 时应使用完整的包名+类名
6          android:layout_width="wrap_content"
7          android:layout_height="wrap_content"
8          android:text="@string/mybtn" />
9  </LinearLayout>
```

对于基于回调事件传播而言，某控件上所发生的事情不仅激发该控件上的回调方法，也会触发该控件所在 Activity 的回调方法（前提是事件能传播到 Activity）。

当同一控件既采用监听模式，又采用回调模式，并且重写了该控件所在 Activity 对应的回调方法，而且程序没有阻止事件传播，即每个方法都返回 false 时，Android 系统处理事件的顺序是怎样的呢？

下面以一个简单的例子来模拟这种情况，为上面自定义的按钮注册触摸事件监听器并重写它所在 Activity 上的触摸回调方法，在每个方法中打印出该方法被调用的信息，观察控制台里打印的信息。自定义控件代码如下。

程序清单：codes\ chapter03\ EventTransferTest \src\iet\jxufe\cn\android \MyButton. java

```
1  public class MyButton extends Button {
2      public MyButton(Context context, AttributeSet attrs){    →自定义控件的构造方法
3          super(context, attrs);
4      }
5      public boolean onTouchEvent(MotionEvent event){
6          System.out.println("MyButton 中触摸事件触发了!");
7          return false;                                →返回 false,表示事件
                                                          可以向外传播
8      }
9  }
```

新的布局文件代码如下。

程序清单：codes\ chapter03\EventTransferTest \res\layout\activity_main.xml

```xml
1  <LinearLayout xmlns:android="http://schemas.android.com/apk/res/android"
2     xmlns:tools="http://schemas.android.com/tools"
3     android:layout_width="match_parent"
4  android:layout_height="match_parent" >
5     <iet.jxufe.cn.android.MyButton        →使用自定义View时应使用完整的包名+类名
6        android:id="@+id/myBtn"
7        android:layout_width="wrap_content"
8        android:layout_height="wrap_content"
9        android:text="@string/mybtn" />
10 </LinearLayout>
```

程序清单：codes\ chapter03\ EventTransferTest \src\iet\jxufe\cn\android \MainActivity.java

```java
1  public class MainActivity extends Activity {
2     public void onCreate(Bundle savedInstanceState){
3        super.onCreate(savedInstanceState);
4        setContentView(R.layout.activity_main);
5        MyButton myButton= (MyButton)findViewById(R.id.myBtn);
6        myButton.setOnTouchListener(new OnTouchListener(){
7           public boolean onTouch(View v, MotionEvent event){
8              System.out.println("监听器中的触摸事件触发了!");
9              return false;                  →返回false,表示事件可以向外传播
10          }
11       });
12    }
13    public boolean onTouchEvent(MotionEvent event){
14       System.out.println("MainActivity中的触摸事件触发了!");
15       return false;                        →返回false,表示事件可以向外传播
16    }
17 }
```

程序运行后控制台打印信息如图3-3所示。

```
I 09-04 21:... 815  815  iet.jxufe.c...  System.out  监听器中的触摸事件触发了!
I 09-04 21:... 815  815  iet.jxufe.c...  System.out  MyButton中触摸事件触发了!
I 09-04 21:... 815  815  iet.jxufe.c...  System.out  MainActivity中的触摸事件触发了!
```

图3-3 控制台打印信息

通过打印结果，可知最先触发的是该控件所绑定的事件监听器，接着才触发该控件提供的事件回调方法，最后才传播到该控件所在的Activity，调用Activity相应的事件回调方法。如果让某一个事件处理方法返回true，那么该事件将不会继续向外传播。

试一试：改变方法的返回值（将true改为false），观察控制台输出结果。

基于监听的事件处理模型分工更明确，事件源、事件监听由两个类分别实现，因此具

有更好的可维护性；Android 的事件处理机制保证基于监听的事件监听器会被优先触发。

3.1.3 直接绑定到标签

Android 还有一种简单的绑定事件的方式，即直接在界面布局文件中为指定标签绑定事件处理方法。对于很多 Android 界面控件标签而言，它们都支持如 onClick、onLongClick 等属性，这种属性的属性值就是一个形如 xxx(View source)的方法的方法名。例如在布局文件中为控件添加单击事件的处理方法，布局文件如下。

程序清单：codes\ chapter03\EventBinding\res\layout\activity_main.xml

```
1  <Button
2   android:id="@+id/mybtn"
3   android:layout_width="wrap_content"
4   android:layout_height="wrap_content"
5   android:text="@string/bind_btn"
6   android:onClick="clickEventHandler"/>    →为按钮添加自定义事件处理方法
```

然后在该界面布局对应的 Activity 中定义一个 void clickEventHandler(View source)方法，该方法将会负责处理该按钮上的单击事件。详细代码如下。

程序清单：codes\ chapter03\EventBinding\src\iet\jxufe\cn\android \MainActivity.java

```
1  public class MainActivity extends Activity {
2  //  private Button myBtn;
3    public void onCreate(Bundle savedInstanceState){
4      super.onCreate(savedInstanceState);
5      setContentView(R.layout.activity_main);
6  //    myBtn=(Button)findViewById(R.id.mybtn);
7  //    myBtn.setOnClickListener(new OnClickListener(){
8  //      public void onClick(View v){
9  //        Toast.makeText(MainActivity.this,"监听器中的处理方法",
10 //          Toast.LENGTH_SHORT).show();
11 //      }
12 //    });
13   }
14   public void clickEventHandler(View source){
15     Toast.makeText(this,"自定义事件处理方法",Toast.LENGTH_SHORT).show();
16   }
17 }
```

如果此时为该按钮同时添加了事件监听器，那么执行结果如何呢？取消上述代码中的注释，执行程序，结果是程序只执行监听事件处理，而不会执行我们自定义的事件处理方法。注意这和前面的基于回调的事件传播有所不同。单击事件方法返回值是 void 而不是 boolean 类型。

3.2 Handler 消息传递机制

Android 平台不允许 Activity 新启动的线程访问该 Activity 里的界面控件,也不允许将运行状态外送出去,这样就会导致新启动的线程无法动态改变界面控件的属性值,与 Activity 进行交互。但在实际 Android 应用开发中,尤其是涉及动画的游戏开发时,需要让新启动的线程周期性地改变界面控件的属性值,这就需要借助 Handler 的消息传递机制实现。Handler 类的常用方法如表 3-3 所示。

表 3-3 Handler 类的常用方法

方 法 签 名	描　　述
public void handleMessage（Message msg）	通过该方法获取、处理信息
public final boolean sendEmptyMessage（int what）	发送一个只含有 what 值的消息
public final boolean sendMessage（Message msg）	发送消息到 Handler,通过 handleMessage 方法接收
public final boolean hasMessages（int what）	监测消息队列中是否有 what 值的消息
public final boolean post（Runnable r）	将一个线程添加到消息队列

从 Handler 类的方法可知,Handler 类主要有两个作用:
（1）在新启动的线程中发送消息；
（2）在主线程中获取、处理消息。

那么新启动的线程何时发送消息？主线程又如何获取并处理消息呢？

为了让主线程能"适时"地处理新启动的线程所发送的消息,显然只能通过回调的方式来实现——只要重写 Handler 类中处理消息的方法,当新启动的线程发送消息时,Handler 类中处理消息的方法会被自动回调。

开发带有 Handler 类的程序的步骤如下。
（1）创建 Handler 类对象,并重写 handleMessage()方法；
（2）在新启动的线程中,调用 Handler 对象的发送消息方法；
（3）利用 Handler 对象的 handleMessage()方法接收消息,然后根据不同的消息执行不同的操作。

下面的程序通过一个新线程来动态生成随机数,然后显示在主线程的文本显示框上。该程序界面布局非常简单,只有一个 TextView 控件,在此不给出界面布局代码。

（1）最初想法:通过启动一个线程,在线程中动态地改变主线程的界面。

程序清单:codes\chapter03\HandlerTest\src\iet\jxufe\cn\android\MainActivity.java

```
1   public class MainActivity extends Activity {
2       private TextView myText;
3       public void onCreate(Bundle savedInstanceState){
```

```
4       super.onCreate(savedInstanceState);
5       setContentView(R.layout.activity_main);
6       myText=(TextView)findViewById(R.id.myText);
7       myText.setText("生成的随机数为:"+Math.random());
8       new Thread(new Runnable(){              →单独启动一个线程动态生成随机数
9         public void run(){
10          try {
11            while(true){
12              Thread.sleep(300);              →程序休眠 0.3s
13              Double random=Math.random();    →生成随机数
14              myText.setText("生成的随机数为:"+random);
15       //这句代码无法执行,控制台打印错误信息,Only the original thread that
16       //created a view hierarchy can touch its views.即该线程不能改变
17       //TextView 的显示,只有创建 TextView 的线程可以改变
18            }
19          } catch(Exception e){
20            e.printStackTrace();
21          }
22        };
23      }).start();
24    }
25  }
```

该程序显示的是第一个生成的随机数,没有动态变化的效果。因为 Android 中不允许子线程更改主线程的界面控件,在控制台会打印出错误信息,但程序不会强制退出。

(2) 既然子线程不能更改主线程的界面控件,那么模拟一下在主线程中进行更改,代码如下。

```
1   public class MainActivity extends Activity {
2       private TextView myText;
3       public void onCreate(Bundle savedInstanceState){
4           super.onCreate(savedInstanceState);
5           setContentView(R.layout.activity_main);
6           myText=(TextView)findViewById(R.id.myText);
7           myText.setText("生成的随机数为:"+Math.random());
8           try {
9               for(int i=0; i<5; i++){
10                  Thread.sleep(300);              →程序休眠 0.3s
11                  Double random=Math.random();
12                  System.out.println(random);     →控制台打印生成的随机数
13                  myText.setText("生成的随机数为:"+random);
14              }
15          } catch(Exception e){
16              e.printStackTrace();
```

```
17        }
18     }
19 }
```

如果将上面的 for 循环改为 while(true)循环，程序将进入死循环，没有任何显示。在此模拟 5 次生成随机数，运行发现仍然不能达到效果。查看控制台打印信息发现有 5 条信息，而此时 TextView 显示的结果与最后生成的随机数相同。原因是：Android 中是通过调用 onCreate()方法来完成界面的显示，这里是在 onCreate()方法内进行线程休眠，只是将 onCreate()方法的执行过程延迟了，因此无法达到动态改变界面的显示，只能显示一次。除非能多次调用 onCreate()方法，而该方法是由系统自动调用的。

(3) 使用消息传递机制实现该功能，界面每隔 0.3s 更新一次。主要思路是在子线程里发送消息，然后主线程收到消息后进行相应的处理，即在主线程修改界面显示。

```
1  public class MainActivity extends Activity{
2      private TextView myText;
3      private Handler myHandler;
4      public void onCreate(Bundle savedInstanceState){
5          super.onCreate(savedInstanceState);
6          setContentView(R.layout.activity_main);
7          myText=(TextView)findViewById(R.id.myText);
8          myText.setText("生成的随机数为:"+Math.random());
9          myHandler=new Handler(){
10             public void handleMessage(Message msg){
11                 super.handleMessage(msg);
12                 if(msg.what==0x12){           →如果该消息是本程序所发
                                                   送的，前后标记一致
13                     myText.setText("生成的随机数为:\n"+Math.random());
14                 }
15             }
16         };
17         new Thread(new Runnable(){
18             public void run(){
19                 try{
20                     while(true){
21                         Thread.sleep(300);
22                         Message msg=new Message();
23                         msg.what=0x12;        →消息的标记
24                         myHandler.sendMessage(msg);
25                     }
26                 }catch(Exception e){
27                     e.printStackTrace();
28                 }
29             }
30         }).start();
```

```
31    }
32 }
```

该程序重写了 Handler 类的 handleMessage(Message msg)方法,该方法用于处理消息,当新线程发送消息时,该方法会被自动回调,然后根据消息的标记,对不同的消息进行不同的业务逻辑处理,由于 handleMessage(Message msg)方法依然位于主线程,所以可以动态修改 TextView 控件的文本。

注意:发送消息和处理消息的是同一个 Handler 对象。

3.3 异步任务处理

在开发 Android 移动客户端的时候往往要使用多线程来进行操作,我们通常会将耗时的操作放在单独的线程中执行,避免其占用主线程而给用户带来不好的用户体验。但是在子线程中无法操作主线程(UI 线程),在子线程中操作 UI 线程会出现错误。因此 Android 提供了一个类 Handler 在子线程与主线程间通信,用发消息的机制让主线程更新 UI 界面,呈现给用户。这样就解决了子线程更新 UI 的问题。但是费时的任务操作总会启动一些匿名的子线程,给系统带来巨大的负担,随之带来一些性能问题。因此 Android 提供了一个工具类 AsyncTask,即异步任务。这个 AsyncTask 生来就是用来处理一些后台的比较耗时的任务,以给用户带来良好用户体验的,在编程的语法上显得优雅了许多,不再需要子线程和 Handler 就可以完成异步操作并且刷新用户界面。

Android 的 AsyncTask 类对线程间通信进行了包装,提供了简易的编程方式来使后台线程和 UI 线程进行通信,即后台线程执行异步任务,并把操作结果通知 UI 线程。

AsyncTask 是抽象类,AsyncTask 定义了三种泛型类型 Params、Progress 和 Result。

(1) Params:启动任务执行的输入参数,如 HTTP 请求的 URL;

(2) Progress:后台任务执行的百分比;

(3) Result:后台执行任务最终返回的结果,如 String、Integer 等。

AsyncTask 类中主要有以下几个方法。

(1) onPreExecute():该方法将在执行实际的后台操作前被 UI 线程调用。可以在该方法中做一些准备工作,如在界面上显示一个进度条,或者一些控件的实例化,这个方法可以不用实现。

(2) doInBackground(Params...):将在 onPreExecute 方法执行后马上执行,该方法运行在后台线程中。这里将主要负责执行那些比较耗时的后台处理工作。可以调用 publishProgress 方法来实时更新任务进度。该方法是抽象方法,子类必须实现。

(3) onProgressUpdate(Progress...):在 publishProgress 方法被调用后,UI 线程将调用这个方法从而在界面上展示任务的进展情况,例如通过一个进度条进行展示。

(4) onPostExecute(Result):在 doInBackground 执行完成后,onPostExecute 方法将被 UI 线程调用,后台的计算结果将通过该方法传递到 UI 线程,并且在界面上展示给用户。

(5) onCancelled():在用户取消线程操作的时候调用。在主线程中调用 onCancelled

( )的时候调用。

doInBackground 方法和 onPostExecute 的参数必须对应,这两个参数在 AsyncTask 声明的泛型参数列表中指定,第一个为 doInBackground 接收的参数,第二个为显示进度的参数,第三个为 doInBackground 的返回值和 onPostExecute 传入的参数。

为了正确使用 AsyncTask 类,必须遵守以下几条准则。

(1) AsyncTask 的实例必须在 UI 线程中创建;

(2) execute(Params...)方法必须在 UI 线程中调用;

(3) 不要手动调用 onPreExecute( )、onPostExecute(Result)、doInBackground(Params...)、onProgressUpdate(Progress...)等方法,需要在 UI 线程中实例化这个 task 来调用;

(4) 该 task 只能被执行一次,多次调用时将会出现异常。

下面以一个简单的示例演示 AsyncTask 的使用,该程序通过睡眠来模拟耗时操作,程序代码如下。

程序清单:codes\ chapter03\ AsyncTaskTest\res\layout\ activity_main. xml

```
1  <LinearLayout xmlns:android="http://schemas.android.com/apk/res/android"
2      xmlns:tools="http://schemas.android.com/tools"
3      android:layout_width="match_parent"
4      android:layout_height="match_parent"
5      android:orientation="vertical" >
6      <Button
7          android:id="@+id/myBtn"
8          android:layout_width="wrap_content"
9          android:layout_height="wrap_content"
10         android:text="@string/down"/>
11     <TextView
12         android:id="@+id/myText"
13         android:layout_width="match_parent"
14         android:layout_height="wrap_content" />
15     <ProgressBar
16         android:id="@+id/myBar"
17         android:layout_width="match_parent"
18         android:layout_height="wrap_content"
19         android:visibility="invisible"              →初始时进度条不可见
20         android:max="100"                            →进度条最大值为100
21         style="?android:attr/progressBarStyleHorizontal"/>
                                                        →设置进度条样式,调用系统资源
22  </LinearLayout>
```

异步任务处理类代码如下。

程序清单:codes\ chapter03\ AsyncTaskTest\src\iet\jxufe\cn\android\DownTask. java

```
1  public class DownTask extends AsyncTask<Integer, Integer, String>{
```

```java
2       private TextView tv;
3       private ProgressBar pb;
4       public DownTask(TextView tv,ProgressBar pb){
5           this.tv=tv;                              →初始化控件
6           this.pb=pb;
7       }
8       public DownTask(){                           →提供一个无参的构造方法
9       }
10      protected String doInBackground(Integer... param){
11          for(int i=0;i<=100;i++){
12              publishProgress(i);
13              try{
14                  Thread.sleep(param[0]);
15              }catch(Exception e){
16                  e.printStackTrace();
17              }
18          }
19          return "下载完毕";
20      }
21      protected void onPreExecute(){
22          super.onPreExecute();
23      }
24      protected void onPostExecute(String result){   →执行结束后,相关界面控
25          tv.setText(result);                         件属性的设置
26          tv.setTextColor(Color.RED);
27          tv.setTextSize(20);
28          pb.setVisibility(View.INVISIBLE);
29          super.onPostExecute(result);
30      }
31      protected void onProgressUpdate(Integer... param){
                                                       →更改界面控件的属性
32          tv.setText("当前完成任务的"+param[0]+"%");
33          pb.setProgress(param[0]);
34          tv.setVisibility(View.VISIBLE);
35          pb.setVisibility(View.VISIBLE);
36          super.onProgressUpdate(param);
37      }
38  }
```

程序清单:codes\ chapter03\ AsyncTaskTest\src\iet\jxufe\cn\android\MainActivity.java

```java
1  public class MainActivity extends Activity {
2      private Button myBtn=null;
3      private TextView myText=null;
```

```
4      private ProgressBar myBar=null;
5      public void onCreate(Bundle savedInstanceState){
6          super.onCreate(savedInstanceState);
7          setContentView(R.layout.activity_main);
8          myBtn= (Button)findViewById(R.id.myBtn);
9          myText= (TextView)findViewById(R.id.myText);
10         myBar= (ProgressBar)findViewById(R.id.myBar);
11         myBtn.setOnClickListener(new OnClickListener(){
12             public void onClick(View v){
13                 DownTask downTask=new DownTask(myText,myBar);
14                 downTask.execute(100);              →每隔0.1s更新一次
15             }
16         });
17     }
18  }
```

在上面的程序中,异步处理类是单独作为一个外部类放在外面的,因此,需要把主线程中相应的界面控件以参数的形式传递给异步处理类。其实,为了方便可以把异步处理类放在 Activity 内部,作为它的一个内部类,这样就省去了控件初始化的步骤,可自由调用 Activity 中的相关控件,更简洁些。但并不提倡这样做,因为异步处理类一般来说业务逻辑比较复杂,放在 Activity 中会显得比较臃肿、结构比较混乱。

程序的运行效果与执行流程如图 3-4 所示。初始化时,文本显示框和进度条都是不可见的,界面中只有一个"开始下载"按钮,单击该按钮后,文本显示框和进度条都显示出来,并且它们的值是动态变化的。当下载完毕后,进度条消失,文本显示框给出下载完毕的提示。

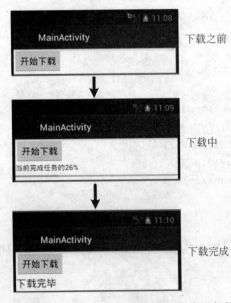

初始时,文本显示框和进度条都是不可见的,开始下载后才会显示它们,下载结束后,进度条消失,文本显示框显示提示信息。

程序执行流程:单击"开始下载"按钮后,创建DownTask对象,并调用该对象的execute()方法。该方法内部调用该类的onPreExcute()方法,该方法执行完成后,会执行该类的doInBackground(),在这个方法中显式调用了publishProgress()方法,从而触发onProgressUpdate()方法,更新界面。doInBackground()方法调用结束后,系统自动调用onPostExcute()方法,完成整个过程。

图 3-4 程序运行结果及说明

异步任务处理方法调用顺序如图 3-5 所示。其中,较密的虚线框里的方法是在主线程中执行的,实线框中的方法是在子线程中执行的,较疏的虚线框里的方法会循环多次调用该方法。具体过程如下:execute()方法传入的参数将会传给 doInBackground()方法,在 doInBackground()方法中,循环调用 publishProgress()方法,而该方法又会触发 onProgressUpdate()方法,并且 publishProgress()方法传入的参数会传递给 onProgressUpdate()方法。doInBackground()方法执行结束后,会将结果作为参数传递给 onPostExecute()方法,而这些参数的类型,在类声明的时候就已经指定了。

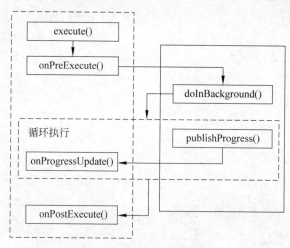

图 3-5　方法调用流程图

注意:以上方法中只有 doInBackground()方法以及 publishProgress()方法是在子线程中执行的,其他的方法都是在主线程中执行的,所以可以在这些方法中更新界面控件。

3.4　本章小结

图形界面编程肯定需要与事件处理相结合,当设计了界面友好的应用之后,必须为界面上的相应控件提供响应,从而当用户操作时,能执行相应的功能,这种响应动作就是由事件处理来完成的。本章的重点是掌握 Android 的事件处理机制:基于监听的事件处理、基于回调的事件处理以及直接绑定到标签的事件处理。了解事件传播的顺序、常见的事件监听器接口及其注册方法。还着重讲解了动态改变界面控件的显示,需要注意的是,Android 不允许在子线程中更新主线程的界面控件。因此,讲解通过 Handler 消息处理机制,当子线程需要更改界面显示时,子线程就向主线程发送一条消息,主线程接收到消息后,自己对界面显示进行修改。最后讲解了异步任务处理,异步任务处理主要处理一些比较耗时的操作,是对消息处理机制的一种补充。

课后练习

1. Android 中的事件处理方式主要有哪三种?
2. 基于监听的事件处理模型中,主要包含的三类对象是什么?

3. 简单描述基于监听的事件处理的过程。
4. 实现事件监听器的方式有_____、_____、_____和_____。
5. 当一个控件,既重写了该控件的事件回调方法、同时重写了该控件所在 Activity 的回调方法、还为其添加了相应的事件监听器,当事件触发时,事件处理的顺序是怎样的?
6. 简要描述 Handler 消息传递机制的步骤。
7. 使用异步任务处理时,以下方法中,不能更改界面控件显示的是(   )。
    A) onPreExecute()　　　　　　　　B) doInBackground()
    C) onPostExecute()　　　　　　　　D) onProgressUpdate()

Android 活动与意图（Activity 与 Intent）

本章要点

- 理解 Activity 的功能与作用
- 创建和配置 Activity
- 在程序中启动、关闭 Activity
- Activity 的生命周期
- Activity 间的数据传递
- 理解 Intent 的功能与作用
- Intent 的 Action 属性的作用
- Intent 的 Category 属性的作用
- Intent 的 Data 属性的作用
- Intent 的分类
- Intent 的解析

本章知识结构图

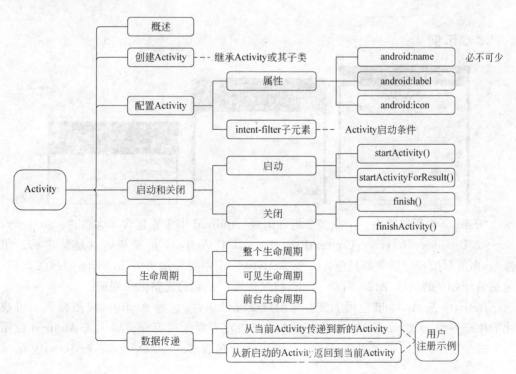

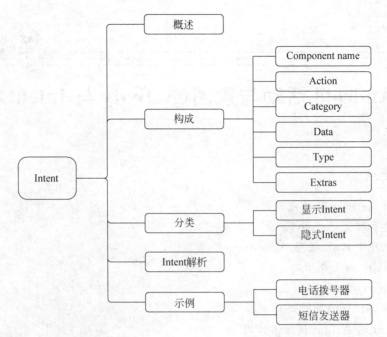

Activity 与 Intent 的关系：

本章示例

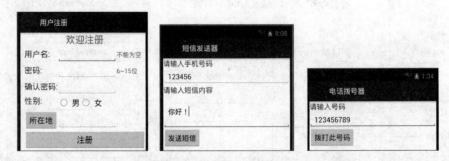

Android 应用通常由一个或多个组件组成，Android 中主要包含 4 大组件：Activity、Service、BroadcastReceiver、ContentProvider。其中 Activity 是最基础也是最常见的组件，前面所写的程序通常都只包含一个 Activity。本章将详细讲解 Activity 的相关知识，包括 Activity 的创建、配置、启动、停止、数据传递以及它的完整生命周期。

Activity 是 Android 应用中负责与用户交互的组件，它为 Android 应用提供了可视化的用户界面，通过 setContentView() 方法来指定界面上的组件。如果该 Android 应用需要多个用户界面，那么这个 Android 应用将会包含多个 Activity，多个 Activity 组成

Activity 栈,当前活动的 Activity 位于栈顶。

一个应用程序往往由多个 Activity 或其他组件组成,那么 Activity 间以及各组件间是如何交互或通信的呢？Android 中是通过 Intent 对象来完成这一功能的。本章将详细讲解 Intent 对象如何封装组件间的交互,并讲解 Intent 对象的各种属性以及 Intent 的过滤机制。

通过本章的学习,读者将可以实现 Activity 间数据的传递以及通过 Intent 调用系统中的某些应用,完成诸如用户注册、登录、打电话、发短信等功能。

4.1 Activity 详解

Activity 是 Android 应用中的重要组成部分之一,如果把一个 Android 应用看成是一个网站的话,那么一个 Activity 就相当于该网站的一个具体网页。Android 应用开发的一个重要组成部分就是开发 Activity,下面由浅入深详细地讲解 Activity 的创建、配置、启动、传值以及生命周期等相关知识。

4.1.1 Activity 概述

Activity 是 Android 的一种应用程序组件,该组件为用户提供了一个屏幕,用户在这个屏幕上进行操作即可完成一定的功能,例如打电话、拍照、发送邮件或查看地图等。每一个 Activity 都有一个用于显示用户界面的窗口。该窗口通常会充满整个屏幕,但也可能比这个屏幕更小或者是漂浮在其他窗口之上。Activity 类包含了一个 setTheme() 方法来设置其窗口的风格,例如希望窗口不显示标题、以对话框形式显示窗口,都可通过该方法来实现。

一个应用程序通常是由多个彼此之间松耦合的 Activity 组成的。通常,在一个应用程序中,有一个 Activity 被指定为主 Activity。当应用程序第一次启动的时候,系统会自动运行主 Activity,前面的所有例子都只有一个 Activity,并且该 Activity 为主 Activity。每个 Activity 都可以启动其他的 Activity 用于执行不同的功能。当一个新的 Activity 启动的时候,先前的那个 Activity 就会停止,但是系统会在堆栈中保存该 Activity。当一个新的 Activity 启动时,它将会被压入栈顶,并获得用户焦点。堆栈遵循后进先出的队列原则。因此,当用户使用完当前的 Activity 并按 Back 键时,该 Activity 将从堆栈中取出并销毁,然后先前的那个 Activity 将恢复并获取焦点。

当一个 Activity 因为新的 Activity 的启动而停止时,系统将会调用 Activity 的生命周期的回调方法来通知这一状态的改变。Activity 类中定义了一些回调方法,对于具体 Activity 对象而言,这些回调方法是否会被调用,主要取决于具体状态的改变——系统是创建、停止、恢复还是销毁该对象。每个回调方法都提供了一个执行适合于该状态变化的具体工作的机会。例如当 Activity 停止时,Activity 对象应该释放一些比较大的对象,如网络或数据库的连接等；当恢复时,可以获取一些必要的资源以及恢复被中断的操作。所有这些状态的转换就形成了 Activity 的生命周期。

4.1.2 创建和配置 Activity

如果要创建自己的 Activity，则必须继承 Activity 基类或者是已存在的 Activity 子类，如 ListActivity、TabActivity 等。在自己的 Activity 中可实现系统 Activity 类中所定义的一些回调方法，这些回调方法在 Activity 状态发生变化时会由系统自动调用，其中最重要的两个回调方法就是 onCreate()和 onPause()。

当 Activity 被创建时，系统将会自动回调它的 onCreate()方法，在该方法的实现中，应该初始化一些关键的界面组件，最重要的是调用 Activity 的 setContentView()方法来设置 Activity 所对应的界面布局文件。为了管理应用程序界面中的各个控件，可调用 Activity 的 findViewById(int id)方法来获取界面中的控件，然后即可修改该控件的属性和调用该控件的方法。

当用户离开 Activity 时，系统将会自动回调 onPause()方法，但这并不意味着该 Activity 被销毁了。在该方法的实现中，应该提交一些需要持久保存的变化。因为用户可能不会再返回到该 Activity，如该进程被杀死。

定义好自己的 Activity 后，此时系统还不能访问该 Activity，如果想让系统访问，则必须在 AndroidManifest.xml 文件中进行注册、配置。在前面所写程序中，也有自己的 Activity，但并没有对它进行配置，不是也可以访问吗？这是因为，前面所有的程序都只有一个 Activity，我们的开发工具在创建时自动地为它进行了配置，把它作为主 Activity，默认配置如下：

```
1   <application
2       android:icon="@drawable/ic_launcher"
3       android:label="@string/app_name"
4       android:theme="@style/AppTheme" >
5       <activity                                    →配置 Activity
6           android:name=".MainActivity"             →Activity 对应的类名
7           android:label="@string/title_activity_main" >
                                                     →Activity 标题显示的文字
8           <intent-filter>
                                                     →Activity 启动的过滤条件
9           <action android:name="android.intent.action.MAIN" />
                                                     →设置为主 Activity
            <category android:name="android.intent.category.LAUNCHER" />
            </intent-filter>
        </activity>
    </application>
```

其中最主要的就是 activity 标签内容，配置自己的 activity，只要为＜application…/＞元素添加＜activity…/＞子元素即可。配置时，主要有以下几个属性。

（1）name：指定 Activity 实现类的类名，其中前面的点表示该类在当前应用程序所在的包下，如果该类不在当前包下，则需要用完整的"包名＋类名"表示；

（2）icon：指定该 Activity 对应的图标，显示在 activity 的标题行上，一般不用设置；

（3）label：指定该 Activity 的文字标签，也显示在标题行上。

此外，配置 Activity 时通常还可以指定一个或多个＜intent-filter.../＞元素，该元素用于指定该 Activity 可响应的 Intent 的条件。

上述配置中，只有 name 属性是必需的，而其他属性或标签元素都是可选的。

4.1.3 启动和关闭 Activity

前面已经定义并向系统注册了 Activity，那么该 Activity 如何启动和执行呢？通常一个 Android 应用都会包含多个 Activity，但只有一个 Activity 会作为程序的入口，当该 Android 应用运行时将会自动启动并执行该 Activity。而应用中的其他 Activity，通常都由入口 Activity 来启动，或由入口 Activity 启动的 Activity 启动。Android 提供了以下两种方法来启动 Activity。

（1）startActivity(Intent intent)：启动其他 Activity；

（2）startActivityForResult(Intent intent,int requestCode)：程序将会得到新启动 Activity 的结果，requestCode 参数代表启动 Activity 的请求码，后面会详细讲解这一方法。

上面两个方法，都需要传入一个 Intent 类型的参数，该参数是对需要启动的 Activity 的描述，既可以是一个确切的 Activity 类，也可以是所需要启动的 Activity 的一些特征，然后由系统查找符合该特征的 Activity，如果有多个 Activity 符合该要求时，系统将会以下拉列表的形式列出所有的 Activity，然后由用户选择具体启动哪一个，这些 Activity 既可以是本应用程序的，也可以是其他应用程序的。

Intent 的相关知识，在 4.2 节会详细介绍，在此简单介绍启动一个已知的 Activity 的方法。

```
1  Intent intent=new Intent(this, OtherActivity.class);
   →this 表示当前 Activity 的对象，OtherActivity 为一个已知的 Activity，并且
   OtherActivity 必须在 AndroidManifest.xml 文件中进行了配置
2  startActivity(intent);
```

如果想从所启动的 Activity 获取结果，则可以使用 startActivityForResult(Intent intent,int requestCode)方法启动 Activity，同时需要在自己的 Activity 中重写 onActivityResult(...)方法，当启动的 Activity 执行结束后，它会将结果数据放入 Intent，并传给 onActivityResult(...)方法。

如果想关闭 Activity，可调用以下两个方法。

（1）finish()：结束当前 Activity；

（2）finishActivity(int requestCode)：结束以 startActivityForResult(Intent intent,int requestCode)方法启动的 Activity。

注意：大部分情况下，不建议显式调用这些方法关闭 Activity。因为 Android 系统会管理 Activity 的生命周期，调用这些方法可能会影响用户的预期体验，因此，只有当不想用户再回到当前 Activity 的时候才去关闭它。

4.1.4 Activity 的生命周期

Android 系统中的 Activity 类定义了一系列的回调方法，当 Activity 的状态发生变化时，相应的回调方法将会自动执行。当 Activity 被启动之后，随着应用程序的运行，Activity 会不断地在各种状态之间切换，相应的方法也就会被执行，我们只需要选择性地重写这些方法即可进行相应的业务处理。这些状态之间的转换就构成了 Activity 的生命周期。在 Activity 的生命周期中，主要有如下几个方法。

(1) onCreate(Bundle savedStatus)：创建 Activity 时被调用；

(2) onStart()：启动 Activity 时被调用；

(3) onRestart()：重新启动 Activity 时被调用；

(4) onResume()：恢复 Activity 时被调用；

(5) onPause()：暂停 Activity 时被调用；

(6) onStop()：停止 Activity 时被调用；

(7) onDestroy()：销毁 Activity 时被调用。

Activity 生命周期中各方法之间的调用关系如图 4-1 所示，该图参考 Android 官方文档。

Activity 主要以下面三种状态存在。

(1) Resumed：已恢复状态，此时 Activity 位于前台，并且获得用户焦点，这种状态通常也叫运行时状态。

(2) Paused：暂停状态，其他的 Activity 获得用户焦点，但该 Activity 仍是可见的，即该 Activity 仍存在于内存中，并能维持自身状态和记忆信息，且维持着和窗口管理器之间的联系。但是，当系统内存极度缺乏的时候可能杀死该 Activity。

(3) Stopped：停止状态，该 Activity 完全被其他 Activity 所覆盖，该 Activity 仍存在于内存中，能维持自身状态和记忆信息，但它和窗口管理器之间已没有了联系。当系统需要内存时，随时可以杀死该 Activity。

从图 4-1 中可以看出，Activity 的生命周期主要存在三个循环。

(1) 整个生命周期：从 onCreate()开始到 onDestroy()结束。Activity 在 onCreate()设置所有的"全局"状态，例如界面的布局文件，在 onDestory()释放所有的资源。例如，某个 Activity 有一个在后台运行的线程，用于从网络上下载数据，则该 Activity 可以在 onCreate()中创建线程，在 onDestory()中停止线程。

(2) 可见生命周期：从 onStart()开始到 onStop()结束。在这段时间，可以看到 Activity 在屏幕上，尽管有可能不在前台，不能和用户交互。在这两个方法之间，需要保持显示给用户的 UI 数据和资源等。例如，可以在 onStart 中注册一个监听器来监听数据变化导致 UI 的变动，当不再需要显示时候，可以在 onStop()中注销它。onStart()和 onStop()方法都可以被多次调用，因为 Activity 随时可以在可见和隐藏之间转换。

(3) 前台生命周期：从 onResume()开始到 onPause()结束。在这段时间里，该 Activity 处于所有 Activity 的最前面，和用户进行交互。Activity 可以经常性地在 resumed 和 paused 状态之间切换，例如当设备准备休眠时、当一个 Activity 处理结果被

第 4 章 Android 活动与意图（Activity 与 Intent）

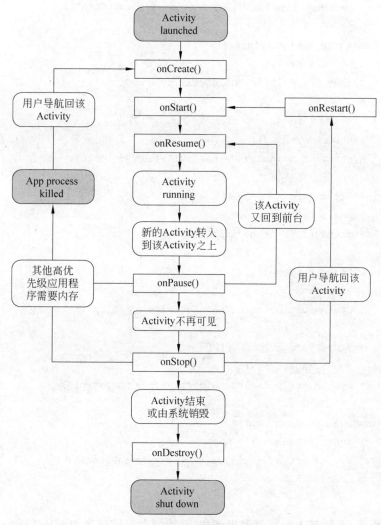

图 4-1 Activity 的生命周期和回调方法

分发时，当一个新的 Intent 被分发时。所以在这些方法中的代码应该属于非常轻量级的。

下面以一个简单的程序来模拟 Activity 的生命周期，该程序中包含三个 Activity，即 MainActivity、SecondActivity、ThirdActivity，这三个 Activity 都重写了 Activity 生命周期中所涉及的方法，方法体中的内容主要是在控制台打印一条信息，表明该方法被调用了，查看控制台的信息即可知道方法调用的顺序，详细代码如下。

程序清单：codes\chapter04\ActivityLifeCycleTest\src\iet\jxufe\cn\android\MainActivity.java

```
1   public class MainActivity extends Activity {
2       public void onCreate(Bundle savedInstanceState){
3           super.onCreate(savedInstanceState);
4           setContentView(R.layout.activity_main);
```

```
5       System.out.println("MainActivity's onCreate");
6    }
7    protected void onStart(){
8      super.onStart();
9      System.out.println("MainActivity's onStart");
10   }
11   protected void onRestart(){
12     super.onRestart();
13     System.out.println("MainActivity's onRestart");
14   }
15   protected void onResume(){
16     super.onResume();
17     System.out.println("MainActivity's onResume");
18 }
19 protected void onStop(){
20        super.onStop();
21        System.out.println("MainActivity's onStop");
22   }
23   protected void onDestroy(){
24        super.onDestroy();
25        System.out.println("MainActivity's onDestroy");
26   }
27   protected void onPause(){
28        super.onPause();
29        System.out.println("MainActivity's onPause");
30   }
31 }
```

运行该程序,然后单击返回键退出该程序,控制台打印信息如图 4-2 所示。

L...	Time	PID	TID	Application	Tag	Text
I	09-11 15:...	670	670	iet.jxufe.cn.android	System...	MainActivity's onCreate
I	09-11 15:...	670	670	iet.jxufe.cn.android	System...	MainActivity's onStart
I	09-11 15:...	670	670	iet.jxufe.cn.android	System...	MainActivity's onResume
I	09-11 15:...	670	670	iet.jxufe.cn.android	System...	MainActivity's onPause
I	09-11 15:...	670	670	iet.jxufe.cn.android	System...	MainActivity's onStop
I	09-11 15:...	670	670	iet.jxufe.cn.android	System...	MainActivity's onDestroy

图 4-2 控制台打印信息

程序打开后,系统会依次调用 onCreate→onStart→onResume,此时 MainActivity 就处于运行时状态了;退出时,系统依次调用 onPause→onStop→onDestroy 方法。

下面继续模拟有新的 Activity 启动的情景,首先在原来的界面中添加两个按钮,单击按钮后启动一个新的 Activity,界面布局代码如下。

程序清单：codes\ chapter 04\ActivityLifeCycleTest\res\layout\activity_main.xml

```xml
1  <LinearLayout xmlns:android="http://schemas.android.com/apk/res/android"
2      xmlns:tools="http://schemas.android.com/tools"
3      android:layout_width="match_parent"
4      android:layout_height="match_parent"
5      android:orientation="vertical" >              →垂直线性布局
6      <Button
7          android:id="@+id/second"                  →为按钮添加 ID
8          android:layout_width="wrap_content"
9          android:layout_height="wrap_content"
10         android:text="@string/second"/>
11     <Button
12         android:id="@+id/third"
13         android:layout_width="wrap_content"
14         android:layout_height="wrap_content"
15         android:text="@string/third"/>
16 </LinearLayout>
```

然后分别为这两个按钮添加事件处理，关键代码如下。

程序清单：codes\ chapter04\ActivityLifeCycleTest\src\iet\jxufe\cn\android\MainActivity.java

```java
1  private Button second,third;
2  public void onCreate(Bundle savedInstanceState){
3      super.onCreate(savedInstanceState);
4      setContentView(R.layout.activity_main);
5      second=(Button)findViewById(R.id.second);
6      third=(Button)findViewById(R.id.third);
7      second.setOnClickListener(new OnClickListener(){
8          public void onClick(View v){
9              Intent intent=new Intent(MainActivity.this,SecondActivity.class);
10             startActivity(intent);                →启动 SecondActivity
11         }
12     });
13     third.setOnClickListener(new OnClickListener(){
14         public void onClick(View v){
15             Intent intent=new Intent(MainActivity.this,ThirdActivity.class);
16             startActivity(intent);                →启动 ThirdActivity
17         }
18     });
19     System.out.println("MainActivity's onCreate");
20 }
```

要实现此功能，还必须添加 SecondActivity、ThirdActivity，这两个 Activity 的功能和

MainActivity 的功能相似，就是在相应的回调方法里打印出该方法名，在此不再列出。除此之外，还必须在 Manifest.xml 文件中配置这两个 Activity，配置信息如下。

程序清单：codes\chapter04\ActivityLifeCycleTest\AndroidManifest.xml

```
1   <activity
2       android:name=".SecondActivity"              →Activity 对应的类名
3       android:label="@string/title_activity_second" >
4   </activity>
5   <activity
6       android:name=".ThirdActivity"               →Activity 对应的类名
7       android:label="@string/title_activity_third"
8       android:theme="@android:style/Theme.Dialog" >
                                                    →设置该 Activity 为对话框形式
9   </activity>
```

此时程序运行效果如图 4-3 所示。

单击 Go to SecondActivity，程序跳转到 SecondActivity，运行效果如图 4-4 所示。

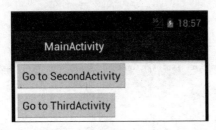

图 4-3　MainActivity 界面效果

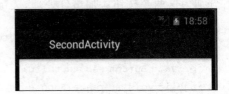

图 4-4　SecondActivity 界面效果

单击 Go to SecondActivity 后控制台的打印信息如图 4-5 所示。

L...	Time	PID	TID	Application	Tag	Text
I	09-11 14:...	670	670	iet.jxufe.cn.android	System...	MainActivity's onCreate
I	09-11 14:...	670	670	iet.jxufe.cn.android	System...	MainActivity's onStart
I	09-11 14:...	670	670	iet.jxufe.cn.android	System...	MainActivity's onResume
I	09-11 14:...	670	670	iet.jxufe.cn.android	System...	MainActivity's onPause
I	09-11 14:...	670	670	iet.jxufe.cn.android	System...	SecondActivity's onCreate
I	09-11 14:...	670	670	iet.jxufe.cn.android	System...	SecondActivity's onStart
I	09-11 14:...	670	670	iet.jxufe.cn.android	System...	SecondActivity's onResume
I	09-11 14:...	670	670	iet.jxufe.cn.android	System...	MainActivity's onStop

图 4-5　单击 Go to SecondActivity 后控制台的打印信息

此时单击返回键，又会回到 MainActivity，并获取焦点，而 SecondActivity 会自动销毁，控制台打印信息如图 4-6 所示。

在此过程中 MainActivity 的执行流程为 onCreate→onStart→onResume→ onPause →onStop→【onRestart→onStart→onResume→ onPause→onStop→】onDestroy。【】中间的部分可执行零到多次，即可见生命周期循环。

仍然回到 MainActivity 界面，单击 Go to ThirdActivity 按钮，程序跳转到 ThirdActivity，

运行效果图如图 4-7 所示。

```
I  09-11 14:...  670  670  iet.jxufe.cn.android  System...  SecondActivity's onPause
I  09-11 14:...  670  670  iet.jxufe.cn.android  System...  MainActivity's onRestart
I  09-11 14:...  670  670  iet.jxufe.cn.android  System...  MainActivity's onStart
I  09-11 14:...  670  670  iet.jxufe.cn.android  System...  MainActivity's onResume
I  09-11 14:...  670  670  iet.jxufe.cn.android  System...  SecondActivity's onStop
I  09-11 14:...  670  670  iet.jxufe.cn.android  System...  SecondActivity's onDestroy
```

图 4-6　单击返回键后控制台的打印信息

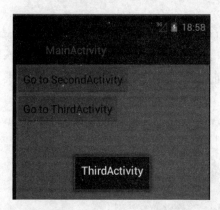

图 4-7　跳转到 ThirdActivity 界面的运行效果

单击 Go to ThirdActivity 后，此时控制台的打印信息如图 4-8 所示。

```
L...  Time          PID  TID  Application          Tag       Text
I     09-11 15:...  670  670  iet.jxufe.cn.android  System...  MainActivity's onCreate
I     09-11 15:...  670  670  iet.jxufe.cn.android  System...  MainActivity's onStart
I     09-11 15:...  670  670  iet.jxufe.cn.android  System...  MainActivity's onResume
I     09-11 15:...  670  670  iet.jxufe.cn.android  System...  MainActivity's onPause
I     09-11 15:...  670  670  iet.jxufe.cn.android  System...  ThirdActivity's onCreate
I     09-11 15:...  670  670  iet.jxufe.cn.android  System...  ThirdActivity's onStart
I     09-11 15:...  670  670  iet.jxufe.cn.android  System...  ThirdActivity's onResume
```

图 4-8　单击 Go to ThirdActivity 后控制台的打印信息

对比图 4-5 和图 4-8 控制台打印的信息，发现最大的区别在于 MainActivity 是否调用 onStop 方法，这也是 Activity 可见与不可见的区别。当跳转到 SecondActivity 时，SecondActivity 会完全覆盖 MainActivity，用户看不见它，此时 MainActivity 会调用 onStop 方法，而 ThirdActivity 是以对话框的形式显示的，此时它漂浮于 MainActivity 之上，对于用户而言，仍然可以看到 MainActivity，只是无法获取焦点而已，所以 MainActivity 会等待新的 Activity 启动后（onCreate→onStart→onResume），再来判断是否要调用 onStop 方法。此时单击返回按钮，控制台打印信息如图 4-9 所示。

此过程中 MainActivity 的执行流程为 onCreate→onStart→onResume→onPause→【onResume→onPause→】onStop→onDestroy。其中【】中间的部分可执行一到多次，即前台生命周期循环。

```
I  09-11 15:...   670  670  iet.jxufe.cn.android  System...  ThirdActivity's onPause
I  09-11 15:...   670  670  iet.jxufe.cn.android  System...  MainActivity's onResume
I  09-11 15:...   670  670  iet.jxufe.cn.android  System...  ThirdActivity's onStop
I  09-11 15:...   670  670  iet.jxufe.cn.android  System...  ThirdActivity's onDestroy
```

图 4-9　单击返回键后控制台的打印信息

问题与讨论：

（1）问题 1：当 MainActivity 正在运行时，若直接按 Home 键，返回到桌面，MainActivity 是否还存在？控制台会打印什么消息？

提示：并不会调用 onDestroy 方法。

（2）问题 2：前面返回到原来的 Activity 都是使用返回键，如果在新启动的 Activity 中添加一个按钮，单击按钮后，跳转到原来的 Activity，这样做与单击返回键有区别吗？有什么区别？

提示：可以在 SecondActivity 中添加一个 Go to MainActivity 按钮，并添加相应的处理事件，来观察两者的区别。其关键代码如下。

```
1  Button main=(Button)findViewById(R.id.main);
2  main.setOnClickListener(new OnClickListener(){
3      public void onClick(View v){
4          Intent intent=new Intent(SecondActivity.this,MainActivity.class);
5          startActivity(intent);
6      }
7  });
```

区别在于：通过 Go to MainActivity 按钮跳转到 MainActivity 只是表面现象，实际上系统是重新创建了一个 MainActivity，即此时在 Activity 堆栈中包含两个 MainActivity 对象。如果重复操作多次，那么 Activity 堆栈中将会存在多个这样的 MainActivity，而通过返回键操作，则是销毁当前的 Activity，从而使上一个 Activity 获取焦点，重新显示在前台，它是不断地从堆栈中取出 Activity。

4.1.5　Activity 间的数据传递

1. Activity 间数据传递的方法——采用 Intent 对象

前面学习了 Activity 的生命周期、Activity 间的跳转，实际应用中，仅仅有跳转还是不够的，往往还需要进行通信，即数据的传递。在 Android 中，主要是通过 Intent 对象来完成这一功能的，Intent 对象就是它们之间的信使。

数据传递方向有两个：一个是从当前 Activity 传递到新启动的 Activity，另一个是从新启动的 Activity 返回结果到当前 Activity。下面详细讲解这两种情景下数据的传递。

在介绍 Activity 启动方式时，知道 Activity 提供了一个 startActivityForResult（Intent intent,int requestCode）方法来启动其他 Activity。该方法可以将新启动的 Activity 中的结果返回给当前 Activity。如果要使用该方法，还必须做以下操作。

(1) 在当前 Activity 中重写 onActivityResult(int requestCode，int resultCode，Intent intent)方法，其中 requestCode 代表请求码，resultCode 代表返回的结果码。

(2) 在启动的 Activity 执行结束前，调用该 Activity 的 setResult(int resultCode，Intent intent)方法，将需要返回的结果写入到 Intent 中。

整个执行过程为：当前 Activity 调用 startActivityForResult(Intent intent，int requestCode)方法启动一个符合 Intent 要求的 Activity 之后，执行它相应的方法，并将执行结果通过 setResult(int resultCode，Intent intent)方法写入 Intent，当该 Activity 执行结束后，会调用原来 Activity 的 onActivityResult(int requestCode，int resultCode，Intent intent)，判断请求码和结果码是否符合要求，从而获取 Intent 里的数据。

请求码和结果码的作用：因为在一个 Activity 中可能存在多个控件，每个控件都有可能添加相应的事件处理，调用 startActivityForResult()方法，从而就有可能打开多个不同的 Activity 处理不同的业务。但这些 Activity 关闭后，都会调用原来 Activity 的 onActivityResult(int requestCode，int resultCode，Intent intent)方法。通过请求码就知道该方法是由哪个控件所触发的，通过结果码就知道返回的数据来自于哪个 Activity。

Intent 保存数据的方法：从当前 Activity 传递数据到新启动的 Activity 相对来说比较简单，只需要将需要传递的数据存入到 Intent 即可。上面两种传值方式，都需要将数据存入 Intent，那么 Intent 是如何保存数据的呢？Intent 提供了多个重载的方法来存放额外的数据，主要格式如下。

putExtras(String name，Xxx data)：其中 Xxx 表示数据类型，向 Intent 中放入 Xxx 类型的数据，例如 int、long、String 等。

此外还提供了一个 putExtras(Bundle data)方法，该方法可用于存放一个数据包，Bundle 类似于 Java 中的 Map 对象，存放的是键值对的集合，可把多个相关数据放入同一个 Bundle 中，Bundle 提供了一系列的存入数据的方法，方法格式为 putXxx(String key，Xxx data)，向 Bundle 中放入 int、long、String 等各种类型的数据。为了取出 Bundle 数据携带包中的数据，Bundle 还提供了相应的 getXxx(String key)方法，从 Bundle 中取出各种类型的数据。

2. Activity 间的数据传递举例

下面用一个完整的注册案例讲解 Activity 间的数据传递，程序运行效果如图 4-10 所示。当单击所在地时，程序会弹出省份下拉列表，选择某一省份后，会显示该省份下的城市列表供用户选择，如图 4-11 和图 4-12 所示。

填写完相应信息后，单击"注册"按钮，系统会对用户填写的信息进行简单的验证，如果用户名未填写，则会弹出如图 4-13 所示的对话框；如果密码位数过短或过长则弹出如图 4-14 所示的对话框；如果两次密码不一致，则弹出如图 4-15 所示的对话框。如果用户注册信息符合要求，则跳转到注册成功页面，如图 4-16 所示。

用户注册界面设计方案如图 4-17 所示。图 4-18 给出实现用户注册的程序结构。

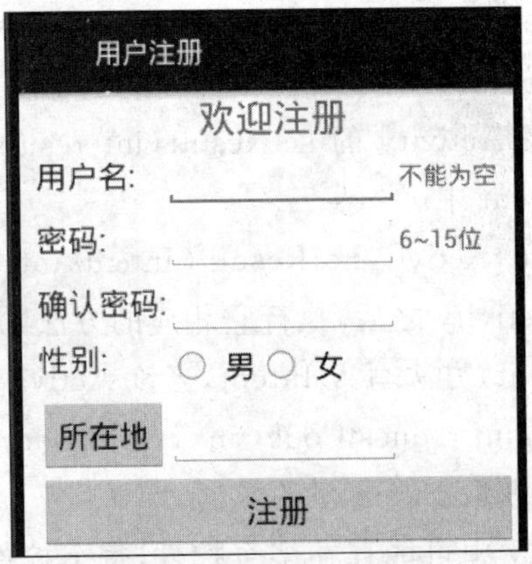

图 4-10　程序运行界面图

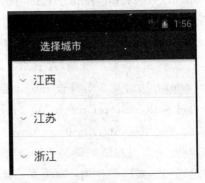

图 4-11　省份选择列表

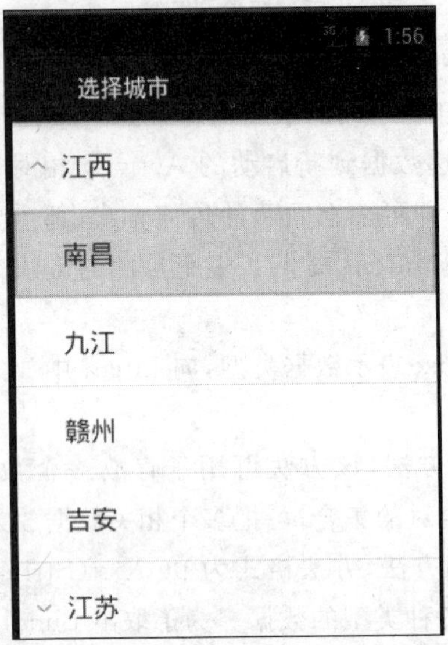

图 4-12　城市选择列表

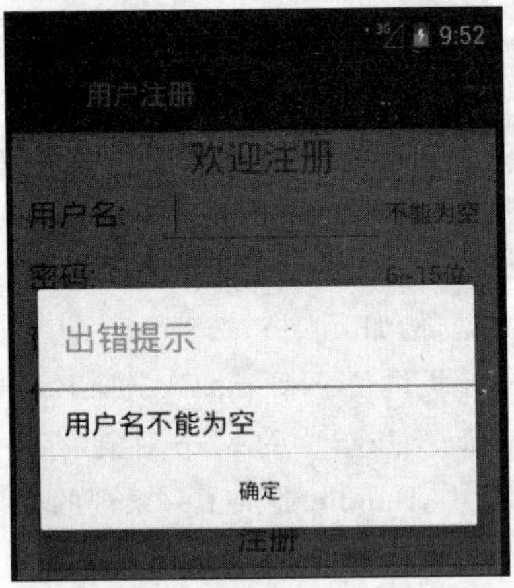

图 4-13　注册信息提示图（1）

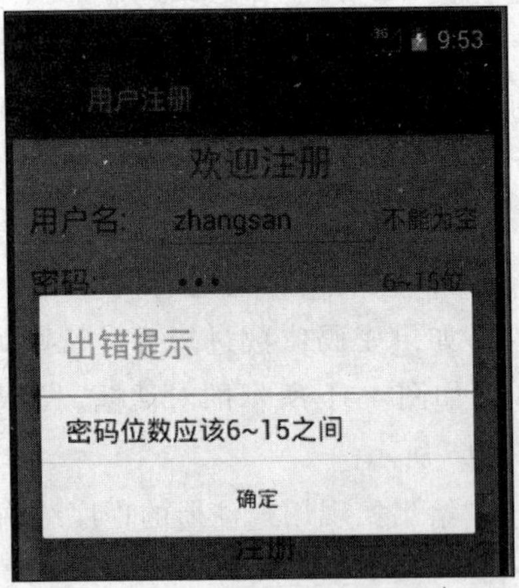

图 4-14　注册信息提示图（2）

图 4-15　注册信息提示图（3）

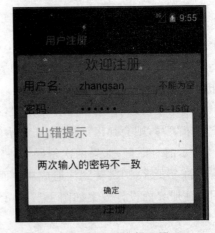

第 4 章 Android 活动与意图（Activity 与 Intent）

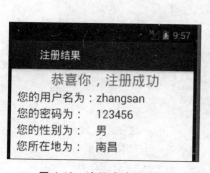

图 4-16 注册成功界面图

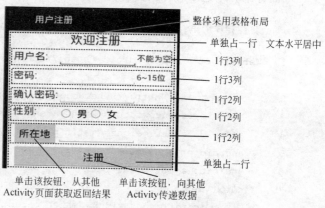

图 4-17 用户注册界面设计方案图

图 4-18 用户注册程序结构图

下面详细介绍这个程序的开发过程,首先是注册界面的设计,代码如下。

程序清单:codes\chapter04\RegisterTest\res\layout\activity_main.xml

```xml
1   <TableLayout xmlns:android="http://schemas.android.com/apk/res/android"      →表格布局
2       xmlns:tools="http://schemas.android.com/tools"
3       android:layout_width="match_parent"
4       android:layout_height="match_parent"
5       android:orientation="vertical"                                            →垂直方向
6       android:layout_marginLeft="10dp">                                         →左边距为 10dp
7       <TextView                                                                 →文本显示框单独占一行
8           android:layout_width="match_parent"                                   →"  欢迎注册  "
9           android:layout_height="wrap_content"
10          android:gravity="center_horizontal"                                   →水平居中对齐
11          android:text="@string/title"
12          android:textColor="#ff0000"                                           →字体颜色为红色
13          android:textSize="24sp" />                                            →字体大小为 24sp
14      <TableRow>                                                                →添加表格行
15          <TextView                                                             →输入"用户名:"的一行
16              android:layout_width="wrap_content"
17              android:layout_height="wrap_content"
18              android:text="@string/name"
19              android:textSize="20sp" />
20          <EditText
21              android:id="@+id/name"
22              android:layout_width="150dp"                                      →设置文本编辑框的宽度
23              android:layout_height="wrap_content" />
24          <TextView
25              android:layout_width="wrap_content"
26              android:layout_height="wrap_content"
27              android:text="@string/tishi01"
28              android:textColor="#ff0000"
29              android:textSize="16sp" />
30      </TableRow>
31      <TableRow>                                                                →输入"密码:"的一行
32          <TextView
33              android:layout_width="wrap_content"
34              android:layout_height="wrap_content"
35              android:text="@string/psd"
36              android:textSize="20sp" />
37      <EditText
38          android:id="@+id/psd"
39          android:layout_width="wrap_content"
```

```
40              android:layout_height="wrap_content"
41              android:inputType="textPassword" />
42      </TableRow>
43      <TableRow>                                          →输入"确认密码:"的一行
44          <TextView
45              android:layout_width="wrap_content"
46              android:layout_height="wrap_content"
47              android:text="@string/psd2"
48              android:textSize="20sp" />
49          <EditText
50              android:id="@+id/psd2"
51              android:layout_width="wrap_content"
52              android:layout_height="wrap_content"
53              android:inputType="textPassword" />
54      </TableRow>
55      <TableRow>                                          →选择"性别:男女"的一行
56          <TextView
57              android:layout_width="wrap_content"
58              android:layout_height="wrap_content"
59              android:text="@string/gender"
60              android:textSize="20sp" />
61          <RadioGroup
62              android:layout_width="wrap_content"
63              android:layout_height="wrap_content"
64              android:orientation="horizontal" >
65              <RadioButton
66                  android:id="@+id/male"
67                  android:layout_width="wrap_content"
68                  android:layout_height="wrap_content"
69                  android:text="@string/male"
70                  android:textSize="20sp" />
71              <RadioButton
72                  android:id="@+id/female"
73                  android:layout_width="wrap_content"
74                  android:layout_height="wrap_content"
75                  android:text="@string/female"
76                  android:textSize="20sp" />
77          </RadioGroup>
78      </TableRow>
79      <TableRow>                                          →输入"所在地"的一行
80          <Button
81              android:id="@+id/cityBtn"
82              android:layout_width="wrap_content"
83              android:layout_height="wrap_content"
84              android:text="@string/city"
85              android:textSize="20sp" />
86          <EditText
```

```
87              android:id="@+id/city"
88              android:layout_width="match_parent"
89              android:layout_height="wrap_content" />
90        </TableRow>
91        <Button                                          →"注册"按钮
92              android:id="@+id/registerBtn"
93              android:layout_width="match_parent"
94              android:layout_height="wrap_content"
95              android:text="@string/register"
96              android:textSize="20sp" />
97  </TableLayout>
```

界面设计好了以后,需要对界面中的两个按钮添加相应的事件处理,首先为"注册"按钮添加事件处理。

程序清单:codes\chapter04\RegisterTest\src\iet\jxufe\cn\android\MainActivity.java

```
1   registerBtn.setOnClickListener(new OnClickListener(){   →"注册"按钮的事件处理
2       public void onClick(View v){
3           String checkResult=checkInfo();                 →验证用户输入信息的结果
4           if(checkResult!=null){                          →如果结果不为空,则用对
                                                              话框提示
5               Builder builder=new AlertDialog.Builder(MainActivity.this);
6               builder.setTitle("出错提示");                →设置对话框标题
7               builder.setMessage(checkResult);            →设置对话框内容信息
8               builder. setPositiveButton ( " 确 定 ", new DialogInterface.
                OnClickListener(){
9                                                           →为对话框添加按钮及事件处理
10                  public void onClick(DialogInterface dialog, int which){
11                      psd.setText("");                    →将密码框设置为空
12                      psd2.setText("");
13                  }
14              });
15              builder.create().show();                    →创建对话框并显示
16          }else{                      →注册信息符合要求,将数据放入 Intent,进行传递
17              Intent intent=new Intent(MainActivity.this,ResultActivity.
                class);
18              intent.putExtra("name", name.getText().toString());
19              intent.putExtra("psd", psd.getText().toString());
20              String gender=male.isChecked()?"男":"女";
21              intent.putExtra("gender", gender);
22              intent.putExtra("city",city.getText().toString());
23              startActivity(intent);                      →启动一个新的 Activity
24          }
25      }
```

```
26        });
```

在事件处理中,调用了验证用户注册信息的方法,该方法的代码如下。

```
1   public String checkInfo(){
2       if(name.getText().toString()==null||name.getText().toString().
            equals("")){
3           return "用户名不能为空";
4       }                                            →对用户名进行验证
5       if(psd.getText().toString().trim().length()<6
6           || psd.getText().toString().trim().length()>15){
7           return "密码位数应该在 6~15 之间";
8       }                                            →对密码进行验证
9       if(!psd.getText().toString().equals(psd2.getText().toString())){
10          return "两次输入的密码不一致";
11      }                                            →对确认密码进行验证
12      return null;
13  }
```

接下来为"所在地"按钮添加事件处理,主要是启动获取城市的 Activity,代码如下。

```
1   cityBtn.setOnClickListener(new OnClickListener(){
2       public void onClick(View v){
3           Intent intent= new Intent (MainActivity.this, ChooseCityActivity.
                class);                              →创建需要启动的 Activity 的 Intent
4                            →启动指定 Activity 并等待返回的结果,其中 0 是请求码,用于标识该请求
5           startActivityForResult(intent , 0);      →请求码为 0,前后要一致
6       }
    });
```

要实现获取选择的城市信息,还必须在该 Activity 中重写 onActivityResult(int request-Code , int resultCode,Intent intent)方法,代码如下。

```
1   public void onActivityResult(int requestCode , int resultCode, Intent intent){
2       if(requestCode==0&& resultCode==0){
                        →当 requestCode、resultCode 同时为 0,也就是处理特定的结果
3           Bundle data=intent.getExtras();          →取出 Intent 里的 Extras 数据
4           String resultCity=data.getString("city"); →取出 Bundle 中的数据
5           city.setText(resultCity);                →修改 city 文本框的内容
6       }
7   }
```

ChooseCityActivity 主要就是一个扩展下拉列表[①]。详细代码如下。

---

① 下拉列表的详细实现原理参见第 10 章 10.2.4 ExpandableListView 部分,此处只要根据基本了解其使用就行。

程序清单：codes\ chapter04\RegisterTest\src\iet\jxufe\cn\android\ChooseCityActivity.java

```java
1   public class ChooseCityActivity extends ExpandableListActivity{
2       private String[] provinces=new String[]{"江西","江苏","浙江"};
3       private String[][] cities=new String[][]{{"南昌","九江","赣州","吉安"},
4           {"南京","苏州","无锡","扬州"},{"杭州","温州","台州","金华"}};
5       public void onCreate(Bundle savedInstanceState){
6           super.onCreate(savedInstanceState);
7           ExpandableListAdapter adapter=new BaseExpandableListAdapter(){
8               public Object getChild(int groupPosition, int childPosition){
                                                            →获取指定组位置的指定子列表项数据
9                   return cities[groupPosition][childPosition];
10              }
11              public long getChildId(int groupPosition, int childPosition){
12                  return childPosition;
13              }
14              public int getChildrenCount(int groupPosition){
                                        →获取指定组的列表项数，即各省份的城市数
15                  return cities[groupPosition].length;
16              }
17              private TextView getTextView(){
18                  AbsListView.LayoutParams lp=new AbsListView.LayoutParams(
19                      ViewGroup.LayoutParams.MATCH_PARENT, 64);
20                  TextView textView=new TextView(ChooseCityActivity.this);
21                  textView.setLayoutParams(lp);
22                  textView.setGravity(Gravity.CENTER_VERTICAL | Gravity.LEFT);
23                  textView.setPadding(36, 0, 0, 0);
24                  textView.setTextSize(20);
25                  return textView;
26              }
27              public View getChildView(int groupPosition, int childPosition,
                                                        →该方法决定每个子选项的外观
28                  boolean isLastChild, View convertView, ViewGroup parent){
29                  TextView textView=getTextView();
30                  textView.setText(getChild(groupPosition, childPosition).
                        toString());
31                  return textView;
32              }
33
34              public Object getGroup(int groupPosition){
                                                    →获取指定组位置处的组数据
35                  return provinces[groupPosition];
36              }
37              public int getGroupCount(){      →获取该扩展列表的组数，即省份数
```

```
38              return provinces.length;
39          }
40          public long getGroupId(int groupPosition){
                                              →获取组的 ID 号,即省份的 ID 号
41              return groupPosition;
42          }
43          public View getGroupView(int groupPosition, boolean isExpanded,
                                              →该方法决定每个组选项的外观
44              View convertView, ViewGroup parent)   {
45              LinearLayout ll=new LinearLayout(ChooseCityActivity.this);
46              ll.setOrientation(LinearLayout.VERTICAL);
47              ImageView logo=new ImageView(ChooseCityActivity.this);
48              ll.addView(logo);
49              TextView textView=getTextView();
50              textView.setText(getGroup(groupPosition).toString());
51              ll.addView(textView);
52              return ll;
53          }
54          public boolean isChildSelectable ( int  groupPosition,  int
            childPosition){
55              return true;
56          }
57      };
58      setListAdapter(adapter);              → 设置该窗口显示列表
59      getExpandableListView().setOnChildClickListener(
60          new OnChildClickListener(){
61            public boolean onChildClick(ExpandableListView parent, View
source,
62              int groupPosition, int childPosition, long id){
63              Intent intent=getIntent();
                        →获取启动该 Activity 之前的 Activity 对应的 Intent
64              Bundle data=new Bundle();
65              data.putString("city",cities[groupPosition][childPosition]);
66              intent.putExtras(data);
67              ChooseCityActivity.this.setResult(0 , intent);
                                        → 设置结果码和退回的 Activity
68              ChooseCityActivity.this.finish();
                                        →结束 SelectCityActivity
69              return false;
70          }
71      });
72      }
73  }
```

结果显示界面的 Activity 为 ResultActivity,该 Activity 主要就是获取 Intent 中的数

据，然后一个个显示在对应的 TextView 上，布局文件比较简单，在此不列出，详细代码如下。

程序清单：codes\chapter04\RegisterTest\src\iet\jxufe\cn\android\ResultActivity.java

```
1   public class ResultActivity extends Activity {
2       protected void onCreate(Bundle savedInstanceState){
3           super.onCreate(savedInstanceState);
4           setContentView(R.layout.activity_result);
5           TextView resultName= (TextView)findViewById(R.id.resultName);
6           TextView resultPsd= (TextView)findViewById(R.id.resultPsd);
7           TextView resultGender= (TextView)findViewById(R.id.resultGender);
8           TextView resultCity= (TextView)findViewById(R.id.resultCity);
9           Intent intent=getIntent();              →获取传递过来的 Intent
10          resultName.setText(intent.getStringExtra("name"));
                                                    →从 Intent 中获取值
11          resultPsd.setText(intent.getStringExtra("psd"));
12          resultGender.setText(intent.getStringExtra("gender"));
13          resultCity.setText(intent.getStringExtra("city"));
14      }
15  }
```

注意：要实现这个功能，必须在 AndroidManifest.xml 文件中配置 ChooseCity-Activity 和 ResultActivity，配置信息如下。

```
1   <activity
2           android:name=".ResultActivity"          →注册 ResultActivity
3           android:label="@string/result" >
4   </activity>
5   <activity
6           android:name=".ChooseCityActivity"      →注册 ChooseCityActivity
7           android:label="@string/select" >
8   </activity>
```

4.2 Intent 详解

在前面介绍启动 Activity 以及 Activity 间传值时，可以发现都需要传递一个 Intent 对象作为参数。事实上，Android 应用程序中的三种核心组件 Activity、Service、BroadcastReceiver 彼此之间是独立的，它们之间之所以可以互相调用、协调工作，最终组成一个真正的 Android 应用，主要是通过 Intent 对象协助来完成的。下面将对 Intent 对象进行详细的介绍。

4.2.1 Intent 概述

Intent 中文翻译为"意图"，是对一次即将运行的操作的抽象描述，包括操作的动作、动作涉及数据、附加数据等，Android 系统则根据 Intent 的描述，负责找到对应的组件，并将 Intent 传递给调用的组件，完成组件的调用。因此，Intent 在这里起着媒体中介的作用，专门提供组件互相调用的相关信息，实现调用者与被调用者之间的解耦。

例如，想通过联系人列表查看某个联系人的详细信息，单击某个联系人后，希望能够弹出此联系人的详细信息。为了实现这个目的，联系人 Activity 需要构造一个 Intent，这个 Intent 用于告诉系统，要做"查看"动作，此动作对应的查看对象是"具体的某个联系人"，然后调用 startActivity(Intent intent) 将构造的 Intent 传入，系统会根据此 Intent 中的描述，到 AndroidManifest.xml 中找到满足此 Intent 要求的 Activity，最终传入 Intent，对应的 Activity 则会根据此 Intent 中的描述，执行相应的操作。

Intent 实际上就是一系列信息的集合，既包含对接收该 Intent 的组件有用的信息，如即将执行的动作和数据，也包括对 Android 系统有用的信息，如处理该 Intent 的组件的类型以及如何启动一个目标 Activity。

4.2.2　Intent 构成

Intent 封装了要执行的操作的各种信息，那么，Intent 是如何保存这些信息的呢？事实上，Intent 对象中包含了多个属性，每个属性代表了该信息的某个特征，对于某一个具体的 Intent 对象而言，各个属性值都是确定的，Android 应用就是根据这些属性值去查找符合要求的组件，从而启动合适的组件执行该操作。下面详细学习 Intent 中的各种属性及其作用和典型用法。

（1）Component name（组件名）：指定 Intent 的目标组件名称，即组件的类名。通常 Android 会根据 Intent 中包含的其他属性信息进行查找，例如 action、data/type、category，最终找到一个与之匹配的目标组件。但是，如果 component 属性有指定，将直接使用它指定的组件，而不再执行上述查找过程。指定了这个属性以后，Intent 的其他所有属性都是可选的。Intent 的 Component name 属性需要接受一个 ComponentName 对象，创建 ComponentName 对象时需要指定包名和类名，从而可唯一确定一个组件类，这样应用程序即可根据给定的组件类去启动特定的组件。

```
1   ComponentName comp=new ComponentName(Context con,Class class);
                                               →创建一个 ComponentName 对象
2   Intent intent=new Intent();
3   intent.setComponent(comp);                 →为 Intent 设置 Component 属性
```

实际上，上面三行代码完全等价于前面所用的创建 Intent 的一行代码，如下所示：

```
1   Intent intent=new Intent(Context con Class class);
```

在被启动的组件中，通过以下语句即可获取相关 ComponentName 的信息：

```
1   ComponentName comp=getIntent().getComponent();
2   comp.getPackageName();                     →获取组件的包名
3   comp.getClassName();                       →获取组件的类名
```

（2）Action（动作）：Action 代表该 Intent 所要完成的一个抽象"动作"，这个动作具体由哪个组件来完成，Action 这个字符串本身并不管。例如 Android 提供的标准 Acton：Intent.ACTION_VIEW，它只表示一个抽象的查看操作，但具体查看什么、启动哪个 Activity 来查看，它并不知道（这取决于 Activity 的<intent-filter.../>配置，只要某个 Activity 的<intent-filter.../>配置中包含了该 ACTION_VIEW，该 Activity 就有可能被启动）。Intent 类中定义了一系列的 Action 常量，具体的可查阅 Android SDK→reference 中的 Android.content.intent 类，通过这些常量我们能调用系统提供的功能。

Intent 类中提供了一些 Action 常量，如表 4-1 所示。

表 4-1 Intent 类中部分 Action 常量表

编号	Action 名称	AndroidManifest.xml 配置名称	描述
1	ACTION_MAIN	android.intent.action.MAIN	作为应用程序的入口，不需要接收数据
2	ACTION_VIEW	android.intent.action.VIEW	用于数据的显示
3	ACTION_DIAL	android.intent.action.DIAL	调用电话拨号程序
4	ACTION_EDIT	android.intent.action.EDIT	用于编辑给定的数据
5	ACTION_PICK	android.intent.action.PICK	从特定的一组数据中进行数据的选择操作
6	ACTION_RUN	android.intent.action.RUN	运行数据
7	ACTION_SEND	android.intent.action.SEND	调用发送短信程序
8	ACTION_CHOOSER	android.intent.action.CHOOSER	创建文件操作选择器

（3）Category（类别）：执行动作的组件的附加信息。例如 LAUNCHER_CATEGORY 表示 Intent 的接收者应该在 Launcher 中作为顶级应用出现；而 ALTERNATIVE_CATEGORY 表示当前的 Intent 是一系列的可选动作中的一个，这些动作可以在同一块数据上执行。同样的，在 Intent 类中定义了一些 Category 常量。

一个 Intent 对象最多只能包括一个 Action 属性，程序可调用的 setAction(String str)方法来设置 Action 属性值；但一个 Intent 对象可以包含多个 Category 属性，程序可调用 Intent 的 addCategory(String str)方法来为 Intent 添加 Category 属性。当程序创建 Intent 时，该 Intent 默认启动 Category 属性值为 Intent.CATEGORY_DEFAULT 常量的组件。

Intent 中部分 Category 常量及对应的字符串和作用如表 4-2 所示。

表 4-2 Intent 类中部分 Category 常量表

编号	Category 常量	对应字符串	简单描述
1	CATEGORY_DEFAULT	android.intent.category.DEFAULT	默认的 Category
2	CATEGORY_BROWSABLE	android.intent.category.BROWSABLE	指定该 Activity 能被浏览器安全调用

续表

编号	Category 常量	对应字符串	简单描述
3	CATEGORY_TAB	android.intent.category.TAB	指定 Activity 作为 TabActivity 的 Tab 页
4	CATEGORY_LAUNCHER	android.intent.category.LAUNCHER	Activity 显示在顶级程序列表中
5	CATEGORY_HOME	android.intent.category.HOME	设置该 Activity 随系统启动而运行

(4) Data(数据): Data 属性通常用于向 Action 属性提供操作的数据。不同的 Action 通常需要携带不同的数据,例如,如果 Action 是 ACTION_CALL,那么数据部分将会是 tel:需要拨打的电话号码。Data 属性接收一个 URI 对象,一个 URI 对象通常通过如下形式的字符串来表示:

```
content://com.android.contacts/contacts/1
tel:13876523467
```

其中,两个字符串的冒号前面大致指定了数据的类型(MIME 类型),冒号后面的是数据部分。因此一个合法的 URI 对象既可决定操作哪种数据类型的数据,又可指定具体的数据值。常见的数据类型及其数据 URI 如表 4-3 所示。

表 4-3 Android 中部分数据表

编号	操作类型	数据格式	简单示例
1	浏览网页	http://网页地址	http://www.mldn.cn
2	拨打电话	tel:电话号码	tel:01051283346
3	发送短信	smsto:短信接收人号码	smsto:13621384455
4	查找 SD 卡	file:///sdcard/文件或目录	file:///sdcard/mypic.jpg
5	显示地图	geo:坐标,坐标	geo:31.899533,-27.036173

(5) Type(数据类型): 显式指定 Intent 的数据类型(MIME)。一般 Intent 的数据类型能够根据数据本身进行判定,但是通过设置这个属性,可以强制采用显式指定的类型而不再进行推导。通常来说,当 Intent 不指定 Data 属性时 Type 属性才会起作用,否则 Android 系统将会根据 Data 属性来分析数据的类型,因此无须指定 Type 属性。

(6) Extras(附加信息): 其他所有附加信息的集合,以键值对形式保存所有的附加信息。使用 extras 可以为组件提供扩展信息。例如,如果要执行"发送电子邮件"这个动作,可以将电子邮件的标题、正文等保存在 extras 里,传给电子邮件发送组件。Intent 类中包含一系列的 putXxx()方法用于插入各种类型的附加信息,相应地也提供了一系列的 getXxx()方法,用于获取附加信息。这些方法与 Bundle 中的方法相似,事实上,可以把所有的附加信息都放在一个 Bundle 对象中,然后把 Bundle 对象再添加到 Intent 中。

上面详细介绍了 Intent 对象的各个属性及其作用,那么系统又是如何根据 Intent 的属性来找到符合条件的组件的呢？首先，需要为组件配置相应的条件，即指定该组件能被哪些 Intent 所启动，这主要是通过＜intent-filter.../＞元素的配置来实现的。

＜intent-filter.../＞元素是 AndroidManifest.xml 文件中某一组件的子元素，例如＜activity.../＞元素的子元素，该子元素用于配置该 Activity 所能"响应"的 Intent。对于后面所学的 Service、BroadcastReceiver 组件也是类似的。

＜intent-filter.../＞元素里通常可包含如下子元素：

0～N 个＜action.../＞子元素；

0～N 个＜category.../＞子元素；

0～1 个＜data.../＞子元素。

当＜activity.../＞元素的＜intent-filter.../＞子元素里包含多个＜action.../＞子元素时，表明该 Activity 能响应 Action 属性值为其中任意一个字符串的 Intent，能被多个 Intent 启动。

4.2.3 Intent 解析

通常情况下，可以把 Intent 分为以下两类。

（1）直接（显式）Intent：指定了 Component 属性的 Intent（调用 setComponent (ComponentName)或者 setClass(Context，Class)来指定）。通过指定具体的组件类，通知应用启动对应的组件。一般来说，其他应用程序的开发者是不知道本应用的组件名的，因此，直接 Intent 主要用于应用程序内部通信。

（2）间接（隐式）Intent：没有指定 Component 属性的 Intent。这些 Intent 需要包含足够的信息，这样系统才能根据这些信息，在所有的可用组件中，确定满足此 Intent 的组件。隐式 Intent 经常用于激活其他应用程序的组件。

对于显式 Intent，Android 不需要解析，因为目标组件已经很明确，直接实例化该组件即可，Android 需要解析的是隐式 Intent，通过解析，查找出符合该 Intent 要求的组件，从而执行它。解析的过程主要就是比较 Intent 对象的内容是否与组件中的＜intent-filter.../＞元素匹配。如果一个组件没有任何 Intent 过滤器，那么它只能被显式 Intent 所启动，而包含 Intent 过滤器的组件则可以被显式和隐式两种 Intent 启动。

Android 系统中 Intent 解析的判断方法如下。

（1）如果 Intent 指明了 Action，则目标组件的 IntentFilter 的 Action 列表中就必须包含这个 Action，否则不能匹配。

（2）如果 Intent 没有提供 Type，系统将从 Data 中得到数据类型。和 Action 一样，目标组件的数据类型列表中必须包含 Intent 的数据类型，否则不能匹配。

（3）如果 Intent 中的数据不是 content 类型的 URI，而且 Intent 也没有明确指定它的 Type 类型，将根据 Intent 中数据的 Scheme 进行匹配，例如"http:"或"tel:"。同上，Intent 的 Scheme 必须出现在目标组件的 Scheme 列表中。

（4）如果 Intent 指定了一个或多个 Category，这些类别必须全部出现在组件的类别列表中。例如 Intent 中包含了两个类别 LAUNCHER_CATEGORY 和 ALTERNATIVE_CATEGORY，解析得到的目标组件必须至少包含这两个类别。

Android 系统中 Intent 解析的匹配过程如下。

（1）Android 系统把所有应用程序包中的 Intent 过滤器集合在一起，形成一个完整的 Intent 过滤器列表。

（2）在 Intent 与 Intent 过滤器进行匹配时，Android 系统会将列表中所有 Intent 过滤器的"动作"和"类别"与 Intent 进行匹配，任何不匹配的 Intent 过滤器都将被过滤掉，没有指定"动作"的 Intent 请求可以匹配任何的 Intent 过滤器。

（3）把 Intent 数据 URI 的每个子部与 Intent 过滤器的＜data＞标签中的属性进行匹配，如果＜data＞标签指定了协议、主机名、路径名或 MIME 类型，那么这些属性都要与 Intent 的 URI 数据部分进行匹配，任何不匹配的 Intent 过滤器均被过滤掉。

（4）如果 Intent 过滤器的匹配结果多于一个，则可以根据在＜intent-filter＞标签中定义的优先级标签来对 Intent 过滤器进行排序，优先级最高的 Intent 过滤器将被选择。

问题：当一个 Intent 请求匹配了配置文件中的多个组件时，优先级相同时如何显示？

系统会以下拉列表的形式将所有符合要求的组件显示出来，然后由用户选择具体启动哪一个。例如手机上有多个浏览器，当打开某个网页时，会提示选择哪个浏览器。

注意：理论上说，一个 Intent 对象如果没有指定 category，它应该能通过任意的 category 测试。有一个例外，Android 把所有传给 startActivity() 的隐式 Intent 看作至少有一个 category："android.intent.category.DEFAULT"。因此，想要接受隐式 Intent 的 Activity 必须在 intent filter 中加入"android.intent.category.DEFAULT"（"android.intent.action.MAIN"和"android.intent.category.LAUNCHER"的 intent filter 例外，它们不需要"android.intent.category.DEFAULT"）。

下面，用两个简单的例子通过 Intent 来调用系统提供的功能。电话拨号器程序调用系统的拨号功能，程序运行界面如图 4-19 所示，在文本框中输入要拨打的号码，单击"拨打此号码"按钮，即可调用系统的拨号功能，运行界面如图 4-20 所示。

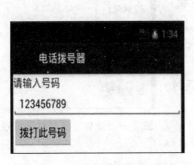

图 4-19 电话拨号器运行界面

图 4-20 拨号运行界面

界面布局相对简单，在此不列出代码，调用系统拨号功能的关键代码如下。

程序清单：codes\ chapter04\DailTest\src\iet\jxufe\cn\android\MainActivity.java

```
1   public class MainActivity extends Activity {
2       EditText  editText;
3       public void onCreate(Bundle savedInstanceState){
4           super.onCreate(savedInstanceState);
5           setContentView(R.layout.activity_main);
6           editText=(EditText)findViewById(R.id.num);
7           Button myBtn= (Button)findViewById(R.id.mybtn);
8           myBtn.setOnClickListener(new OnClickListener(){
9               public void onClick(View v){
10                  Uri uri=Uri.parse("tel:"+editText.getText().toString());
                                        →将字符串转换成 URI 对象
11                  Intent intent=new Intent(Intent.ACTION_CALL, uri);
                                        →第一个参数表示操作的动作，系
                                         统根据这个会调用拨号功能；第
                                         二个参数用于指定操作的数据，
                                         即拨打哪个号码
12                  MainActivity.this.startActivity(intent);
13              }
14          });
15      }
16  }
```

注意：由于调用了系统的拨号功能，因此需要在 AndroidManifest.xml 文件中添加拨号的权限，否则无法实现该功能。添加的权限代码如下。

```
<uses-permission android:name="android.permission.CALL_PHONE"/>
```

权限代码放在 Application 元素外面，和 Application 元素属于同一级别。

短信发送器的程序运行界面如图 4-21 所示，该程序调用系统的短信发送功能。在第一个文本框中输入收件人号码，第二个文本框中输入短信内容，单击"发送短信"按钮，即可调用系统的短信发送功能，运行界面如图 4-22 所示。

执行完成后，可查看系统提供的短信服务，在那里可以看到已发送的短信信息，如图 4-23 所示。

界面布局相对简单，在此不列出代码，调用系统短信发送功能的关键代码如下。

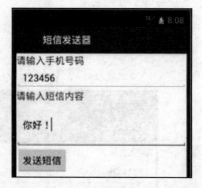

图 4-21　短信发送器首界面效果图

第 4 章　Android 活动与意图（Activity 与 Intent）

图 4-22　调用系统短信发送功能图

图 4-23　系统短信应用中已发出的信息

程序清单：codes\ chapter04\SendMessage\src\iet\jxufe\cn\android\MainActivity.java

```
1  public class MainActivity extends Activity {
2  EditText num, mess;
3  Button btn;
4  public void onCreate(Bundle savedInstanceState){
5       super.onCreate(savedInstanceState);
6       setContentView(R.layout.activity_main);
7       btn= (Button)findViewById(R.id.btn);            →获取发送按钮
8       num= (EditText)findViewById(R.id.num);
9       mess= (EditText)findViewById(R.id.Mess);
10      btn.setOnClickListener(new OnClickListener(){
11          public void onClick(View v){
12              String mobile=num.getText().toString();     →获取收件人号码
13              String content=mess.getText().toString();   →获取短信内容
14              Intent intent=new Intent();
15              intent.setData(Uri.parse("smsto:"+mobile));  →设置 Intent 数据
16              intent.putExtra("sms_body", content);        →存放短信内容
17              startActivity(intent);
18          }
19      });
20  }
21 }
```

99

注意：smsto、sms_body 都是系统规定的写法，不能改变。

4.3 本章小结

本章详细地讲解了 Activity 相关知识，包括如何开发自己的 Activity、如何在 AndroidManifest.xml 文件中配置 Activity 以及如何启动和停止 Activity 等，然后重点介绍了 Activity 的生命周期，以及各种状态之间的跳转和相应的回调方法的关系。介绍了如何通过 Intent 在不同的 Activity 之间通信和跳转，除此之外，本章还详细讲解了 Intent 的用法，Intent 封装了应用程序的某次"意图"，详细学习了 Intent 各个属性的作用，以及通过 Intent 启动组件的两种方式：隐式 Intent 和显式 Intent，针对隐式 Intent 讲解了系统判断的方法和解析的过程。需要注意的是，当调用了系统的相关功能时，一定要在 AndroidManifest.xml 文件中配置相关的功能权限。

课后练习

1. 以下方法不属于 Activity 生命周期的回调方法的是（   ）。
   A) onStart()　　　　B) onCreate()　　　　C) onPause()　　　　D) onFinish()
2. 以下方法中，在 Activity 的生命周期中不一定被调用的是（   ）。
   A) onCreate()　　　B) onStart()　　　　C) onPause()　　　　D) onStop()
3. 对于 Activity 中一些重要资源与状态的保存最好在生命周期的哪个函数中进行（   ）。
   A) onPause()　　　　　　　　　　　　B) onCreate()
   C) onResume()　　　　　　　　　　　D) onStart()
4. 配置 Activity 时，下列哪一项是必不可少的？（   ）
   A) android:name 属性　　　　　　　　B) android:icon 属性
   C) android:label 属性　　　　　　　　D) <intent-filter.../>元素
5. 下列哪个选项不是 Activity 启动的方法？（   ）
   A) startActivity　　　　　　　　　　B) goToActivity
   C) startActivityForResult　　　　　　D) startActivityFromChild
6. 下列属于 Intent 的作用的是（   ）。
   A) 实现应用程序间的数据共享
   B) 是一段长的生命周期、没有用户界面的程序，可以保持应用在后台运行，而不会因为切换页面而消失
   C) 可以实现界面间的切换，可以包含动作和动作数据，连接 4 大组件的纽带
   D) 处理一个应用程序整体性的工作
7. Intent 的以下哪个属性通常用于在多个 Action 之间进行数据交换？（   ）
   A) Category　　　B) Component　　　C) Data　　　D) Extra

8. 简要描述 Activity 的生命周期。

9. 编写一个简单的浏览器应用,要求包含一个文本输入框,用于输入网址,单击浏览即可打开该网页,例如输入"http://www.baidu.com",即可访问百度首页。

(提示：可调用系统的 Action：ACTION_VIEW,添加访问网络权限：＜uses-permission android:name="android.permission.INTERNET"/＞)

Android 服务(Service)

本章要点

- Service 组件的作用和意义
- Service 与 Activity 的区别
- 运行 Service 的两种方式、绑定 Service 执行的过程
- Service 的生命周期
- 跨进程调用 Service
- 调用系统打电话、发短信服务
- 调用系统播放音频的服务

本章知识结构图

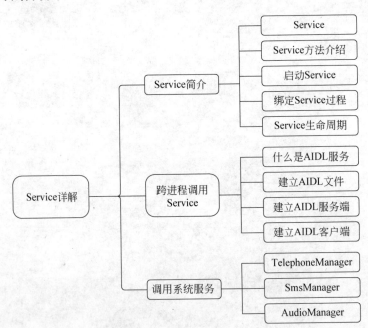

本章示例

 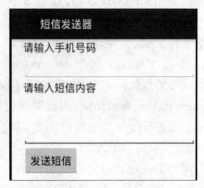

根据 Activity 的生命周期，程序中每次只有一个 Activity 处于激活状态，并且 Activity 的执行时间有限，不能做一些比较耗时的操作。当需要多种工作同时进行时，如一边听音乐，一边浏览网页，则比较困难。针对这种情况，Android 提供了另一种组件——服务（Service）。

5.1 Service 概述

Service 是一种 Android 应用程序组件，可在后台运行一些耗时但不显示界面的操作。

5.1.1 Service 介绍

Service 与 Activity 类似，都是 Android 中 4 大应用程序组件之一，并且二者都是从 Context 派生而来的，最大的区别在于 Service 没有实际的界面，而是一直在 Android 系统的后台运行，相当于一个没有图形界面的 Activity 程序，它不能自己直接运行，需要借助 Activity 或其他 Context 对象启动。

Service 主要实现有两种用途：后台运行和跨进程访问。通过启动一个服务，可以在不显示界面的前提下在后台运行指定的任务，这样可以不影响用户做其他事情，如后台运行音乐播放，前台显示网页信息。而通过 AIDL 服务可以实现不同进程之间的通信，这也是 Service 的重要用途之一。

其他的应用程序组件一旦启动服务，该服务将会一直运行，即使启动它的组件跳转到其他页面或销毁了。此外，组件还可以与 Service 绑定，从而与之进行交互，甚至执行一些进程内通信。例如，服务在后台执行网络连接、播放音乐、执行文件操作或者是与内容提供者交互等。

5.1.2 启动 Service 的两种方式

在 Android 系统中，常采用以下两种方式启动 Service。

(1) 通过 Context 的 startService()启动 Service 后,访问者与 Service 之间没有关联,该 Service 将一直在后台执行,即使调用 startService 的进程结束了,Service 仍然还存在,直到有进程调用 stopService(),或者 Service 自杀(stopSelf())。这种情况下,Service 与访问者之间无法进行通信、数据交换,往往用于执行单一操作,并且没有返回结果。例如通过网络上传、下载文件,操作一旦完成,服务应该自动销毁。

(2) 通过 Context 的 bindService()绑定 Service,绑定后 Service 就和调用 bindService()的组件同生共死了,也就是说当调用 bindService()的组件销毁了,那么它绑定的 Service 也要跟着被结束,当然期间也可以调用 unbindservice()让 Service 提前结束。注意:一个服务可以与多个组件绑定,只有当所有的组件都与之解绑后,该服务才会被销毁。

以上两种方式也可以混合使用,即一个 Service 既可以启动也可以绑定,只需要同时实现 onStartedCommand()(用于启动)和 onBind()(用于绑定)方法,那么只有调用 stopService(),并且调用 unbindservice()方法后,该 Service 才会被销毁。

注意:服务运行在它所在进程的主线程,服务并没有创建它自己的线程,也没有运行在一个独立的进程上(单独指定的除外),这意味着,如果服务做一些消耗 CPU 或者阻塞的操作,应该在服务中创建一个新的线程去处理。通过使用独立的线程,就会降低程序出现 ANR(Application No Response,程序没有响应)风险的可能,程序的主线程仍然可以保持与用户的交互。

5.1.3 Service 中的常用方法

与开发其他 Android 组件类似,开发 Service 组件需要先开发一个 Service 子类,该类需继承系统提供的 Service 类,系统中 Service 类包含的方法主要有以下几种。

(1) abstract IBinder onBind(Intent intent):该方法是一个抽象方法,因此所有 Service 的子类必须实现该方法。该方法将返回一个 IBinder 对象,应用程序可通过该对象与 Service 组件通信。

(2) void onCreate():当 Service 第一次被创建时,将立即回调该方法。

(3) void onDestroy():当 Service 被关闭之前,将回调该方法。

(4) void onStartCommand(Intent intent, int flags, int startId):该方法的早期版本是 void onStart(Intent intent, int startId),每次客户端调用 startService(Intent intent)方法启动该 Service 时都会回调该方法。

(5) boolean onUnbind(Intent intent):当该 Service 上绑定的所有客户端都断开连接时将会回调该方法。

定义的 Service 子类必须实现 onBind()方法,然后还需在 AndroidManifest.xml 文件中对该 Service 子类进行配置,配置时可通过＜intent-filter…/＞元素指定它可被哪些 Intent 启动。下面具体来创建一个 Service 子类并对它进行配置,代码如下。

代码清单:codes\ chapter05\FirstService\src\iet\jxufe\cn\android\MyService.java

1　public class MyService extends Service { 　　　　→自定义服务类

```
 2      private static final String TAG="MyService";
 3      public IBinder onBind(Intent arg0){              →重写 onBind 方法
 4          Log.i(TAG, "MyService onBind invoked!");
 5          return null;
 6      }
 7      public void onCreate(){                          →重写 onCreate 方法
 8          Log.i(TAG, "MyService onCreate invoked!");
 9          super.onCreate();
10      }
11      public void onDestroy(){                         →重写 onDestroy 方法
12          Log.i(TAG, "MyService onDestroy invoked!");
13          super.onDestroy();
14          this.quit=true;
15      }
16      public int onStartCommand(Intent intent, int flags, int startId){
                                                         →重写 onStartCommand 方法
17          Log.i(TAG, "MyService onStartCommand invoked!");
18   return super.onStartCommand(intent, flags, startId);
19      }
20  }
```

上述代码中,创建了自定义的 MyService 类,该类继承了 Android.app.Service 类,并重写了 onBind()、onCreate()、onStartCommand()、onDestroy()等方法,在每个方法中,通过 LOG 语句测试和查看该方法是否被调用。

定义完 Service 之后,还需在项目的 AndroidManifest.xml 文件之中配置该 Service,增加配置片段如下。

```
1  <service android:name=".MyService">                   →Service 标签
2      <intent-filter>                                   →过滤条件
3          <action android:name="cn.jxufe.iet.MY_SERVICE"/>
4      </intent-filter>
5  </service>
```

虽然目前 MyService 已经创建并注册了,但系统仍然不会启动 MyService,要想启动这个服务,必须显式地调用 startService()方法。如果想停止服务,需要显式地调用 stopService()方法,在下面代码中,使用 Activity 作为 Service 的启动者,分别定义了"启动 Service"和"关闭 Service"两个按钮,并为它们添加了事件处理。

代码清单:codes\ chapter05 \FirstService\src\iet\jxufe\cn\android\MainActivity.java

```
1  public class MainActivity extends Activity{
2      public void onCreate(Bundle savedInstanceState)  {
3          super.onCreate(savedInstanceState);
4          setContentView(R.layout.main);
5          Button start= (Button)findViewById(R.id.start);
```

```
        Button stop=(Button)findViewById(R.id.stop);
        final Intent intent=new Intent();
        intent.setAction("cn.jxufe.iet.MY_SERVICE");
        start.setOnClickListener(new OnClickListener(){
                public void onClick(View arg0){
                startService(intent);  }
        });
        stop.setOnClickListener(new OnClickListener(){
            public void onClick(View arg0){
                stopService(intent);  }
        });
    }
}
```

运行此例后，第 1 次单击“启动 Service”按钮后，LogCat 视图有如图 5-1 所示的输出。

L...	Time	PID	TID	Application	Tag	Text
I	11-21 10:44:...	683	683	iet.jxufe.cn.a...	MyService	MyService onCreate invoked!
I	11-21 10:44:...	683	683	iet.jxufe.cn.a...	MyService	MyService onStartCommand invoked!

图 5-1　启动 Service LogCat 控制台打印信息

然后单击“关闭 Service”按钮，LogCat 视图有如图 5-2 所示的输出。

L...	Time	PID	TID	Application	Tag	Text
I	11-21 10:49:...	683	683	iet.jxufe.cn.a...	MyService	MyService onDestroy invoked!

图 5-2　关闭 Service LogCat 控制台打印信息

下面按单击按钮顺序重新测试：

“启动 Service”→“启动 Service”→“启动 Service”→“停止 Service”

测试完程序，查看 LogCat 控制台输出信息如图 5-3 所示。系统只在第 1 次单击“启动 Service”按钮时调用 onCreate()和 onStartCommand()方法，再单击该按钮时，系统只会调用 onStartCommand()方法，而不会重复调用 onCreate()方法。

L...	Time	PID	TID	Application	Tag	Text
I	11-21 10:53:...	683	683	iet.jxufe.cn.a...	MyService	MyService onCreate invoked!
I	11-21 10:53:...	683	683	iet.jxufe.cn.a...	MyService	MyService onStartCommand invoked!
I	11-21 10:53:...	683	683	iet.jxufe.cn.a...	MyService	MyService onStartCommand invoked!
I	11-21 10:53:...	683	683	iet.jxufe.cn.a...	MyService	MyService onStartCommand invoked!
I	11-21 10:53:...	683	683	iet.jxufe.cn.a...	MyService	MyService onDestroy invoked!

图 5-3　连续启动 Service LogCat 控制台打印信息

当启动服务后退出该程序，查看 LogCat 控制台输出信息，发现并没有打印 onDestroy()方法被调用的信息，即服务并没有销毁，可以通过查看系统服务，查看该服务是否正在运行，如图 5-4 所示。

图 5-4 查看系统正在运行的服务

5.1.4 绑定 Service 过程

如果使用 5.1.2 节介绍的方法启动服务,并且未调用 stopService()来停止服务,Service 将会一直驻留在手机的服务之中。Service 会在 Android 系统启动后一直在后台运行,直到 Android 系统关闭后服务才停止。但这往往不是我们所需要的结果,我们希望在启动服务的 Activity 关闭后服务会自动关闭,这就需要将 Activity 和 Service 绑定。在 Context 类中专门提供了一个用于绑定 Service 的 bindService()方法。Context 的 bindService()方法的完整方法签名为 bindService(Intent service, ServiceConnection conn, int flags),该方法的三个参数解释如下。

(1) service:该参数表示与服务类相关联的 Intent 对象,用于指定所绑定的 Service 应该符合哪些条件。

(2) conn:该参数是一个 ServiceConnection 对象,该对象用于监听访问者与 Service 间的连接。当访问者与 Service 间连接成功时,将回调该 ServiceConnection 对象的 onServiceConnected(ComponentName name,IBinder service)方法;当访问者与 Service 之间断开连接时将回调该 ServiceConnection 对象的 onServiceDisconnected(ComponentName name)方法。

(3) flags:指定绑定时是否自动创建 Service(如果 Service 还未创建),该参数可指定 BIND_AUTO_CREATE(自动创建)。

当定义 Service 类时,该 Service 类必须提供一个 onBind()方法,在绑定本地 Service 的情况下,onBind()方法所返回的 IBinder 对象将会传给 ServiceConnection 对象里 onServiceConnected(ComponentName name,IBinder service)方法的 service 参数,这样访问者就可以通过 IBinder 对象与 Service 通信。

在上述示例中,添加两个按钮,一个用于绑定服务,一个用于解绑,然后分别为其添加事件处理。在绑定服务时,需要传递一个 ServiceConnection 对象,所以先创建该对象,代码如下。

```
1   private ServiceConnection conn=new ServiceConnection(){
2       public void onServiceDisconnected(ComponentName name){
3           Log.i(TAG,"MainActivity onServiceDisconnected invoked!");
4       }
5       public void onServiceConnected(ComponentName name, IBinder service){
6           Log.i(TAG,"MainActivity onServiceConnected invoked!");
7       }
8   };
```

然后在 MyService 中添加两个与绑定 Service 相关的方法 onUnBind() 和 onRebind(),与其他方法类似,只在方法体中打印出该方法被调用了的信息,代码如下。

```
1   public boolean onUnbind(Intent intent){
2       Log.i(TAG, "MyService onUnbind invoked!");
3       return super.onUnbind(intent);
4   }
5   public void onRebind(Intent intent){
6       Log.i(TAG, "MyService onRebind invoked!");
7       super.onRebind(intent);
8   }
```

最后在 MainActivity 中为"绑定 Service"和"解绑 Service"按钮添加事件处理,代码如下。

```
1   public class MainActivity extends Activity{
2       public void onCreate(Bundle savedInstanceState)  {
3           ……(前面列出,省略,见代码)
4           bind= (Button)findViewById(R.id.bind);
5           unbind=(Button)findViewById(R.id.unbind);
6           bind.setOnClickListener(new OnClickListener(){
7               public void onClick(View v){
8                   bindService(intent, conn,Service.BIND_AUTO_CREATE);
9               }
10          });
11          unbind.setOnClickListener(new OnClickListener(){
12              public void onClick(View v){
13                  unbindService(conn);
14              }
15          });
16      }
17  }
```

程序执行后,单击"绑定 Service"按钮,LogCat 控制台的打印信息如图 5-5 所示,首先调用 onCreate()方法，然后调用 onBind()方法。

L...	Time	PID	TID	Application	Tag	Text
I	11-21 14:29:...	865	865	iet.jxufe.cn.a...	MyService	MyService onCreate invoked!
I	11-21 14:29:...	865	865	iet.jxufe.cn.a...	MyService	MyService onBind invoked!

图 5-5　绑定 Service LogCat 控制台的打印信息

单击"解绑 Service"按钮，LogCat 控制台的打印信息如图 5-6 所示，首先调用 onUnbind()方法，然后调用 onDestroy()方法。

L...	Time	PID	TID	Application	Tag	Text
I	11-21 14:39:...	865	865	iet.jxufe.cn.a...	MyService	MyService onUnbind invoked!
I	11-21 14:39:...	865	865	iet.jxufe.cn.a...	MyService	MyService onDestroy invoked!

图 5-6　解绑 Service LogCat 控制台的打印信息

程序运行后，单击"绑定 Service 按钮"，然后退出程序，LogCat 控制台打印信息如图 5-7 所示。可以看出，程序退出后，Service 会自动销毁。

L...	Time	PID	TID	Application	Tag	Text
I	11-21 14:42:...	865	865	iet.jxufe.cn.a...	MyService	MyService onCreate invoked!
I	11-21 14:42:...	865	865	iet.jxufe.cn.a...	MyService	MyService onBind invoked!
I	11-21 14:42:...	865	865	iet.jxufe.cn.a...	MyService	MyService onUnbind invoked!
I	11-21 14:42:...	865	865	iet.jxufe.cn.a...	MyService	MyService onDestroy invoked!

图 5-7　绑定 Service 直接退出程序 LogCat 控制台的打印信息

当单击"绑定 Service 按钮"后，再重复多次单击"绑定 Service"按钮，查看控制台打印信息，发现程序并不会多次调用 onBind()方法。

采用绑定服务的另一个优势是组件可以与 Service 之间进行通信，传递数据。这主要是通过 IBinder 对象进行的，因此需在 Service 中创建一个 IBinder 对象，然后让其作为 onBind()方法的返回值返回，对数据的操作是放在 IBinder 对象中的。修改 MyService 类，添加一个内部类 MyBinder，同时在 onCreate()方法中启动一个线程，模拟后台服务，该线程主要是做数据递增操作，在 MyBinder 类中，提供一个方法，可以获取当前递增的值（count 的值），具体代码如下：

```
1   public class MyService extends Service {
2       private static final String TAG="MyService";
3       private int count=0;
4       private boolean quit=false;              →线程中循环是否停止的标志
5       private MyBinder myBinder=new MyBinder();  →创建自定义的 MyBinder 对象
6       public class MyBinder extends Binder {
7           public MyBinder(){                    →MyBinder 的构造方法，观
                                                     察什么时候创建
8   Log.i(TAG, "MyBinder Constructure invoked!");
9           }
10          public int getCount(){                →MyBinder 中提供的获取数据的方法
```

```
11            return count;
12        }
13    }
14    public IBinder onBind(Intent arg0){     →重写 onBind()方法,返回创建的对象
15 Log.i(TAG, "MyService onBind invoked!");
16        return myBinder;
17    }
18 public void onCreate(){
19        Log.i(TAG, "MyService onCreate invoked!");
20        super.onCreate();
21        new Thread(){
22            public void run(){
23                while(!quit){           →判断是否继续执行循环
24 try{
25                    Thread.sleep(500);   →休眠 0.5s
26                    count++;             →数据递增
27                }catch(Exception e){
28                    e.printStackTrace();
29                }
30            }
31        }
32    }.start();
33    }
34 public void onDestroy(){
35        Log.i(TAG, "MyService onDestroy invoked!");
36        super.onDestroy();
37        quit=true;                      →改变循环是否退出的标志,否则子线程一
                                           →直在循环
38 }
39 }
```

接着在 MainActivity 中添加一个"获取数据"按钮,获取数据的前提是要绑定 Service,所以先绑定 Service,在 ServiceConnection()对象的 onServiceConnected()方法中,获取绑定 Service 时返回的 IBinder 对象,然后将该对象强制类型转换成 MyBinder 对象,最后利用 MyBinder 对象获取服务中的数据信息。

首先改写创建 ServiceConnection 对象的方法,关键代码如下。

```
1  private ServiceConnection conn=new ServiceConnection(){
2      public void onServiceDisconnected(ComponentName name){
3          Log.i(TAG,"MainActivity onServiceDisconnected invoked!");
4      }
5      public void onServiceConnected(ComponentName name, IBinder service){
6          Log.i(TAG,"MainActivity onServiceConnected invoked!");
7          myBinder= (MyBinder)service;       →将传递的参数强制类型转换成 MyBinder 对象
```

```
8      }
9   };
```

然后,为"获取数据"按钮添加事件处理方法,关键代码如下。

```
1   getData.setOnClickListener(new OnClickListener(){
2       public void onClick(View v){
3   Toast.makeText(MainActivity.this, "Count="+myBinder.getCount(), 100).show(); }
```
　　　　　　　　　　　　　　　　→以消息的形式,显示获取的数据
```
4   });
```

此时,单击绑定服务后,LogCat 控制台打印信息如图 5-8 所示,首先创建 MyBinder 对象,因为该对象是作为 MyService 的成员变量进行创建的,完成 MyService 的初始化工作,然后调用 onCreate()方法,再调用 onBind()方法,该方法返回一个 IBinder 对象,因为 IBinder 对象不为空,表示有服务连接,所以会调用 ServiceConnection 接口的 onServiceConnected()方法,并将 IBinder 对象作为它的第二个参数。

图 5-8　绑定 Service LogCat 控制台打印信息

单击绑定 Service 按钮后,后台服务就在执行,此时单击"获取数据"按钮,得到如图 5-9 所示的结果。多次单击时,得到的数据不一致,从而可以动态获取后台服务状态。

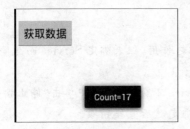 

图 5-9　单击获取数据按钮的运行效果

当混合使用这两种运行 Service 方式,它的执行效果又将是怎么样的呢?下面以不同的顺序来运行 Service,观看 LogCat 控制台打印的信息。

(1) 先启动 Service,然后绑定 Service。测试步骤为单击"启动 Service"→"绑定 Service"→"启动 Service"→"停止 Service"→"绑定 Service"→"解绑 Service"。LogCat 控制台打印信息如图 5-10 所示。

总结:调用顺序为 onCreate()→[onStartCommand() 1～N 次]→onBind()→onServiceConnected()→onUnbind()[→onServiceConnected()→onRebind() 0～N 次]→onDestroy()。

L...	Time	PID	TID	Application	Tag	Text
I	11-21 16:59:...	64...	64...	iet.jxufe.cn.a...	MyService	MyBinder Constructure invoked!
I	11-21 16:59:...	64...	64...	iet.jxufe.cn.a...	MyService	MyService onCreate invoked!
I	11-21 16:59:...	64...	64...	iet.jxufe.cn.a...	MyService	MyService onStartCommand invoked!
I	11-21 16:59:...	64...	64...	iet.jxufe.cn.a...	MyService	MyService onBind invoked!
I	11-21 16:59:...	64...	64...	iet.jxufe.cn.a...	MyService	MainActivity onServiceConnected invoked!
I	11-21 16:59:...	64...	64...	iet.jxufe.cn.a...	MyService	MyService onStartCommand invoked!
I	11-21 16:59:...	64...	64...	iet.jxufe.cn.a...	MyService	MyService onUnbind invoked!
I	11-21 16:59:...	64...	64...	iet.jxufe.cn.a...	MyService	MyService onDestroy invoked!

图 5-10 先启动 Service 后绑定 Service 的运行结果

（2）先绑定 Service，后启动 Service。测试步骤为单击"绑定 Service"→"启动 Service"→"绑定 Service"→"解绑 Service"→"启动 Service"→"停止 Service"。LogCat 控制台打印信息如图 5-11 所示。

L...	Time	PID	TID	Application	Tag	Text
I	11-21 17:10:...	64...	64...	iet.jxufe.cn.a...	MyService	MyBinder Constructure invoked!
I	11-21 17:10:...	64...	64...	iet.jxufe.cn.a...	MyService	MyService onCreate invoked!
I	11-21 17:10:...	64...	64...	iet.jxufe.cn.a...	MyService	MyService onBind invoked!
I	11-21 17:10:...	64...	64...	iet.jxufe.cn.a...	MyService	MainActivity onServiceConnected invoked!
I	11-21 17:11:...	64...	64...	iet.jxufe.cn.a...	MyService	MyService onStartCommand invoked!
I	11-21 17:11:...	64...	64...	iet.jxufe.cn.a...	MyService	MyService onUnbind invoked!
I	11-21 17:11:...	64...	64...	iet.jxufe.cn.a...	MyService	MyService onStartCommand invoked!
I	11-21 17:11:...	64...	64...	iet.jxufe.cn.a...	MyService	MyService onDestroy invoked!

图 5-11 先绑定 Service 后启动 Service 的运行结果

总结：调用顺序为 onCreate()→onBind()→onServiceConnected()→[onStartCommand()1~N 次]→onUnBind[→onServiceConnected()→onRebind() 0~N 次→onUnBind]→onDestroy()。

注意：

（1）未启动 Service 而直接停止 Service 不起作用，但未绑定 Service 而先解绑 Service 则程序出错，强制退出。

（2）若该 Service 处于绑定状态下，该 Service 不会被停止，即单击"停止按钮"不起作用，当单击"解绑 Service"按钮时，它会先解除绑定随后直接销毁。

（3）若在解除之前，没有单击停止 Service，则只解绑而不会销毁。

5.1.5 Service 生命周期

Service 与 Activity 一样，也有一个从启动到销毁的过程，但 Service 的这个过程比 Activity 简单得多。随着启动 Service 方式的不同，Service 的生命周期也有所差异。如图 5-12 所示为启动和绑定 Service 的生命周期。

不管采用哪种方式运行 Service，Service 第一次被创建时都会回调 onCreate() 方法，当 Service 被启动时，会回调 onStartCommand() 方法，多次启动一个已有的 Service 组件时，将不会重复调用 onCreate() 方法，但每次启动都会回调 onStartCommand() 方法。除非调用 stopService() 方法，或 Service 自己调用 stopSelf() 方法进行销毁，否则，该 Service 将会一直在后台执行。

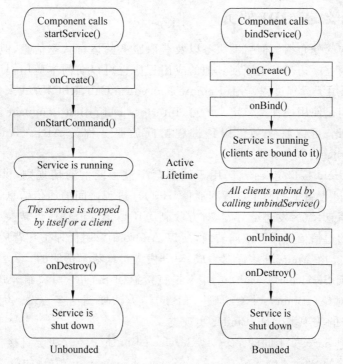

图 5-12　Service 生命周期

当采用绑定方式运行 Service 时，系统会调用 onBind()方法，获取 IBinder 对象，然后判断 IBinder 对象是否为空，如果不为空，将会调用 ServiceConnection 的 onServiceConnected()方法。多次绑定服务时，并不会重复执行 onBind()方法，一旦解绑或绑定该 Service 的组件销毁，系统将会自动调用 onUnbind()方法，然后再调用 onDestroy()方法自动销毁。

每当 Service 被创建时会回调 onCreate()方法，每次 Service 被启动时都会回调 onStartCommand 方法，多次启动一个已有的 Service 组件将不会再回调 onCreate 方法，但每次启动时都会回调 onStartCommand 方法。

绑定服务的执行过程：执行单击事件方法→根据 Intent 找到相应的 Service 类，并初始化该类→然后调用 Service 的 onCreate 方法→再调用该类的 onBind 方法→最后调用 Activity 的 onServiceConnected 方法。多次单击"绑定服务"按钮，并不会重复执行绑定方法。一旦解绑，调用 onBind()方法，然后自动调用 onDestroy()方法销毁。

5.2　跨进程调用 Service

Android 系统中的进程之间不能共享内存，各应用程序都运行在自己的进程中，因此，需要提供一些机制在不同进程之间进行数据交换，其中通过 AIDL 服务进行跨进程数据访问就是一种有效方式。

5.2.1 什么是 AIDL 服务

本章前面的部分介绍如何启动服务以及获取服务的运行状态信息,但这些服务并不能被其他的应用程序访问。为了使其他的应用程序也可以访问本应用程序提供的服务,Android 系统采用了远程过程调用(Remote Procedure Call,RPC)方式来实现。Android 的远程服务调用是使用一种接口定义语言(Interface Definition Language,IDL)来公开服务的接口。因此,可以将这种可以跨进程访问的服务称为 AIDL(Android Interface Definition Language)服务。

AIDL(Android 接口定义语言)用于约束两个进程间的通信规则,供编译器生成代码,实现 Android 设备上的两个进程间通信(IPC)。进程之间的通信信息,首先会被转换成 AIDL 协议消息,然后发送给对方,对方收到 AIDL 协议消息后再转换成相应的对象。由于进程之间的通信信息需要双向转换,所以 Android 采用代理类在背后实现了信息的双向转换,代理类由 Android 编译器生成,对开发人员来说是透明的。

客户端访问 Service 时,Android 并不是直接返回 Service 对象给客户端,Service 只是将一个回调对象(IBinder 对象)通过 onBind()方法回调给客户端。因此 Android 的 AIDL 远程接口的实现类就是 IBinder 实现类。

与绑定本地 Service 不同的是,本地 Service 的 onBind()方法会直接把 IBinder 对象本身传给客户端的 ServiceConnection 的 onServiceConnected()方法的第二个参数。但远程 Service 的 onBind()方法只是将 IBinder 对象的代理传给客户端的 ServiceConnection 的 onServiceConnected()方法的第二个参数。

当客户端获取了远程的 Service 的 IBinder 对象的代理之后,接下来可通过该 IBinder 对象去回调远程 Service 的属性或方法。

5.2.2 建立 AIDL 文件

AIDL 文件创建和 Java 接口定义相类似,但在编写 Aidl 文件时,需注意以下几点。

(1) AIDL 定义接口的源代码必须以 .aidl 结尾,接口名和 aidl 文件名相同。

(2) 接口和方法前不能加访问权限修饰符 public、private、protected 等,也不能用 final、static 等修饰符。

(3) AIDL 默认支持的类型包话 Java 基本类型(int、long、boolean 等)和引用类型(String、List、Map、CharSequence),使用这些类型时不需要 import 声明。List 和 Map 中的元素类型必须是 Aidl 支持的类型。如果使用自定义类型作为参数或返回值,自定义类型必须实现 Parcelable 接口。

(4) 自定义类型和 AIDL 生成的其他接口类型在 aidl 描述文件中,应该显式 import,即便该类和定义的包在同一个包中。

(5) 在 AIDL 文件中所有非 Java 基本类型参数必须加上 in、out、inout 标记,以指明参数是输入参数、输出参数还是输入输出参数。

(6) Java 原始类型默认的标记为 in,不能为其他标记。

定义好 AIDL 接口之后(如 Song.aidl),ADT 工具会自动在 gen 目录下生成相应的包,并生成一个 Song.java 接口,该接口里包含一个 Stub 内部类,该内部类实现了 IBinder、Song 两个接口,这个 Stub 类将会作为远程 Service 的回调类。由于它实现了 IBinder 接口,因此可作为 Service 的 onBind()方法的返回值。

代码清单:codes\ chapter05 \AIDLServer\src\iet\jxufe\cn\android\Song.aidl

```
1  package iet.jxufe.cn.android;
2  interface Song{
3      String getName();
4      String getAuthor();
5  }
```

5.2.3 建立 AIDL 服务端

远程 Service 的编写和本地 Service 很相似,只是远程 Service 中 onBind()方法返回的 IBinder 对象不同,该 Service 代码如下。

代码清单:codes\chapter05\ADILServer\src\iet\jxufe\cn\android\ AIDLServer.java

```
1   public class AIDLServer extends Service {
2       private String[] names=new String[]{"老男孩","春天里","在路上"};
3       private String[] authors=new String[]{"筷子兄弟","汪峰","刘欢"};
4       private String name,author;
5       private SongBinder songBinder;
6       private Timer timer=new Timer();
7       public class SongBinder extends Stub  {
8           public String getName()throws RemoteException {
9               return name;
10          }
11          public String getAuthor()throws RemoteException {
12              return author;
13          }
14      }
15      public IBinder onBind(Intent intent){
16          return songBinder;
17      }
18      public void onCreate(){
19          super.onCreate();
20          songBinder=new SongBinder();
21          timer.schedule(new TimerTask(){
22              public void run(){
23                  int rand=(int)(Math.random()*3);
24                  name=names[rand];
25                  author=authors[rand];
26              }
```

```
27            }, 1000);
28        }
29        public void onDestroy(){
30            super.onDestroy();
31            timer.cancel();
32        }
33  }
```

通过上面的程序可以看出，在远程 Service 中定义了一个 SongBinder 类，且该类继承 Stub 类，而 Stub 类继承了 Binder 类，并实现了 Song 接口，Binder 类实现了 IBinder 接口。因此，与本地 Service 相比，开发远程 Service 要多定义一个 AIDL 接口。另外，程序中的 onBind() 方法返回 SongBinder 类的对象实例，以便客户端获得服务对象，SongBinder 对象的创建放在 onCreate() 方法中，因为 onBind() 方法在 onCreate() 方法之后被调用，因此 onBind() 方法的返回值不会为空。

接下来在 AndroidManifest.xml 文件中配置该 Service 类，配置 Service 类的代码如下：

```
1  <service android:name=".AIDLServer">
2        <intent-filter>
3            <action android:name="iet.jxufe.cn.android.AIDLServer"/>
4        </intent-filter>
5  </service>
```

5.2.4 建立 AIDL 客户端

开发客户端的第一步就是将 Service 端的 AIDL 接口文件复制到客户端应用中，复制到客户端后 ADT 工具会为 AIDL 接口生成相应的 Java 接口类。

客户端绑定远程 Service 与绑定本地 Service 的区别不大，同样只需以下几步。

（1）创建一个 ServiceConnection 对象，需要实现 ServiceConnection 接口的两个方法；

（2）将传给 onServiceConnected() 方法的 IBinder 对象的代理类转换成 IBinder 对象，从而利用 IBinder 对象调用 Service 中的相应方法；

（3）将创建好的 ServiceConnection 对象作为参数，传给 Context 的 bindService() 方法绑定远程 Service。

以下程序通过一个按钮来获取远程 Service 的状态，并显示在两个文本框中。

代码清单：codes\chapter05\ADILClient\src\iet\jxufe\cn\android\AIDLClient\MainActivity.java

```
1  public class MainActivity extends Activity {
2      private Button getData;                              →用于获取其他进程数据的按钮
3      private EditText name,author;                        →显示获取的数据的文本编辑框
4      private Song songBinder;                             →用户交互的 IBinder 对象
5      public void onCreate(Bundle savedInstanceState){
```

```
6            super.onCreate(savedInstanceState);
7            setContentView(R.layout.activity_main);
8            getData=(Button)findViewById(R.id.getData);    →根据 ID 找到相应控件
9            name=(EditText)findViewById(R.id.name);        →根据 ID 找到相应控件
10           author=(EditText)findViewById(R.id.author);    →根据 ID 找到相应控件
11           final Intent intent=new Intent();              →创建一个 Intent 对象
12           intent.setAction("iet.jxufe.cn.android.AIDLServer");
                                                            →设置 Intent 的特征
13           bindService(intent, conn, Service.BIND_AUTO_CREATE);
                                                            →绑定 Service
14           getData.setOnClickListener(new OnClickListener(){
                                                            →添加单击事件处理
15               public void onClick(View v){
16                   try{
17                       name.setText(songBinder.getName());     →显示获取的数据
18                       author.setText(songBinder.getAuthor()); →显示获取的数据
19                   }catch(Exception ex){
20                       ex.printStackTrace();
21                   }
22               }
23           });
24       }
25       private ServiceConnection conn=new ServiceConnection(){
                                                            →创建 ServiceConnection 对象
26           public void onServiceDisconnected(ComponentName name){
27               songBinder=null;
28           }
29           public void onServiceConnected( ComponentName name, IBinder
             service){
30               songBinder=Song.Stub.asInterface(service);
                                                            →将代理类转换成 IBinder 对象
31           }
32       };
33       protected void onDestroy(){                        →销毁时解绑 Service
34           super.onDestroy();
35           unbindService(conn);
36       };
37   }
```

客户端通过 Song.Stub.asInterface(service); 来得到对象代理,从而获取 AIDL 接口。运行该程序,单击"获取其他应用信息"按钮,可以看到如图 5-13 所示的输出。

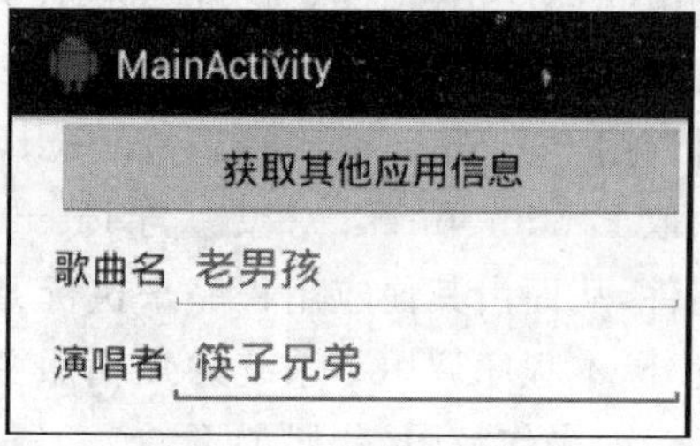

图 5-13 单击"获取其他应用信息"按钮运行效果

5.3 调用系统服务

Android 系统中提供了很多内置服务类,通过它们提供的系列方法,可以获取系统相关信息。本节将通过调用系统的短信服务来介绍调用系统服务的一般步骤和流程,帮助读者理解和使用系统提供的服务。

发送短信需要调用系统的短信服务,主要用到 SmsManager 管理类,该类可以实现短信的管理功能,通过 sendXxxMessage( ) 方法进行短信的发送操作,例如 sendTextMessage()方法用于发送文本信息,该类中包含若干常量,如表 5-1 所示,来反映短信的状态。

表 5-1 SmsManager 类常用常量

序号	常量	类型	描述
1	RESULT_ERROR_GENERIC_FAILURE	常量	表示普通错误
2	RESULT_ERROR_NO_SERVICE	常量	当前没有可用服务
3	RESULT_ERROR_NULL_PDU	常量	表示没有 PDU 提供者
4	RESULT_ERROR_RADIO_OFF	常量	关闭无线广播
5	STATUS_ON_ICC_FREE	常量	表示免费
6	STATUS_ON_ICC_READ	常量	短信已读
7	STATUS_ON_ICC_SENT	常量	短信已发送
8	STATUS_ON_ICC_UNREAD	常量	短信未读
9	STATUS_ON_ICC_UNSENT	常量	短信未发送

以下程序提供两个文本框,分别输入收信人的号码和发送的短信内容,通过单击"发送短信"按钮即可将短信发送出去,程序见 code\chapter05\SendMessage\src\iet\jxufe\cn\ android\MainActivity.java,关键代码解析如图 5-14 所示。

上面的程序中用到了一个 PendingIntent 对象,PendingIntent 是对 Intent 的包装,一般通过调用 Pendingintent 的 getActivity()、getService()、getBroadcastReceiver()静态方法来获取 PendingIntent 对象。与 Intent 对象不同的是,PendingIntent 通常会传给其他应用组件,从而由其他应用程序来执行 PendingIntent 所包装的 Intent。

此外,本程序调用了系统的短信服务,因此,还需要在 AndroidManifest. xml 文件中添加相应的操作权限,代码如下:

```
1  <uses permission android:name="android.permission.SEND_SMS"/>
```
→ 发送短信的权限

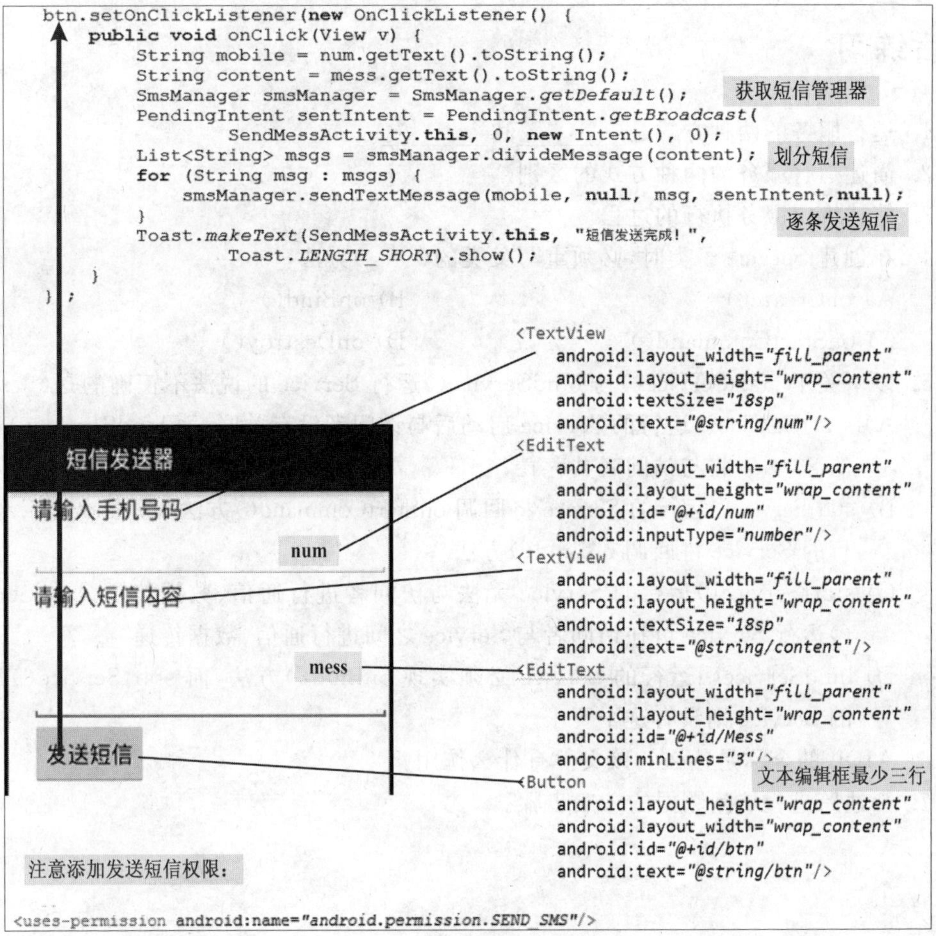

```
btn.setOnClickListener(new OnClickListener() {
    public void onClick(View v) {
        String mobile = num.getText().toString();
        String content = mess.getText().toString();
        SmsManager smsManager = SmsManager.getDefault();        // 获取短信管理器
        PendingIntent sentIntent = PendingIntent.getBroadcast(
                SendMessActivity.this, 0, new Intent(), 0);
        List<String> msgs = smsManager.divideMessage(content);  // 划分短信
        for (String msg : msgs) {
            smsManager.sendTextMessage(mobile, null, msg, sentIntent, null);
        }                                                       // 逐条发送短信
        Toast.makeText(SendMessActivity.this, "短信发送完成！",
                Toast.LENGTH_SHORT).show();
    }
});
```

```
<TextView
    android:layout_width="fill_parent"
    android:layout_height="wrap_content"
    android:textSize="18sp"
    android:text="@string/num"/>
<EditText
    android:layout_width="fill_parent"
    android:layout_height="wrap_content"
    android:id="@+id/num"
    android:inputType="number"/>
<TextView
    android:layout_width="fill_parent"
    android:layout_height="wrap_content"
    android:textSize="18sp"
    android:text="@string/content"/>
<EditText
    android:layout_width="fill_parent"
    android:layout_height="wrap_content"
    android:id="@+id/Mess"
    android:minLines="3"/>         文本编辑框最少三行
<Button
    android:layout_height="wrap_content"
    android:layout_width="wrap_content"
    android:id="@+id/btn"
    android:text="@string/btn"/>
```

注意添加发送短信权限：

```
<uses-permission android:name="android.permission.SEND_SMS"/>
```

图 5-14 发送短信

5.4 本章小结

本章主要介绍了 Service 的相关知识，Service 是 Android 中的 4 大组件之一，它与 Activity 非常类似，都是从 Context 类派生而来，主要区别是：Service 没有用户界面，主要在后台运行，执行一些比较耗时的操作，而不影响用户体验。学习了 Service 的创建、配置、启动以及 Service 的生命周期，理解了两种不同的运行 Service 方式之间的差别，以及如何在 Activity 中获取 Service 执行的状态信息。在此基础上学习了如何通过 Service 实现跨进程的信息访问。主要是通过 AIDL 服务来完成的，应熟悉 AIDL 文件的创建、跨进程访问信息的步骤。

课后练习

1. 运行服务的两种方式是_____和_____。
2. 简述运行服务的两种方式的区别。
3. 简述绑定服务执行的过程。
4. 在创建 Service 子类时，必须重写父类的（　　）方法。
   A) onCreate()　　　　　　　　　　B) onBind()
   C) onStartCommand()　　　　　　D) onDestroy()
5. 以下关于 startService()与 bindService()运行 Service 的说法不正确的是（　　）。
   A) startService()运行的 Service 启动后与访问者没有关联，而 bindService()运行的 Service 将与访问者共存亡
   B) startService()运行的 Service 将回调 onStartCommand()方法，而 bindService()运行的 Service 将回调 onBind()方法
   C) startService()运行的 Service 无法与访问者进行通信、数据传递，bindService()运行 Service 可在访问者与 Service 之间进行通信、数据传递
   D) bindService()运行的 Service 必须实现 onBind()方法，而 startService()运行的 Service 则没有这个要求
6. AIDL 的全称是什么？该文件有什么作用？
7. 简述跨进程访问数据的一般步骤。

第6章

Android 广播接收器（BroadcastReceiver）

本章要点

- BroadcastReceiver 的创建
- BroadcastReceiver 的注册
- 发送广播的两种方式
- 普通广播与有序广播
- 简易音乐播放器程序开发

本章知识结构图

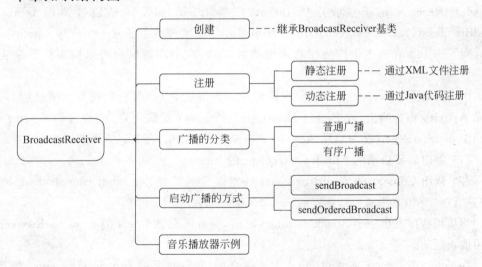

本章示例

第5章讲解了 Service，可以将一些比较耗时的操作放在 Service 中执行，通过调用相应的方法来获取 Service 中数据的状态，如果需要得到某一特定的数据状态，那么需要每

隔一段时间调用一次该方法,然后判断是否达到想要的状态,非常不方便。如果Service中能够在数据状态满足一定条件时就主动通知我们,那就非常人性化了。在Android中提供了这样一个组件——BroadcastReceiver(广播接收者),该组件也是Android 4大组件之一,它本质上就是一个全局的监听器,一直监听着某一消息,一旦收到该消息则触发相应的方法进行处理,因此可以非常方便地在不同组件间通信。最典型的应用就是电量提醒,当手机电量低于某一设定值时,则发出通知信息。

本章将实现一个音乐播放器的示例,单击"播放"按钮时,界面中按钮发生变化,并显示当前正在播放的歌曲名和演唱者,音乐播放在Service中执行,当一首歌曲播放结束后,自动播放下一首,同时界面显示也会做相应变化。本程序需要在Activity、Service之间双向交互,需要使用到BroadcastReceiver作为中介,通知何时更新。

6.1 BroadcastReceiver 介绍

广播是一种广泛运用在应用程序之间传输信息的机制,而BroadcastReceiver是对发送出来的广播进行过滤接收并响应的一类组件。它本质上是一种全局监听器,用于监听系统全局的广播消息,因此它可以非常方便地实现系统中不同组件之间的通信。BroadcastReceiver用于接收广播Intent,广播Intent的发送是通过调用Context.sendBroadcast()、Context.sendOrderedBroadcat()来实现的。通常一个广播Intent可以被订阅了该Intent的多个广播接收者所接收,如同一个广播电台可以被多位听众收听一样。

BroadcastReceiver自身并不实现图形化用户界面,但是当它收到某个消息后,可以启动Activity作为响应,或者通过NotificationManager提醒用户,或者启动Service等。启动BroadcastReceiver与启动Activity、Service非常相似,需要以下两步。

(1) 创建需要启动的BroadcastReceiver的Intent。

(2) 调用Context的sendBroadcast()(发送普通广播)或sendOrderedBroadcast()(发送有序广播)方法来启动指定的BroadcastReceiver。

当应用程序发出一个Broadcast Intent之后,所有匹配该Intent的BroadcastReceiver都有可能被启动。

BroadcastReceiver是Android 4大组件之一,开发自己的BroadcastReceiver与开发其他组件一样,只需要继承Android中的BroadcastReceiver基类,然后实现里面的相关方法即可。

```
1   public class MyBroadcastReceiver extends BroadcastReceiver {
                                                →继承 BroadcastReceiver 基类
2       public void onReceive(Context context, Intent intent){
                                                →实现该类的抽象方法
3                                                →具体方法的业务处理
4       }
5   }
```

在上面的 onReceive()方法中，接收了一个 Intent 的参数，通过它可以获取广播的数据。创建完自己的广播接收者后，并不能马上使用，还必须为它注册一个指定的广播地址，就如同有了收音机后，还需要选择收听哪个频道一样。在 Android 中为 BroadcastReceiver 注册广播地址有两种方式：静态注册和动态注册。

静态注册是指在 AndroidManifest.xml 文件中进行注册，方法如下。

```
1   <receiver android:name=".MyBroadcastReceiver">        →广播接收者对应的类名
2        <intent-filter>                                   →设定过滤条件
3            <action android:name="iet.jxufe.cn.android.myBroadcastReceiver">
             </action>
4        </intent-filter>
5   </receiver>
```

动态注册：需要在代码中动态指定广播地址并注册，通常是在 Activity 或 Service 中调用 ContextWrapper 的 registerReceiver(BroadcastReceiver receiver, IntentFilter filter)方法进行注册，代码如下。

```
1   MyBroadcastReceiver myBroadcastReceiver=new MyBroadcastReceiver();
                                                              →创建广播接收者
2   IntentFilter filter=new IntentFilter("iet.jxufe.cn.android.
    myBroadcastReceiver");                                    →设定过滤条件
3   registerReceiver(myBroadcastReceiver, filter);            →注册广播接收者
```

注册完成后，即可接收相应的广播消息。一旦广播（Broadcast）事件发生后，系统就会创建对应的 BroadcastReceiver 实例，并自动触发它的 onReceive()方法，onReceive()方法执行完后，BroadcastReceiver 的实例就会被销毁。

如果 BroadcastReceiver 的 onReceive()方法不能在 10s 内执行完成，Android 会认为该程序无响应。所以不要在广播接收者的 onReceive()方法里执行一些耗时的操作，否则会弹出 ANR(Application No Response)对话框。

如果确实需要根据广播来完成一项比较耗时的操作，则可以考虑通过 Intent 启动一个 Service 来完成该操作。不应考虑使用新线程去完成耗时的操作，因为 BroadcastReceiver 本身的生命周期极短，可能出现的情况是子线程可能还没有结束，BroadcastReceiver 就已经退出了。

如果广播接收者所在的进程结束了，虽然该进程内还有用户启动的新线程，但由于该进程内不包含任何活动组件，因此系统可能在内存紧张时优先结束线程。这样就可能导致 BroadcastReceiver 启动的子线程不能执行完成。

6.2 发送广播的两种方式

广播接收者注册好了以后，并不会直接运行，必须在接收广播后才会被调用，因此必须首先发送广播。Android 中提供了两种发送广播的方式，调用 Context 的 sendBroadcast()或 sendOrderedBroadcast()方法。

(1) sendBroadcast(Intent intent)：用于发送普通广播，其中 intent 参数表示接收该广播的广播接收者所需要满足的条件，以及广播所传递的数据。

(2) sendOrderedBroadcast(Intent intent，String receiverPermission)：用于发送有序广播，intent 参数同上，receiverPermission 表示接收该广播的许可权限。

普通广播和有序广播有什么区别呢？

普通广播（Normal Broadcast）：对于多个接收者来说是完全异步的，可以在同一时刻（逻辑上）被所有接收者接收到，消息传递的效率比较高，接收者相互之间不会有影响。接收者无法终止广播，即无法阻止其他接收者的接收动作。

有序广播（Ordered Broadcast）：有序广播的接收者将按预先声明的优先级依次接收广播。例如，A、B、C 三个广播接收者可以接收同一广播，并且 A 的级别高于 B，B 的级别高于 C，那么当广播发送时，将先传给 A，再传给 B，最后传给 C。有序广播接收者可以终止广播的传播（通过调用 abortBroadcast()方法），广播的传播一旦终止，后面的接收者就无法接收到广播。另外，广播的接收者可以将数据传递给下一个接收者（通过 setResultExtras(Bundle bundle)方法）。例如，A 得到广播后，可以往它的结果对象中存入数据，当广播传给 B 时，B 可以从 A 的结果对象中得到 A 存入的数据。

下面以一个简单的示例讲解有序广播的传递机制。该程序中有三个广播接收者，它们都能够接收同一个广播，它们的优先级有所不同。三个广播接收器的业务处理方法类似，只是显示该广播接收者执行了信息。例如 A 广播接收者的代码如下，其他类似，不再列出。

```
1   public class ABroadcastReceiver extends BroadcastReceiver {
                                                    →A 广播接收者对应的类
2       public void onReceive(Context context, Intent intent){
                                                    →接收广播后执行的方法
3           Toast.makeText(context, "A is Invoked!", Toast.LENGTH_SHORT).show();
4       }
5   }
```

然后在 Androidmanifest.xml 文件中进行注册，注册时指定其优先级，注册的代码如下。

```
1   <receiver android:name=".ABroadcastReceiver" >
2       <intent-filter android:priority="100" >      →设置 BroadcastReceiver 的优先级
3           <action android:name="iet.jxufe.cn.android.OrderedBroadcastTest" ></
            action>
4       </intent-filter>
5   </receiver>
6   <receiver android:name=".BBroadcastReceiver" >
7       <intent-filter android:priority="20" >       →设置 BroadcastReceiver 的优先级
8           <action android:name="iet.jxufe.cn.android.OrderedBroadcastTest" >
            </action>
9       </intent-filter>
10  </receiver>
```

```
11    <receiver android:name=".CBroadcastReceiver" >
12        <intent-filter android:priority="50" >        →设置 BroadcastReceiver 的优先级
13            <action android:name="iet.jxufe.cn.android.OrderedBroadcastTest" >
              </action>
14        </intent-filter>
15    </receiver>
```

优先级的声明是通过＜intent-filter.../＞元素的 android:priority 属性来指定的,取值范围为-1000~1000,值越大优先级越高。同样,优先级也可以在 Java 代码中进行设置,调用 IntentFilter 对象的 setPriority()方法即可。

注意:上面三个广播接收者的 action 元素值都一样,表明它们能接收同一个广播。

最后在 Activity 中发送广播,代码如下:

```
1  Intent intent=new Intent("iet.jxufe.cn.android.OrderedBroadcastTest");
                                                →指定广播接收者需满足条件
2  sendOrderedBroadcast(intent,null);           →发送有序广播
```

程序运行时,将会先后显示"A is Invoked!"→ "C is Invoked!"→ "B is Invoked!"。如果在 ABroadcastReceiver 的 onReceive()方法中调用 abortBroadcast()方法,则将终止广播的传播,C 和 B 将接收不到该广播;A 广播接收者接收广播后还可以向其中写入内容,代码如下。

```
1  public void onReceive(Context context, Intent intent){
2        Toast.makeText(context, "A is Invoked!", Toast.LENGTH_SHORT).show();
3        Bundle bundle=new Bundle();
4        bundle.putString("A", "the message of A");
5        setResultExtras(bundle);
6  }
```

程序运行时先后显示的信息如图 6-1 所示。

   (a)   (b)   (c)

图 6-1 有序广播运行时效果

6.3 音乐播放器

本程序实现简单音乐播放功能,能够播放、暂停和停止音乐,一首歌播放结束后能够自动播放下一首歌,并且界面显示会根据用户操作进行相应更新。程序运行效果如图 6-2 所示。当单击"播放"按钮时,会显示正在播放的歌曲,并且"播放"按钮变为"暂停"按钮,界面如图 6-3 所示。当一首歌曲播放结束后,会自动播放下一首,界面如图 6-4 所示,当单击"停止"按钮后,音乐停止播放,并且"暂停"按钮会变为"播放"按钮,如图 6-5 所示。

图 6-2　音乐播放器运行界面

图 6-3　单击播放按钮后的界面

图 6-4　自动播放下一首音乐

图 6-5　停止播放音乐

本程序涉及的关键知识点包括 Service 服务、Activity 的界面显示、BroadcastReceiver 广播接收者以及音乐播放、事件处理等。因为音乐播放是一个比较耗时的操作，并且用户往往在播放音乐时做其他的事，例如一边听音乐一边浏览网页，因此将音乐播放放在后台执行。这将带来一个问题，即后台服务如何获取用户的操作信息，例如对单击按钮事件给予响应，以及前台界面如何实时更新以匹配后台执行的进度，这就需要通过发送广播来交互。当用户进行了某种操作后，就向后台服务发送广播，后台服务里的广播接收者接收到广播后，就可以做出相应的操作了，例如播放音乐或暂停音乐等，后台服务执行完某一操作后，即向前台发送一个广播，前台的广播接收者收到广播后，即可对界面进行实时更新，从而达到前后台一致的目的。

程序的整个执行调用流程如图 6-6 所示。

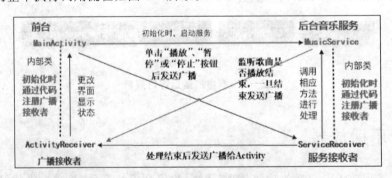
图 6-6　音乐播放器程序的执行调用流程

下面详细分析程序的编写过程，首先是界面布局，整体采用的是水平线性布局，里面又嵌套了一个垂直线性布局，详细代码如下。

```
1  <LinearLayout xmlns:android="http://schemas.android.com/apk/res/android"
```

```
 2        xmlns:tools="http://schemas.android.com/tools"
 3        android:layout_width="match_parent"           →线性布局的宽度为填充父容器
 4        android:layout_height="wrap_content"          →线性布局高度为内容包裹
 5        android:background="@drawable/bg"             →设置线性布局的背景
 6        android:orientation="horizontal" >            →设置线性布局的方向
 7            <ImageButton                              →图片按钮(停止)
 8                android:id="@+id/stop"
 9                android:layout_width="wrap_content"
10                android:layout_height="wrap_content"
11                android:background="@drawable/selector_btn"    →图片按钮的背景
12                android:src="@drawable/stop" />       →图片按钮的图片
13            <ImageButton                              →图片按钮(播放)
14                android:id="@+id/play"
15                android:layout_width="wrap_content"
16                android:layout_height="wrap_content"
17                android:background="@drawable/selector_btn"
18                android:src="@drawable/play" />
19            <LinearLayout
20                android:layout_width="fill_parent"
21                android:layout_height="fill_parent"
22                android:orientation="vertical" >
23                <TextView
24                    android:id="@+id/title"
25                    android:layout_width="wrap_content"
26                    android:layout_height="wrap_content"
27                    android:layout_weight="1"         →指定所占剩余的空间比例
28                    android:textColor="#ffffff"       →字体颜色为白色
29                    android:textSize="20sp" />
30                <TextView
31                    android:id="@+id/author"
32                    android:layout_width="wrap_content"
33                    android:layout_height="wrap_content"
34                    android:layout_weight="1"         →指定所占剩余的空间比例
35                    android:gravity="center_vertical"   →垂直居中
36                    android:textColor="#ffffff"       →字体颜色为白色
37                    android:textSize="18sp" />        →字体大小
38            </LinearLayout>
39    </LinearLayout>
```

其中两个按钮都添加了背景颜色,该背景颜色是根据按钮状态而变化的,在单击或获得焦点时是一种颜色,普通状态下是另外一种颜色。selector_btn.xml 文件内容如下。

```
1  <selector xmlns:android="http://schemas.android.com/apk/res/android">
2      <item android:state_focused="true" android:drawable="@drawable/shape_btn" />
```

```
3        <item android:state_pressed="true" android:drawable="@drawable/shape_
    btn" />
4    </selector>
```

界面布局完成后，对 MainActivity 进行一些初始化操作，关键代码如下。

```
1   public class MainActivity extends Activity implements OnClickListener {
2       TextView title, author;                         →歌曲标题、作者文本框
3       ImageButton play, stop;                         → 播放/暂停、停止按钮
4       ActivityReceiver activityReceiver;              →定义广播接收器
5       public static final String CONTROL="iet.jxufe.cn.android.control";
                                                        →控制播放、暂停
6       public static final String UPDATE="iet.jxufe.cn.android.update";
                                                        →更新界面显示
7       int status=0x11;        → 定义播放状态,0x11:未播放;0x12:正在播放;0x13:暂停
8       String[] titleStrs=new String[]{ "老男孩", "春天里", "在路上" };
                                                        →歌曲名
9       String[] authorStrs=new String[]{ "筷子兄弟", "汪峰", "刘欢" };
                                                        →演唱者
10      public void onCreate(Bundle savedInstanceState){
11          super.onCreate(savedInstanceState);
12          setContentView(R.layout.activity_main);     →指定布局文件
13          play= (ImageButton)this.findViewById(R.id.play);
                           → 获取程序界面中的两个按钮以及两个文本显示框
14          stop= (ImageButton)this.findViewById(R.id.stop);
15          title= (TextView)findViewById(R.id.title);
16          author= (TextView)findViewById(R.id.author);
17          play.setOnClickListener(this);              →为两个按钮添加监听器
18          stop.setOnClickListener(this);              →MainActivity 实现了
                                                        →OnClickListener 接口
19          activityReceiver=new ActivityReceiver();    →创建广播接收者对象
20          IntentFilter filter=new IntentFilter(UPDATE); →创建 IntentFilter
21          registerReceiver(activityReceiver, filter);
22          Intent intent=new Intent(this, MusicService.class);
23          startService(intent);                       →启动后台 Service
24      }
```

MainActivity 初始化的过程中会启动 MusicService，对其进行初始化，代码如下。

```
1   public class MusicService extends Service{
2       ServiceReceiver serviceReceiver;                →声明广播接收者
3       AssetManager am;                                →资源管理器
4       String[] musics=new String[]{"oldboy.mp3","spring.mp3","way.mp3"};
                                                        →定义几首歌曲
5       MediaPlayer mPlayer;
6       int status=0x11;        →当前的状态,0x11:未播放 ;0x12:正在播放;0x13:暂停
```

```
7        int current=0;                              →记录当前正在播放的音乐的序号
8    public IBinder onBind(Intent intent){
9        return null;
10   }
11   public void onCreate(){
12       am=getAssets();                             →调用 Context 里的方法
13       serviceReceiver=new ServiceReceiver();      →创建广播接收者对象
14       IntentFilter filter=new IntentFilter(MainActivity.CONTROL);
                                                     →创建 IntentFilter
15       registerReceiver(serviceReceiver, filter);  →注册广播接收者
16       mPlayer=new MediaPlayer();                  →创建媒体播放器
17       super.onCreate();
18   }
```

初始化完成后,下面为按钮添加相应的事件处理器。首先是"播放"、"暂停"以及"停止"按钮的事件处理,代码如下。

```
1   public void onClick(View source){
2       Intent intent=new Intent(CONTROL);           →创建 Intent
3       switch(source.getId()){
4       case R.id.play:                              →按下"播放"/"暂停"按钮
5           intent.putExtra("control", 1);break;
6       case R.id.stop:                              →按下"停止"按钮
7           intent.putExtra("control", 2);break;
8       }
9       sendBroadcast(intent);    → 发送广播,将被 Service 中的广播接收者收到
10  }
```

为媒体播放器添加是否播放结束事件监听器,一旦播放结束自动播放下一首,如果当前是最后一首,则又从第一首开始播放。

```
1   mPlayer.setOnCompletionListener(new OnCompletionListener(){
2       public void onCompletion(MediaPlayer mp){
3           current++;
4           if(current>=3){              →判断是否超出范围,如果超出,又从第一首开始
5               current=0;
6           }
7           Intent sendIntent=new Intent(MainActivity.UPDATE);
8           sendIntent.putExtra("current", current);
9           sendBroadcast(sendIntent);
                                →发送广播,将被 Activity 的广播接收者接收到
10          prepareAndPlay(musics[current]);         →准备并播放音乐
11      }
12  });
```

准备并播放音乐的方法的代码如下。

```
1   private void prepareAndPlay(String music){
2       try{
3           AssetFileDescriptor afd=am.openFd(music);      →打开指定音乐文件
4           mPlayer.reset();
5           mPlayer.setDataSource(afd.getFileDescriptor(), afd.getStartOffset()
6               , afd.getLength());        →使用 MediaPlayer 加载指定的声音文件
7           mPlayer.prepare();             →准备声音
8           mPlayer.start();               →播放
9       }
10      catch(IOException e){
11          e.printStackTrace();
12      }
13  }
```

下面再看看广播接收器接收到广播后,具体是如何处理的。首先是 Activity 中的广播接收器,主要是根据广播来动态地更新界面显示,可以接收两种广播,一种是更新按钮图片,另一种是更新正在播放的音乐名和演唱者,代码如下。

```
1   public class ActivityReceiver extends BroadcastReceiver {
2       public void onReceive(Context context, Intent intent){
3           int update=intent.getIntExtra("update", -1);
                                           → 获取 Intent 中的 update 消息
4           int current=intent.getIntExtra("current", -1);
                                           →获取当前播放音乐的序号
5           if(current >=0){               →如果 current 不为-1,则显示
                                             正在播放的音乐名和演唱者
6               title.setText(titleStrs[current]);
7               author.setText(authorStrs[current]);
8           }
9           switch(update){
10              case 0x11:                 →未播放状态,显示播放按钮
11                  play.setImageResource(R.drawable.play);
12                  status=0x11;break;
13              case 0x12:                 → 播放状态下设置使用暂停图标
14                  play.setImageResource(R.drawable.pause);
15                  status=0x12; break;
16              case 0x13:                 → 暂停状态下设置使用播放图标
17                  play.setImageResource(R.drawable.play);
18                  status=0x13;break;
19          }
20      }
21  }
```

Service 中的广播接收者,主要是根据用户操作对音乐的播放、暂停、停止做相应处理,代码如下。

```
1   public class ServiceReceiver extends BroadcastReceiver{
2       public void onReceive(final Context context, Intent intent){
3           int control=intent.getIntExtra("control", -1);
4           switch(control){
5               case 1:                                    →单击了"播放"或"暂停"按钮
6                   if(status==0x11){                      →原来处于没有播放状态
7                       prepareAndPlay(musics[current]);   →准备并播放音乐
8                       status=0x12;
9                   }
10                  else if(status==0x12){                 →原来处于播放状态
11                      mPlayer.pause();                   →暂停
12                      status=0x13;                       →改变为暂停状态
13                  }
14                  else if(status==0x13){                 →原来处于暂停状态
15                      mPlayer.start();                   →播放
16                      status=0x12;                       →改变状态
17                  }
18                  break;
19              case 2:                                    →停止音乐
20                  if(status==0x12 || status==0x13){      →如果原来正在播放或暂停
21                      mPlayer.stop();                    →停止播放
22                      status=0x11;
23                  }
24          }
25          Intent sendIntent=new Intent(MainActivity.UPDATE);
26          sendIntent.putExtra("update", status);
27          sendIntent.putExtra("current", current);
                                                           →发送广播,将被Activity组件中的广播接收器接收到
28          sendBroadcast(sendIntent);
29      }
30  }
```

程序要达到预期效果,还必须在Androidmanifest.xml文件中注册MusicService。

6.4 本章小结

BroadcastReceiver是Android中4大组件之一,本质上是一种全局的监听器,用于监听广播消息,一旦收到广播后,自动调用广播接收者的方法进行处理。通过广播接收者可以方便地在不同组件之间通信,只需在事件发生时,发送广播,在其他组件中创建内部广播接收器,接收广播,然后进行相应方法的调用。通过本章的学习,需掌握BroadcastReceiver的创建,两种注册BroadcastReceiver的方法以及在程序中发送广播的方法,熟悉普通广播和有序广播的区别。除此之外,本章还详细讲解了简易音乐播放器开发,讲解了Activity与Service之间如何通过BroadcastReceiver进行交互通信的,通过本章的学习,

读者应能自主开发出简易音乐播放器程序。

课后练习

1. 注册广播接收器有哪两种方式？
2. 有序广播有什么特点？
3. 下列关于有序广播的说法错误的是（　　）。
    A）发送有序广播时，符合要求的广播接收者是根据优先级来排序进行接收的
    B）优先级高的广播接收者可向优先级低的广播接收者传值
    C）优先接收到广播的接收者可以终止广播，优先级低的则无法接收
    D）优先级低的广播接收者只能得到它前一个广播接收者传递的值，而无法得到更前面的广播接收者传递的值
4. 在原有音乐播放器的基础之上，为其添加两个按钮用于控制播放上一首和下一首音乐。

Android 文件与本地数据库(SQLite)

本章要点

- 读、写 Android 手机中存储的普通文件
- 读、写 SharedPreferences（以 XML 存储的配置文件）内容
- SQLite 数据库的使用

本章知识结构图

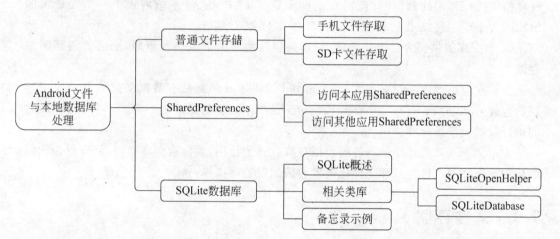

本章示例

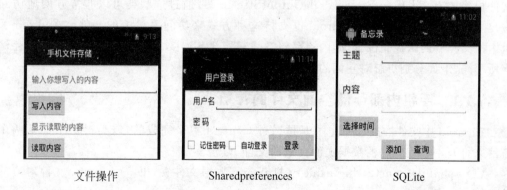

文件操作　　　　　　Sharedpreferences　　　　　　SQLite

一个比较好的应用程序，应该能够为用户提供一些个性化的设置，能够保存用户的使用记录，而这些都离不开数据的存储。Android系统提供了多种数据存储方式，开发者可根据具体情景选择合适的存储方式，例如数据是仅限于本应用程序访问还是允许其他应用程序访问，以及数据所需要的空间等。主要有以下5种方式。

（1）文件存储：以流的方式读取数据；

（2）SharedPreferences：以键值对的形式存储私有的简单的数据；

（3）SQLite数据库：在一个私有的数据库中存储结构化数据；

（4）ContentProvider（内容提供者）：用于在应用程序间共享数据；

（5）网络文件存储：从网络中读取数据，上传数据。

Android应用开发是基于Java的，因此Java IO中的相关经验大部分都可"移植"到Android应用开发上。Android系统还提供了一些专门的输入输出API，通过这些API可以更有效地进行输入、输出操作。

如果应用程序只有少量数据需要保存，那么使用普通文件就可以；如果应用程序只需保存一些简单类型的配置信息，那么使用SharedPreferences就可以；如果应用程序需要保存结构比较复杂的数据时，就需要借助于数据库，Android系统内置了一个轻量级的SQLite数据库，它没有后台进程，整个数据库就对应于一个文件。Android为访问SQLite数据库提供了大量便捷的API；如果想从网络上下载一些资源，则需要用到网络存取。

为了在应用程序之间交互数据，Android提供了一种将私有数据暴露给其他应用程序的方式ContentProvider，ContentProvider是Android的组件之一，是不同应用程序之间进行数据交换的标准API。

本章和下一章将详细讲解各种数据存取方式的使用，掌握这两章知识，将可以为我们的应用实现普通文件存取和个性化设置参数的设置等操作。

7.1 文件存储

Android是基于Java语言的，在Java中提供了一套完整的输入输出流操作体系，与文件相关的有FileInputStream、FileOutputStream等，通过这些类可以非常方便地访问磁盘上的文件内容。同样，Android也支持这种方式来访问手机上的文件。Android手机中的文件有两个存储位置，即内置存储空间和外部SD卡，针对不同位置的文件的存储有所不同，下面分别讲解对它们的操作。

7.1.1 手机内部存储空间文件的存取

Android中文件的读取操作主要是通过Context类来完成的，该类提供了如下两个方法来打开本应用程序的数据文件夹里的文件IO流。

（1）openFileInput(String name)：打开app数据文件夹（data）下name文件对应的输入流。

（2）openFileOutput(String name, int mode)：打开应用程序的数据文件夹下的

name 文件对应输出流。name 参数用于指定文件名称,不能包含路径分隔符"\",如果文件不存在,Android 会自动创建,mode 参数用于指定操作模式,Context 类中定义了 4 种操作模式常量,分别介绍如下。

(1) Context.MODE_PRIVATE＝0：为默认操作模式,代表该文件是私有数据,只能被应用本身访问,在该模式下,写入的内容会覆盖原文件的内容。

(2) Context.MODE_APPEND＝32768：模式会检查文件是否存在,存在就往文件中追加内容,否则创建新文件再写入内容。

(3) Context.MODE_WORLD_READABLE＝1：表示当前文件可以被其他应用读取。

(4) Context.MODE_WORLD_WRITEABLE＝2：表示当前文件可以被其他应用写入。

提示：如果希望文件既能被其他应用读也能写,可以传入：
Context.MODE_WORLD_READABLE ＋ Context.MODE_WORLD_WRITEABLE 或者直接传入数值 3,4 种模式中除了 Context.MODE_APPEND 会将内容追加到文件末尾,其他模式都会覆盖掉原文件的内容。

在手机上创建文件和向文件中追加内容的步骤如下。

(1) 调用 openFileOutput()方法,传入文件的名称和操作的模式,该方法将会返回一个文件输出流;

(2) 调用 write()方法,向这个文件输出流中写入内容;

(3) 调用 close()方法,关闭文件输出流。

读取手机上文件的一般步骤如下。

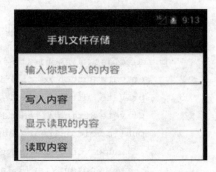

(1) 调用 openFileInput()方法,传入需要读取数据的文件名,该方法将会返回一个文件输入流对象;

(2) 调用 read()方法读取文件的内容;

(3) 调用 close()方法,关闭文件输入流。

下面以一个简单的示例,来演示文件读取的操作,程序运行界面如图 7-1 所示,界面中包含两个文本输入框,一个用于向文件中写入内容,一个用于显示从文件中读取的内容。界面布局文件如下。

图 7-1　读取手机文件运行界面图

程序清单：codes\chapter07\FileTest\res\layout\ activity_main.xml

```
1   <LinearLayout xmlns:android="http://schemas.android.com/apk/res/android"
2       xmlns:tools="http://schemas.android.com/tools"
3       android:layout_width="match_parent"
4       android:layout_height="match_parent"
5       android:orientation="vertical" >              →垂直线性布局
6       <EditText
7           android:id="@+id/writeText"
```

```
8         android:layout_width="match_parent"
9         android:layout_height="wrap_content"
10        android:minLines="2"                      →设置文本输入框的最少为两行
11        android:hint="@string/hint"/>             →设置文本输入框的提示信息
12    <Button
13        android:id="@+id/write"
14        android:layout_width="wrap_content"
15        android:layout_height="wrap_content"
16        android:text="@string/write"/>
17    <EditText
18        android:id="@+id/readText"
19        android:layout_width="match_parent"
20        android:layout_height="wrap_content"
21        android:editable="false"                  →设置文本输入框为不可编辑状态
22        android:hint="@string/readhint"/>
23     <Button
24        android:id="@+id/read"
25        android:layout_width="wrap_content"
26        android:layout_height="wrap_content"
27        android:text="@string/read"/>
28 </LinearLayout>
```

在 MainActivity.java 中分别为"写入内容"和"读取内容"按钮添加事件处理,代码如下。

程序清单：codes\chapter07\FileTest\src\iet\jxufe\cn\android\MainActivity.java

```
1  public class MainActivity extends Activity {
2      private Button read, write;
3      private EditText readText, writeText;
4      private String fileName="content.txt";              →设置保存的文件名
5      public void onCreate(Bundle savedInstanceState){
6          super.onCreate(savedInstanceState);
7          setContentView(R.layout.activity_main);
8          read= (Button)findViewById(R.id.read);          →获取"读取内容"按钮
9          write= (Button)findViewById(R.id.write);        →获取"写入内容"按钮
10         readText= (EditText)findViewById(R.id.readText);
11         writeText= (EditText)findViewById(R.id.writeText);
12         read.setOnClickListener(new OnClickListener(){  →添加事件处理
13             public void onClick(View v){
14                 readText.setText(read());              →将读取的内容显示在
                                                          →文本编辑框上
15             }
16         });
17         write.setOnClickListener(new OnClickListener(){
```

```
18            public void onClick(View v){
19                write(writeText.getText().toString());      →将文本编辑框的内容
                                                              →写入文件
20            }
21        });
22    }
23    public void write(String content){                      →该方法将字符串内容
                                                              →写入文件
24        try{
25            FileOutputStream fos=openFileOutput(fileName, Context.MODE_APPEND);
26            PrintStream ps=new PrintStream(fos);
27            ps.print(content);
28            ps.close();
29            fos.close();
30        } catch(Exception e){
31            e.printStackTrace();
32        }
33    }
34    public String read(){                                   →该方法用于读取文件信息,并以字符串返回
35        StringBuilder sbBuilder=new StringBuilder("");
36        try{
37            FileInputStream is=openFileInput(fileName);     →获取文件输入流
38            byte[] buffer=new byte[64];                     →定义缓冲区的大小
39            int hasRead;                                    →记录每次读取的字节数
40            while((hasRead=is.read(buffer))!=-1){
41                sbBuilder.append(new String(buffer, 0, hasRead));
42            }
43        } catch(Exception e){
44            e.printStackTrace();
45        }
46        return sbBuilder.toString();
47    }
48 }
```

当第一次在第一个文本编辑框中写入一些内容,单击"写入内容"按钮后,系统首先会查找手机上是否存在该文件,如果不存在则创建该文件。应用程序的数据文件默认保存在"/data/data/<package name>/files"目录下,文件的后缀名由开发人员设定。其中 package name 为当前应用的包名。生成的文件如何查看呢?将当前视图切换到 DDMS 视图,切换方法是在 Eclipse 的右上角选择 DDMS 视图,如果没有 DDMS 视图,可通过单击 Eclipse 的菜单栏中的 Window→Open Perspective→other→DDMS 打开该视图。在该视图中有一个 File Explorer 面板,可浏览机器上的所有文件,如图 7-2 所示。

运行程序后,会发现在模拟器的"/data/data/iet.jxufe.cn.android/files"目录下多了一个 context.txt 文件。如图 7-3 所示。这个文件是不能直接在 Eclipse 中打开的,需要

图 7-2　DDMS 视图中 File Explorer 面板的位置

先下载到计算机上才能查看里面的内容。方法是在该面板的右上方，有一个 pull a file from the device 按钮(从设备上取出文件)，同样也可以将计算机上的文件上传到设备中。

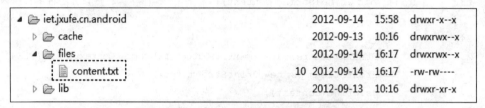

图 7-3　DDMS 视图中文件生成的位置

默认情况下，内存中的文件只属于当前应用程序，而其他应用程序是不能访问的，当用户卸载了该应用程序时，这些文件也会被移除。

问题与讨论：

(1) 当手机上不存在该文件时，先写后读与先读后写有区别吗？程序会不会出错？

具体做法：将手机上的 context.txt 文件删除，重新启动程序，然后分别进行先写后读与先读后写操作，观察效果。

注：若手机上不存在该文件，当向该文件中写入内容时，系统会自动地创建该文件，而未写先读时，读出的内容为空，系统会生成 files 文件夹，但并不会生成该文件。只有在写的时候才会生成该文件。实际上，此时系统会在控制台打印出警告信息，但程序不会强制退出。

(2) 不同操作模式的区别是，当多次执行写入操作时，文件里的内容是被覆盖还是不断地在文件末尾附加新数据？

具体做法：修改 openFileOutput() 方法的第二个参数。

注：若采用附加模式，则多次写入时，会在文件末尾添加新写的内容，不会覆盖以前的内容，如果改成其他模式，则会覆盖。

7.1.2　读写 SD 卡上的文件

前面学习了如何读取手机内存中的文件，对于手机而言，内存是非常宝贵的，相对而言也是比较小的。内存的空间直接会影响到手机的运行速度，通常不建议将数据保存在手机内存中，特别是一些比较大的资源，如图片、音频、视频等。那么这些资源存放在哪里呢？一般是存放在外存上，几乎所有的 Android 设备都会配有外存设备，最常见的就是 SD 卡。

读取 SD 卡上的文件和读取手机上的文件类似，都是通过文件操作流的方式读取的，Android 中没有提供单独的 SD 卡文件操作类，直接使用 Java 中的文件操作即可，关键是如何确定文件的位置。因为 SD 卡的可移动性，因此，在访问之前，需要验证手机的 SD 卡的状态，Android 提供了 Environment 类来完成这一操作。

要想在模拟器中使用 SD 卡,首先需要创建一张 SD 卡(当然不是真的 SD 卡,只是一个镜像文件)。创建 SD 卡可以在 Eclipse 创建模拟器时随同创建,也可以使用 Android 提供的命令在命令行创建。

打开命令行窗口进入 Android SDK 安装路径的 tools 目录下,输入以下命令在 D 盘创建一张容量为 2GB 的 SD 卡,文件后缀名可以随便取,建议使用.img,生成的文件为镜像文件。如果在环境变量中添加了 Android tools 目录,则可直接输入如下命令即可:

```
mksdcard 2048MB D:\sdcard.img
```

读、写 SD 卡上的文件的步骤如下。

(1) 调用 Environment 的 getExternalStorageState()方法判断手机上是否插入了 SD 卡,并且应用程序具有读写 SD 卡的权限。Environment.getExternalStorageState()方法用于获取 SD 卡的状态,如果手机装有 SD 卡,并且可以读写,那么方法返回的状态等于 Environment.MEDIA_MOUNTED。

(2) 调用 Environment 的 getExternalStorageDirectory()方法来获取外部存储器,也就是 SD 卡的目录(也可以使用绝对路径,但不提倡,因为不同版本的绝对路径可能不一样)。

(3) 使用 FileInputStream、FileOutputStream、FileReader、FileWriter 读、写 SD 卡里的文件。

注意:为了读、写 SD 卡上的数据,必须在应用程序的清单文件(AndroidManifest.xml)中添加读、写 SD 卡的许可权限,如下所示。

```
1  <!--添加在 SD 卡中创建与删除文件的权限 -->
2  <uses- permission android: name =" android. permission. MOUNT _ UNMOUNT _ FILESYSTEMS"/>
3  <!--添加向 SD 卡写入数据的权限 -->
4  <uses- permission android: name =" android. permission. WRITE _ EXTERNAL _ STORAGE"/>
```

下面仍然以上面的程序为例,只是这次将数据写入到 SD 卡上的文件中,程序界面布局一致,在此不再列出。关键代码区别在于,在读写之前需先判断手机上是否存在 SD 卡,然后运用 Java 的输入输出流技术进行读写操作,关键代码如下。

程序清单:codes\chapter07\SDCardFileTest\src\iet\jxufe\cn\android\MainActivity.java

```
1  public void write(String content){                →向文件中写入内容
2      try {                                          →判断手机中 SD 卡的状态
3          if(Environment.getExternalStorageState().equals(Environment.MEDIA_MOUNTED)){
4              File sdCardDir=Environment.getExternalStorageDirectory();
                                                      →获取 SD 卡目录
5              File destFile=new    File(sdCardDir.getCanonicalPath()
                                                      →根据路径和文件名创建文件
```

```
6                  +File.separator+fileName);
7              RandomAccessFile raf=new RandomAccessFile(destFile, "rw");
8              raf.seek(destFile.length());        →把指针定位到文件末尾
9              raf.write(content.getBytes());      →在文件末尾追加新的内容
10             raf.close();                        →关闭文件
11         }
12     } catch(Exception e){
13         e.printStackTrace();
14     }
15 }
16 public String read(){                           →从文件中读取内容
17     StringBuilder sbBuilder=new StringBuilder("");
18     try {
19         if(Environment.getExternalStorageState().
                                                    →判断手机中是否存在可用的 SD 卡
20          equals(Environment.MEDIA_MOUNTED)){
21             File sdCard=Environment.getExternalStorageDirectory();
22             File destFile=new File(sdCard.getCanonicalPath()
23                 +File.separator+fileName);
24             FileInputStream fis=new FileInputStream(destFile);
                                                    →创建文件输入流
25             byte[] buffer=new byte[64];          →定义临时缓存区大小
26             int hasRead;                         →记录每次读取的字节大小
27             while((hasRead=fis.read(buffer))!=-1){
                                                    →不断循环直到文件末尾
28               sbBuilder.append(new String(buffer, 0, hasRead));
                                                    →在字符串后追加内容
29             }
30             return sbBuilder.toString();
31         }
32     } catch(Exception e){
33         e.printStackTrace();
34     }
35     return null;
36 }
```

上面代码中,向文件中写入内容时,使用到 Java 的 RandomAccessFile 类,该类支持随机访问文件内容,主要是通过 seek 方法来设定文件指针的位置,每次读写内容时,都是从该指针处开始进行读取的,从而实现了随机访问该文件内容的功能。该类还有一个特点,就是既可以读也可以写,创建时需指定它的模式。详细用法可查看 Java 帮助文档。

注意:程序中的 raf.seek(destFile.length())用于将文件的指针定位到文件的末尾,从而实现将新内容附加到文件的目的。如果没有这句代码,多次向文件中写入内容时,后写的内容会替换前面的内容。读取操作时,采用的是简单的文件输入输出流,每次都是读取整个文件内容。

注意：在程序运行前，别忘了在 AndroidManifest.xml 文件中添加读写 SD 卡的许可权限。程序运行后，打开 File Explorer，可以在\storage\sdcard 目录下找到读取的文件，如图 7-4 所示。它是在第一次写入时，由系统自动创建的。

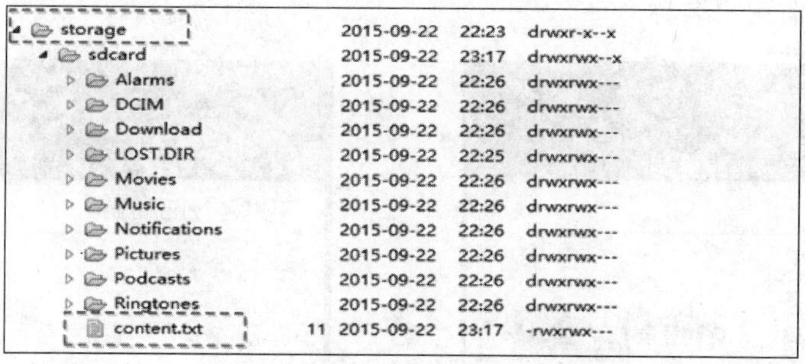

图 7-4　SD 卡中文件的存储位置

7.2 SharedPreferences

通常开发的应用程序都需要向用户提供软件参数设置功能，这样用户可根据自己的爱好进行设置，为了使用户下次使用时不用重复设置，需要保存这些设置信息。对于软件配置参数的保存，如果是 Windows 软件通常会采用 ini 文件保存，在 Java 中，可以采用 properties 属性文件或者 XML 文件保存。类似地，Android 提供了一个 SharedPreferences 接口来保存配置参数，它是一个轻量级的存储类。

7.2.1　SharedPreferences 的存储位置和格式

应用程序使用 SharedPreferences 接口可以快速而高效地以键值对的形式保存数据，非常类似于 Bundle。信息以 XML 文件的形式存储在 Android 设备上。Sharedpreferences 经常用来存储应用程序的设置，例如用户设置、主题以及其他应用程序属性。它也可以保存用户名、密码、自动登录标志以及记住用户标志等登录信息。Sharedpreferences 里的数据可被该应用的所有组件访问。

SharedPreferences 接口本身只提供了读取数据的功能，并没有提供写入数据的功能，如果需要实现写入功能，则需通过 SharedPreferences 的内部接口 Editor 来实现，SharedPreferences 调用 edit()方法即可获取它对应的 Editor 对象。

SharedPreferences 本身是一个接口，不能直接实例化，只能通过 Context 提供的 getSharedpreferences(String name, int mode)方法来获取 SharedPreferences 实例，第一个参数表示保存信息的文件名，不需要后缀；第二个参数表示 Sharedpreferences 的访问权限，和前面读取应用程序中的文件类似，包括只能被本应用程序读、写，能被其他应用程序读或写。

下面以一个简单的示例来讲解 SharedPreferences 的使用方法，并实现保存用户登录信息的功能。实际应用中几乎所有的需要登录的应用都提供了这一功能，每次登录时提示使用该程序的次数。程序运行界面如图 7-5 所示，用户第一次登录时，可设置是否记录密码和是否自动登录，以避免用户每次登录时都需重新输入。如果用户勾选"记住密码"复选框，则下次登录时会直接显示用户名和密码，用户只需单击"登录"即可，界面如图 7-6 所示。如果用户勾选"自动登录"复选框，则每次打开应用时都会直接跳转到欢迎界面，并显示当前用户名称。

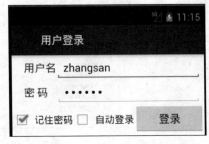

图 7-5　第一次运行时界面显示效果　　　图 7-6　记住密码后运行的界面效果

登录界面布局文件代码如下。

程序清单：codes\ chapter07\SaveLoginInfo\res\layout\ activity_main. xml

```
1   <LinearLayout xmlns:android="http://schemas.android.com/apk/res/android"
2       xmlns:tools="http://schemas.android.com/tools"
3       android:layout_width="match_parent"
4       android:layout_height="match_parent"
5       android:orientation="vertical" >                    →垂直线性布局
6       <TableLayout                                        →表格布局
7           android:layout_width="match_parent"
8           android:layout_height="wrap_content"
9           android:layout_marginLeft="20dp">               →文本距离左边距为 20dp
10          <TableRow>
11              <TextView                                   →用户名文本显示框
12                  android:layout_width="wrap_content"
13                  android:layout_height="wrap_content"
14                  android:text="@string/name"
15                  android:textSize="18sp" />              →文本文字大小
16              <EditText                                   →输入用户的文本编辑框
17                  android:id="@+id/name"
18                  android:layout_width="240dp"            →文本编辑框宽度为 240dp
19                  android:layout_height="wrap_content" />
20          </TableRow>
21          <TableRow>
22              <TextView                                   →密码文本显示框
23                  android:layout_width="wrap_content"
24                  android:layout_height="wrap_content"
25                  android:text="@string/psd"
```

```
26                    android:layout_marginLeft="20dp"
27                    android:textSize="18sp" />
28                <EditText
29                    android:id="@+id/psd"
30                    android:layout_height="wrap_content"
31                    android:inputType="textPassword" />        →设置为密码框
32            </TableRow>
33        </TableLayout>
34        <LinearLayout
35            android:layout_width="match_parent"
36            android:layout_height="wrap_content"
37            android:orientation="horizontal" >                 →水平线性布局
38            <CheckBox                                          →"记住密码"复选框
39                android:id="@+id/rememberPsd"
40                android:layout_width="wrap_content"
41                android:layout_height="wrap_content"
42                android:text="@string/remember_psd" />
43            <CheckBox                                          →"自动登录"复选框
44                android:id="@+id/autoLogin"
45                android:layout_width="wrap_content"
46                android:layout_height="wrap_content"
47                android:text="@string/auto_login" />
48            <Button
49                android:id="@+id/login"
50                android:layout_width="match_parent"
51                android:layout_height="wrap_content"
52                android:text="@string/login" />
53        </LinearLayout>
54    </LinearLayout>
```

下面为"登录"按钮添加事件处理，由于并不是每一次都会进入登录界面，因此需在界面中进行判断，如果保存的登录信息中，自动登录为 true，那么就直接显示欢迎界面，否则会显示登录界面。在本应用程序中，是通过改变界面布局来改变显示内容的，整个应用仍然只有一个 Activity。只是该 Activity 在不同布局间切换，而不是在不同 Activity 间相互跳转。详细代码如下。

程序清单：codes\chapter07\SaveLoginInfo\src\iet\jxufe\cn\android\MainActivity.java

```
1  public void onCreate(Bundle savedInstanceState){
2      super.onCreate(savedInstanceState);
3      loginPreferences= getSharedPreferences ( " login", Context. MODE _
         PRIVATE);
4      accessPreferences=getSharedPreferences("access",
5          Context.MODE_WORLD_READABLE);            →其他应用程序可读
```

```
6        int count=accessPreferences.getInt("count",1);
                                          →获取访问次数,默认为 1
7        Toast.makeText(MainActivity.this,"欢迎您,这是第"+count+"次访问!",
         Toast.LENGTH_LONG).show();       →每次登录时显示访问次数信息
8        loginEditor=loginPreferences.edit();    →获取写入登录信息的 Editor 对象
9        accessEditor=accessPreferences.edit();  →获取写入访问信息的 Editor 对象
10       accessEditor.putInt("count",++count);   →写入访问次数信息,每次自动加 1
11       accessEditor.commit();           →提交写入的数据
12       userName=loginPreferences.getString("name", null);
                                          →获取保存的用户信息
13       userPsd=loginPreferences.getString("psd", null);
                                          →获取保存的密码信息
14       isSavePsd=loginPreferences.getBoolean("isSavePsd",false);
                                          →是否保存密码
15           isAutoLogin= loginPreferences. getBoolean ( " isAutoLogin ",
             false);                      →是否自动登录
16       if(isAutoLogin){                 →如果自动登录为 true
17           this.setContentView(R.layout.activity_welcome);    →显示欢迎界面
18           userInfo= (TextView)findViewById(R.id.userInfo);
19             userInfo.setText("欢迎您:"+userName+",登录成功!");
20       } else{                          →如果自动登录为 false
21           loadActivity();
22       }
23    }
```

加载新的布局文件作为界面的方法,代码如下。

```
1    public void loadActivity(){
2        this.setContentView(R.layout.activity_main);    →设置界面为登录界面
3        login= (Button)findViewById(R.id.login);
4        rememberPsdBox= (CheckBox)findViewById(R.id.rememberPsd);
5        autoLoginBox= (CheckBox)findViewById(R.id.autoLogin);
6        name= (EditText)findViewById(R.id.name);
7        psd= (EditText)findViewById(R.id.psd);
8        if(isSavePsd){                   →如果获取的保存密码为 true
9            psd.setText(userPsd);        →设置密码框的值为保存的值
10           name.setText(userName);      →显示用户名为保存的用户名
11           rememberPsdBox.setChecked(true);    →设置"保存密码"复选框为选中状态
12       }
13       login.setOnClickListener(new OnClickListener(){
14           public void onClick(View v){
15               loginEditor.putString("name", name.getText().toString());
                                          →写入用户名
16               loginEditor.putString("psd", psd.getText().toString());
                                          →写入密码
```

```
17              loginEditor.putBoolean("isSavePsd",rememberPsdBox.isChecked());
18              loginEditor.putBoolean("isAutoLogin",autoLoginBox.isChecked());
19              loginEditor.commit();              →提交写入的登录信息
20                      MainActivity.this.setContentView(R.layout.activity
                        _welcome);                 →切换到欢迎界面
21              userInfo=(TextView)findViewById(R.id.userInfo);
22              userInfo.setText("欢迎您:"+name.getText().toString()+",登
                录成功!");
23          }
24      });
25  }
```

当程序所读取的 SharedPreferences 文件不存在时,程序也会返回默认值,并不会抛出异常。运行上面的程序,登录后将得到如图 7-7 所示的效果,切换到 DDMS 视图,打开 File Explore 面板,展开文件浏览树,将会发现在"\data\data\iet.jxufe.cn.android\shared_prefs"目录下生成了上面定义的文件,如图 7-8 所示。

图 7-7 登录成功界面效果

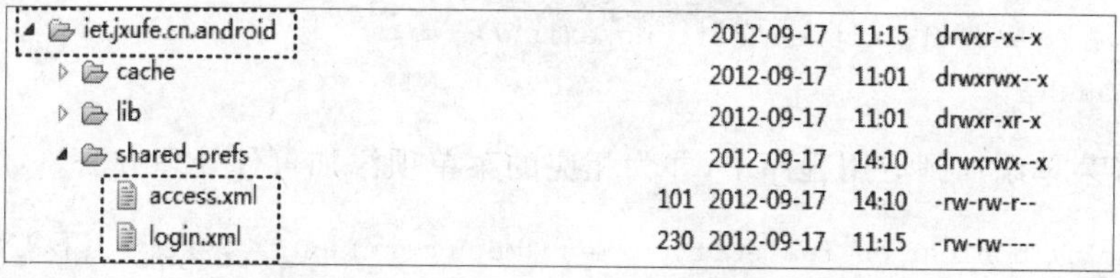

图 7-8 SharedPreferences 生成文件的存储位置

提示:SharedPreferences 数据总是保存在"\data\data\<package_name>\shared_prefs"目录下,并且 SharedPreferences 数据总是以 XML 格式保存。

将这两个文件下载到计算机上,打开 login.xml 文件,内容如下。

```
1  <?xml version='1.0' encoding='utf-8' standalone='yes' ?>
2  <map>
3      <string name="psd">123456</string>
4      <boolean name="isSavePsd" value="true" />
5      <string name="name">zhangsan</string>
6      <boolean name="isAutoLogin" value="false" />
7  </map>
```

access.xml 文件的内容如下。

```
1  <?xml version='1.0' encoding='utf-8' standalone='yes' ?>
2  <map>
3      <int name="count" value="7" />
4  </map>
```

到此,保存登录信息的功能就实现了,但是存在一个问题,勾选"自动登录"复选框后,每次都会直接跳转到欢迎界面,如果想用另一个账号登录怎么办?这似乎不可能,为此,我们为应用程序添加了菜单选项,包含"注销"和"退出"两个菜单,单击菜单键,弹出如图 7-9 所示的菜单。单击"注销"菜单项则会跳转到用户登录界面,要求输入相应登录信息,单击"退出"菜单项退出程序。菜单的资源文件如下。

图 7-9 单击菜单按钮显示的菜单

程序清单:codes\ chapter07\SaveLoginInfo\res\menu\ activity_main.xml

```
1  <menu xmlns:android="http://schemas.android.com/apk/res/android">
2      <item android:id="@+id/menu_settings"                →注销菜单项
3          android:title="@string/menu_settings"/>
4      <item android:id="@+id/exit"                          →退出菜单项
5          android:title="@string/exit"/>
6  </menu>
```

接着将菜单添加到应用程序中,并为相应的菜单项添加事件处理方法。

```
1   public boolean onCreateOptionsMenu(Menu menu){            →创建上下文菜单方法
2       getMenuInflater().inflate(R.menu.activity_main, menu);
                                                              →绑定菜单资源文件
3       return true;
4   }
5   public boolean onOptionsItemSelected(MenuItem item){      →为菜单项添加事件处理
6       switch(item.getItemId()){
7       case R.id.menu_settings:                              →注销菜单项的事件处理
8           loginEditor.putBoolean("isAutoLogin", false);
9           loginEditor.commit();                             →提交写入的登录信息
10          onCreate(null);                                   →重新调用 onCreate 方法,显示登录界面
11          break;
12      case R.id.exit:                                       →退出菜单项事件处理
13          this.finish();                                    →结束当前 Activity
14          break;
15      default:
```

```
16            break;
17        }
18        return true;
19   }
```

提示：SharedPreferences 内部使用 XML 文件保存数据，getSharedPreferences(name,mode)方法的第一个参数用于指定该文件的名称，名称不用带后缀，后缀会由 Android 自动加上。并且该 XML 文件以 map 为根元素，map 元素的每个子元素代表一个 key-value 对，子元素名称为 value 对应的类型名，SharedPreferences 只能保存几种简单类型的数据。

7.2.2 读写其他应用的 SharedPreferences

Context 提供的 getSharedPreferences(String name,int mode)方法中，第二个参数可设置该 SharedPreferences 数据能被其他应用程序读或写，本节就来详细讲解如何读取其他应用程序的 SharedPreferences 数据。

要读写其他应用的 SharedPreferences，前提是创建该 SharedPreferences 的应用程序指定了相应的访问权限，主要步骤如下。

（1）创建所需访问程序对应的 Context。Context 提供了 CreatePackageContext(String packageName,int flags)方法来创建应用程序上下文，第一个参数表示应用程序的包名，第二个参数表示标志。Android 系统是将应用程序的包名作为该程序的标志的，常见的标志为 Context.CONTEXT_IGNORE_SECURITY，表示忽略所有可能产生的安全问题。

（2）调用其他应用程序的 Context 的 getSharedPreferences(String name, int mode)方法即可获取相应的 SharedPreferences 对象。

（3）如果需要向其他应用的 SharedPreferences 数据写入数据，调用 SharedPreferences 的 edit()方法获取相应的 Editor 即可。

注意：前提是创建该 SharedPreferences 的应用程序指定了相应的访问权限。

下面写一个简单的示例来访问前面应用程序中的 SharedPreferences 数据，在前面的应用程序中，包含两个 SharedPreferences，一个用于保存登录信息，是私有的；另一个是用来保存该应用程序访问的次数，是可以被其他应用程序读取的。下面尝试访问这两个数据，看有什么差别。程序关键代码如下。

codes\chapter07\ReadOtherSharedPreferences\src\iet\jxufe\cn\android\shared\MainActivity.java

```
1  public class MainActivity extends Activity {
2      public void onCreate(Bundle savedInstanceState){
3          super.onCreate(savedInstanceState);
4          setContentView(R.layout.activity_main);
5          SharedPreferences accessPreferences, loginPreferences;
6          Context appContext=null;
7          try {
```

```
8            appContext=createPackageContext("iet.jxufe.cn.android",
9                    Context.CONTEXT_IGNORE_SECURITY);→创建上下文
10       } catch(Exception e){
11            e.printStackTrace();
12       }
13       accessPreferences=appContext.getSharedPreferences("access",
14                Context.MODE_WORLD_READABLE);
15       int count=accessPreferences.getInt("count", 0);
16       loginPreferences=appContext.getSharedPreferences("login",
17                Context.MODE_WORLD_READABLE);
18       String name=loginPreferences.getString("name", null);
19       Toast.makeText(this,"你好,"+name+",SaveLoginInfo 应用程序已经被
             使用了"+count+"次!",Toast.LENGTH_LONG).show();
20       }
21   }
```

运行该程序,结果如图 7-10 所示,用户名信息无法获得,使用默认的 null,但访问次数值和 access.xml 文件中的一致。并且随着 SaveLoginInfo 应用程序的运行而变化。查看控制台打印信息发现有一条错误信息,试图打开没有许可的 login.xml 文件。

图 7-10 程序运行结果

注意:ReadOtherSharedPreferences 与 SaveLoginInfo 应用程序的包名不能一样,否则它们属于同一个应用程序,可以共享数据信息,即可以访问 login.xml 文件的内容,也就达不到本示例的效果了。

7.3 SQLite 数据库

SharedPreferences 存储的只是一些简单的 key-value 对,如果想存储结构有些复杂的数据,则不能满足要求,需要用数据库来保存。在 Android 平台上,嵌入了一个轻量级的关系型数据库——SQLite。SQLite 并没有包含大型客户/服务器数据库(如 Oracle、SQL Server)的所有特性,但它包含了操作本地数据的所有功能,简单易用、反应快。

7.3.1 SQLite 数据库简介

SQLite 内部只支持 NULL、INTEGER、REAL(浮点数)、TEXT(字符串文本)和 BLOB(二进制对象)5 种数据类型,但实际上 SQLite 也接受 varchar(n)、char(n)、decimal(p,s)等数据类型,只不过在运算或保存时会转成上面对应的数据类型。

SQLite 最大的特点是可以把各种类型的数据保存到任何字段中,而不用关心字段声明的数据类型是什么。例如,可以把字符串类型的值存入 INTEGER 类型的字段中,或者在布尔型字段中存放数值类型等。但有一种情况例外,定义为 INTEGER PRIMARY KEY 的字段只能存储 64 位整数,当向这种字段保存除整数以外的数据时,SQLite 会产生错误。

由于 SQLite 允许存入数据时忽略底层数据列实际的数据类型，因此 SQLite 在解析建表语句时，会忽略建表语句中跟在字段名后面的数据类型信息，如下面语句会忽略 name 字段的类型信息：create table person_tb(id integer primary key autoincrement, name varchar(20))，因此在编写建表语句时省略数据列后面的类型声明。

SQLite 数据库支持绝大部分 SQL92 语法，也允许开发者使用 SQL 语句操作数据库中的数据，但 SQLite 数据库不需要安装、启动服务进程，其底层只是一个数据库文件。本质上看，SQLite 的操作方式只是一种更为便捷的文件操作。常见 SQL 标准语句示例如下。

查询语句：
select * from 表名 where 条件子句 group by 分组子句 having ... order by 排序子句
例如：

select * from person　　　　　　　　　　→查询 person 表中所有记录
select * from person order by id desc　　→查询 person 表中所有记录，按 id 号降序排列
select name from person group by name having count(*)>1
　　　　　　　　　　→查询 person 表中 name 字段值出现超过 1 次的 name 字段的值

分页 SQL：select * from 表名 limit 显示的记录数 offset 跳过的记录数

select * from person limit 5 offset 3 或者 select * from person limit 3,5
　　　　　　　　　　→从 person 表中获取 5 条记录，跳过前面的 3 条记录

插入语句：insert into 表名(字段列表) values(值列表)。如：

insert into person(name,age) values('张三',26)　　→向 person 表插入一条记录

更新语句：update 表名 set 字段名=值 where 条件子句。如：

update person set name='李四' where id=10　　→将 id 为 10 的人的姓名改为李四

删除语句：delete from 表名 where 条件子句。如：

delete from person where id=10　　　　　　　　→删除 person 表中 id 为 10 的记录

7.3.2　SQLite 数据库相关类

为了操作和管理数据库，Android 系统提供了一些相关类，常用的有 SQLiteOpenHelper、SQLiteDataBase、Cursor，其他的可查看 Android 帮助文档的 android.database.sqlite 包和 android.database 包。

SQLiteOpenHelper 是 Android 提供的管理数据的工具类，主要用于数据库的创建、打开和版本更新。一般用法是创建 SQLiteOpenHelper 类的子类，并扩展它的 onCreate() 和 onUpgrade() 方法(这两个方法是抽象的，必须扩展)，选择性地扩展它的 onOpen() 方法。

SQLiteOpenHelper 包含如下常用方法。

(1) SQLiteDatabase getReadableDatabase()：以读写的方式打开数据库对应的 SQLiteDatabase 对象，该方法内部调用 getWritableDatabase() 方法，返回对象与

getWritableDatabase()的返回对象一致,除非数据库的磁盘空间满了。此时,getWritableDatabase()打开数据库就会出错,当打开失败后,getReadableDatabase()方法会继续尝试以只读方式打开数据库。

(2) SQLiteDatabase getWritableDatabase():以写的方式打开数据库对应的SQLiteDatabase对象,一旦打开成功,将会缓存该数据库对象。

(3) abstract void onCreate(SQLiteDatabase db):当数据库第一次被创建的时候调用该方法。

(4) abstract void onUpgrade(SQLiteDatabase db, int oldVersion, int newVersion):当数据库需要更新的时候调用该方法。

(5) void onOpen(SQLiteDatabase db):当数据库打开时调用该方法。

当调用 SQLiteOpenHelper 的 getWritableDatabase()或者 getReadableDatabase()方法获取 SQLiteDatabase 实例的时候,如果数据库不存在,Android 系统会自动生成一个数据库,然后调用 onCreate()方法,在 onCreate()方法里可以生成数据库表结构及添加一些应用需要的初始化数据。onUpgrade()方法在数据库的版本发生变化时会被调用,一般在软件升级时才需要改变版本号,而数据库的版本是由开发人员控制的。假设数据库现在的版本是1,由于业务的变更,修改了数据库表结构,这时候就需要升级软件,升级软件时希望更新用户手机里的数据库表结构,为了实现这一目的,可以把数据库版本设置为2,并在 onUpgrade()方法里实现表结构的更新。onUpgrade()方法可以根据原版本号和目标版本号进行判断,然后作出相应的表结构及数据更新。

SQLiteDatabase 是 Android 提供的代表数据库的类(底层就是一个数据库文件),该类封装了一些操作数据库的 API,使用该类可以完成对数据的添加(Create)、查询(Retrieve)、更新(Update)和删除(Delete)操作。对 SQLiteDatabase 的学习应该重点掌握 execSQL()和 rawQuery()方法,execSQL()方法可以执行 insert、delete、update 和 create table 之类有更改行为的 SQL 语句,而 rawQuery()方法用于执行 select 语句。

(1) execSQL(String sql, Object[] bindArgs):执行带占位符的 SQL 语句,如果 SQL 语句中没有占位符,则第二个参数可传 null。

(2) execSQL(String sql):执行 SQL 语句。

(3) rawQuery(String sql, String[] selectionArgs):执行带占位符的 SQL 查询。

除了 execSQL()和 rawQuery()方法,SQLiteDatabase 还专门提供了对应于添加、删除、更新、查询的操作方法 insert()、delete()、update()和 query()。这些方法主要是给那些不太了解 SQL 语法的人员使用的,对于熟悉 SQL 语法的程序员而言,直接使用 execSQL()和 rawQuery()方法执行 SQL 语句就能完成数据的添加、删除、更新、查询操作,实际上,这些方法的内部也是执行 SQL 语句,由系统根据这些参数拼接一个完整的 SQL 语句。

例如,Cursor query(String table, String[] columns, String selection, String[] selectionArgs, String groupBy, String having, String orderBy, String limit)方法各参数的含义如下。

(1) table:表名,相当于 select 语句 from 关键字后面的部分。如果是多表联合查询,可以用逗号将两个表名分开。

（2）columns：要查询的列名，可以是多列，相当于 select 语句 select 关键字后面的部分。

（3）selection：查询条件子句，相当于 select 语句 where 关键字后面的部分，在条件子句允许使用占位符"？"。

（4）selectionArgs：对应于 selection 语句中占位符的值，值在数组中的位置与占位符在语句中的位置必须一致，否则就会有异常。

（5）groupBy：相当于 select 语句 group by 关键字后面的部分。

（6）having：相当于 select 语句 having 关键字后面的部分。

（7）orderBy：相当于 select 语句 order by 关键字后面的部分，如 personid desc，age asc。

（8）limit：指定偏移量和获取的记录数，相当于 select 语句 limit 关键字后面的部分。

Cursor 接口主要用于存放查询记录的接口，Cursor 是结果集游标，用于对结果集进行随机访问，如果熟悉 JDBC，可发现 Cursor 与 JDBC 中的 ResultSet 作用很相似，提供了如下方法来移动查询结果的记录指针。

（1）move(int offset)：将记录指针向上或向下移动指定的行数。offset 为正数就向下移动，为负数就向上移动。

（2）moveToNext()方法可以将游标从当前记录移动到下一记录，如果已经移过了结果集的最后一条记录，返回结果为 false，否则为 true。

（3）moveToPrevious()方法用于将游标从当前记录移动到上一记录，如果已经移过了结果集的第一条记录，返回值为 false，否则为 true。

（4）moveToFirst()方法用于将游标移动到结果集的第一条记录，如果结果集为空，返回值为 false，否则为 true。

（5）moveToLast()方法用于将游标移动到结果集的最后一条记录，如果结果集为空，返回值为 false，否则为 true。

使用 SQLiteDatabase 进行数据库操作的步骤如下。

（1）获取 SQLiteDatabase 对象，它代表了与数据库的连接；

（2）调用 SQLiteDatabase 的方法来执行 SQL 语句；

（3）操作 SQL 语句的执行结果；

（4）关闭 SQLiteDatabase，回收资源。

下面以一个简单的示例，讲解数据库的操作以及这些类的用法。该程序实现备忘录功能，用于记录生活中的一些重要事情，并提供查询功能，可按条件进行模糊查询。运行效果如图 7-11 所示。

该程序可输入主题、相关内容以及选择时间。单击"选择时间"按钮后，弹出"选择时间"对话框，如图 7-12 所示，完成后会将选择的时间显示在文本编辑框内。单击"添加"按钮时，会将相关数据写入数据库，单击"查询"按钮时，会根据主题、内容以及时间进行精确和模糊查询，查询时，可指定零或多个条件，当没有指定任何条件时，会显示所有的记录，查询结果如图 7-13 所示。下面详细分析其具体实现，界面布局文件如下。

图 7-11　程序运行首界面

图 7-12　选择时间对话框

图 7-13　查询结果显示界面

程序清单：codes\chapter07\ Memento\res\layout\activity_main.xml

```
1   <LinearLayout xmlns:android="http://schemas.android.com/apk/res/android"
2       xmlns:tools="http://schemas.android.com/tools"
3       android:layout_width="match_parent"
4       android:layout_height="match_parent"
5       android:orientation="vertical" >           →垂直线性布局
6       <TableLayout                                →表格布局,3 行 2 列
7           android:layout_width="match_parent"
8           android:layout_height="wrap_content" >
```

```xml
9            <TableRow>
10              <TextView
11                  android:layout_width="wrap_content"
12                  android:layout_height="wrap_content"
13                  android:layout_marginLeft="10dp"          →左边距 10dp
14                  android:text="@string/subject"            →显示主题标签
15                  android:textSize="20sp" />                →文本字体大小 20sp
16              <EditText
17                  android:id="@+id/subject"                 →输入主题的文本编辑框
18                  android:layout_width="match_parent"
19                  android:layout_height="wrap_content" />
20            </TableRow>
21            <TableRow>
22              <TextView
23                  android:layout_width="wrap_content"
24                  android:layout_height="wrap_content"
25                  android:layout_marginLeft="10dp"
26                  android:text="@string/body"
27                  android:textSize="20sp" />
28              <EditText
29                  android:id="@+id/body"
30                  android:layout_width="match_parent"
31                  android:layout_height="wrap_content"
32                  android:minLines="4" />
33            </TableRow>
34            <TableRow>
35              <Button
36                  android:id="@+id/chooseDate"
37                  android:layout_width="wrap_content"
38                  android:layout_height="wrap_content"
39                  android:text="@string/chooseDate" />
40              <EditText
41                  android:id="@+id/date"
42                  android:layout_width="200dp"
43                  android:layout_height="wrap_content"
44                  android:editable="false" />
45            </TableRow>
46       <LinearLayout
47            android:layout_width="match_parent"
48            android:layout_height="wrap_content"
49            android:gravity="center_horizontal" >
50            <Button
51                android:id="@+id/add"
52                android:layout_width="wrap_content"
```

```
53              android:layout_height="wrap_content"
54              android:text="@string/add" />
55          <Button
56              android:id="@+id/query"
57              android:layout_width="wrap_content"
58              android:layout_height="wrap_content"
59              android:text="@string/query" />
60      </LinearLayout>
61  </TableLayout>
62  <LinearLayout
63      android:id="@+id/title"                     →需要动态设置属性,所以添加 id
64      android:layout_width="match_parent"
65      android:layout_height="wrap_content"
66      android:orientation="horizontal" >          →水平线性布局
67      <TextView
68          style="@style/TextView"                 →引用制定好的样式
69          android:layout_width="40dp"             →设置 TextView 的宽度
70          android:text="@string/num"
71          android:textColor="#000000"/>           →设置颜色为黑色
72      <TextView
73          style="@style/TextView"
74          android:layout_width="50dp"
75          android:text="@string/subject"
76          android:textColor="#000000" />
77      <TextView
78          style="@style/TextView"
79          android:layout_width="110dp"
80          android:text="@string/body"
81          android:textColor="#000000" />
82      <TextView
83          style="@style/TextView"
84          android:layout_width="100dp"
85          android:text="@string/date"
86          android:textColor="#000000" />
87      </LinearLayout>
88      <ListView                                   →ListView 列表控件参见 10.2.3 节
89          android:id="@+id/result"
90          android:layout_width="wrap_content"
91          android:layout_height="wrap_content" />
92  </LinearLayout>
```

此布局使用到了样式,样式定义见清单。

样式定义文件 codes\chapter07\ Memento\res\values\style.xml 如下。

```
1   <resources xmlns:android="http://schemas.android.com/apk/res/android">
```

```
2    <style name="TextView">
3        <item name="android:layout_height">wrap_content</item>     →设定高度
4        <item name="android:gravity">center_horizontal</item>      →设定对齐方式
5        <item name="android:textSize">18sp</item>                  →设定文本大小
6        <item name="android:textColor">#0000ff</item>              →设定文本颜色
7    </style>
8 </resources>
```

界面布局设计好后,现在对相关按钮添加事件监听,单击"选择时间"按钮,能够弹出选择时间对话框,选择好日期后,能够将日期显示在文本编辑框内,关键代码如下。

程序清单:codes\chapter07\ Memento\src\iet\jxufe\cn\android \ MainActivity. java

```
1  chooseDate.setOnClickListener(new OnClickListener(){
2      public void onClick(View v){
3          Calendar c=Calendar.getInstance();           →获取当前日期
4          new DatePickerDialog(MainActivity.this,      →日期选择器对话框,对话框
                                                          参见第 10.3 节
5          new DatePickerDialog.OnDateSetListener(){    →日期改变监听器
6              public void onDateSet(DatePicker view, int year,
                 →设置文本编辑框的内容为设置的日期,month 需要。从 0 开始,所以月份为
                   month+1
7              int month, int day){
8                  date.setText(year+"-"+(month+1)+"-"+day);
9              }
10         }, c.get(Calendar.YEAR), c.get(Calendar.MONTH),
11         c.get(Calendar.DAY_OF_MONTH)).show();
12     }
13 });
```

下面为"添加"和"查询"两个按钮添加事件处理,所有的数据都已具备,下面就是如何将数据写入数据库了,首先需要写一个自己的数据库工具类,该类继承于 SQLiteOpenHelper,并重写它的 onCreate()和 onUpdate()方法,数据库创建时会调用 onCreate()方法,因此将建表语句放在里面,详细代码如下。

程序清单:codes\chapter07\ Memento\src\iet\jxufe\cn\android \MyDatabaseHelper. java

```
1  public class MyDatabaseHelper extends SQLiteOpenHelper {
2      final String CREATE_TABLE_SQL=
3          "create table memento_tb(_id integer primary "+
4          "key autoincrement,subject,body,date)";    →创建 memento 表的 SQL 语句
5      public MyDatabaseHelper (Context context, String name, CursorFactory
           factory, int version){
6          super(context, name, factory, version);    →构造方法
7      }
```

```
8     public void onCreate(SQLiteDatabase db){
9         db.execSQL(CREATE_TABLE_SQL);              →执行建表语句,创建 memento 表
10    }
11    public void onUpgrade(SQLiteDatabase db, int oldVersion,
12          int newVersion){
13        System.out.println("- - - - - - - - -"+oldVersion+"- - - - - - ->"+
          newVersion);
14    }
15 }
```

然后通过该工具类,获取数据库,并进行添加和查询操作,关键代码如下。[①]

程序清单:codes\chapter07\ Memento\src\iet\jxufe\cn\android \MainActivity.java

```
1  private class MyOnClickListerner implements OnClickListener {
2      public void onClick(View v){
3          mydbHelper= new MyDatabaseHelper(MainActivity.this, "memento.db",
           null, 1);
4                                                    →创建数据库辅助类
5          SQLiteDatabase db=mydbHelper.getReadableDatabase();
                                                      →获取 SQLite 数据库
6          String subStr=subject.getText().toString();  →获取主题编辑框的内容
7          String bodyStr=body.getText().toString();    →获取内容编辑框的内容
8          String dateStr=date.getText().toString();    →获取时间编辑框的内容
9          switch(v.getId()){
10             case R.id.add:                           →单击的是添加按钮
11                 title.setVisibility(View.INVISIBLE); →设置表头不可见
12                 addMemento(db, subStr, bodyStr, dateStr);  →调用添加记录方法
13                 Toast.makeText(MainActivity.this,"添加备忘录成功!", 1000).
                   show();
14                 result.setAdapter(null);             →下拉列表内容为空
15                 break;
16             case R.id.query:                         →单击的是查询按钮
17                 title.setVisibility(View.VISIBLE);   →设置表头可见
18                 Cursor cursor=queryMemento(db, subStr, bodyStr, dateStr);
                                                        →调用查询方法
19                 SimpleCursorAdapter resultAdapter = new SimpleCursorAdapter
                   (MainActivity.this,    →将查询结果显示在下拉列表中,注意一一对应。
20                     R.layout.result, cursor,
21                     new String[] { "_id", "subject", "body", "date" },
22                     new int[] { R.id.memento_num, R.id.memento_subject,
23                         R.id.memento_body, R.id.memento_date });
24                 result.setAdapter(resultAdapter);    →设置下拉列表的内容
```

[①] 下面用到下拉列表,有关列表控件的用法参见 10.2 节

```
25                break;
26            default:
27                break;
28        }
29    }
30 }
```

向数据库中插入和查询记录的方法如下。

```
1  public void addMemento (SQLiteDatabase db, String subject, String body,
   String date){
2      db.execSQL("insert into memento_tb values(null,?,?,?)", new String[] {
3          subject, body, date });            →执行插入操作
4      this.subject.setText("");
                                →添加数据后,将所有的文本编辑框的内容设为空
5      this.body.setText("");
6      this.date.setText("");
7  }
8  public Cursor queryMemento (SQLiteDatabase db, String subject, String
   body,String date){
9      Cursor cursor=db.rawQuery("select * from memento_tb where subject
       like ? and body
10 like ? and date like ?",new String[] { "%"+subject+"%", "%"+body+"%","%"+
   date+"%" });                →执行查询操作,提供模糊查询功能
11     return cursor;
12 }
```

事件监听器写好后,为按钮注册单击事件处理器,代码如下。

```
1  MyOnClickListerner myOnClickListerner= new MyOnClickListerner();
2      add.setOnClickListener(myOnClickListerner);
3      query.setOnClickListener(myOnClickListerner);
```

操作完成后,在结束 Activity 前关闭数据库,代码如下(MainActivity.java 中定义)。

```
1  protected void onDestroy(){
2      if(mydbHelper!=null){
3          mydbHelper.close();
4      }
5  }
```

当程序第一次调用 getReadableDatabase()方法后,SQLiteOpenHelper 会缓存已创建的 SQLiteDatabase 实例,多次调用 getReadableDatabase()方法得到的都是同一个 SQLitedatabase 实例,即正常情况下,SQLiteDatabase 实例会维持数据库的打开状态,因此在结束前应关闭数据库,否则会占用内存资源。

在上面的程序中使用了 SimpleCursorAdapter 封装 Cursor,从而在下拉列表中显示

结果记录信息,这里需要注意,SimpleCursorAdatper 封装 Cursor 时要求底层数据表的主键列名为_id,因为 SimpleCursorAdapter 只能识别列名为_id 的主键,否则会出现 java.lang.IllegalArgumentException:column '_id' does not exist 错误。

程序运行后,打开 DDMS 视图,查看 File Explorer 面板,发现在应用程序的包下,生成了一个 databases 文件夹,下面有一个 memento.db 文件,如图 7-14 所示,该文件即在程序中创建的数据库文件。

```
▲ 🗁 iet.jxufe.cn.android              2012-09-19   21:15   drwxr-x--x
   ▷ 🗁 cache                          2012-09-17   11:01   drwxrwx--x
   ▲ 🗁 databases                      2012-09-19   21:15   drwxrwx--x
       📄 memento.db           20480   2012-09-20   08:42   -rw-rw----
       📄 memento.db-journal   12824   2012-09-20   08:42   -rw-------
   ▷ 🗁 lib                            2012-09-17   11:01   drwxr-xr-x
   ▷ 🗁 shared_prefs                   2012-09-19   18:45   drwxrwx--x
```

图 7-14　数据库文件的存放位置

数据库文件位于\data\data\应用程序所在包的\databases\文件夹下,可通过 DDMS 工具将该文件夹下的数据库导出来,然后下载具体的图形化界面进行查看。在 Android SDK 的 tool 目录下提供了一个简单的数据库管理工具,类似于 MySQL 提供的命令行窗口。

如果已将 tool 目录添加到了环境变量,则只需通过命令行进入到数据库文件所在的目录,输入如下命令:

sqlite3 数据库名;

即可打开数据库。

如果没有将该目录添加到环境变量,则需要进入 Android SDK 安装目录下的 tool 目录,然后输入如下命令:

sqlite3 数据库所在目录绝对路径\数据库名

即可打开数据库,打开数据库后可执行相应的 sql 语句进行增删查改,如图 7-15 所示。

```
D:\Android>sqlite3 memento.db
SQLite version 3.7.4
Enter ".help" for instructions
Enter SQL statements terminated with a ";"
sqlite> select date from memento_tb;
2012-9-20
2012-9-18
2012-9-20
2012-10-20
sqlite>
```

图 7-15　通过命令行查看 SQLite 数据库内容

注意:通过命令行查看数据库内容时,中文在命令行上会显示乱码。

问题与讨论

(1) 数据库的创建过程是怎样的？当不存在数据库时，直接查找记录会不会出错？

答：Android 系统在调用 SQLiteOpenHelper 的 getReadableDatabase()方法时会判断系统中是否已存在数据库，如果不存在，系统会创建数据库文件，因此查找记录时不会出错，只不过查询结果为空。但若在创建数据库时，没有指定表结构，添加或查询时会出错。

(2) 数据库的后缀名有要求吗？

答：后缀名可任意。

7.4 本章小结

本章主要讲解了 Android 中数据存储的几种方式，从简单的通过流的形式读取手机内存以及 SD 卡上的文件，到 Android 中提供的用于保存用户个性化设置、程序参数的 SharedPreferences 工具类，再到用于保存比较复杂的、有一定结构关系的数据库。Android 系统内置了一个小型的关系型数据库——SQLite，且为访问 SQLite 数据库提供了大量方便的工具类。

除此之外，为了方便应用程序之间的数据共享，而又不用知道应用程序内部操作数据的细节，Android 系统提供了不同应用程序之间交换数据的标准 API——ContentProvider。内容提供者 ContentProvider 将在下一章介绍。

课后练习

1. Android 中数据存储主要包含哪 5 种方式？

2. SQLite 允许把各种类型的数据保存到任何类型的字段中，开发者可以不用关心声明该字段所使用的数据类型。（对 / 错）

3. 通过 openFileOutput(String name, int mode)读取手机上的文件时，若第二个参数传值为 3，表示该文件(　　)。

  A) 是私有数据，只能被应用本身访问

  B) 可以被其他应用读取

  C) 可以被其他应用写入

  D) 既可以被其他应用读取也能被其他应用写入

4. SharedPreferences 数据以_____格式保存在手机上(　　)。

  A) xml   B) txt

  C) json   D) 根据用户自定义

5. 以下数据类型中，(　　)不是 SQLite 内部支持的类型。

  A) NULL   B) INTEGER   C) STRING   D) TEXT

Android 内容提供者（ContentProvider）应用

本章要点

- 统一内容提供者——ContentProvider 类及其应用
- 网络资源的读取

本章知识结构图

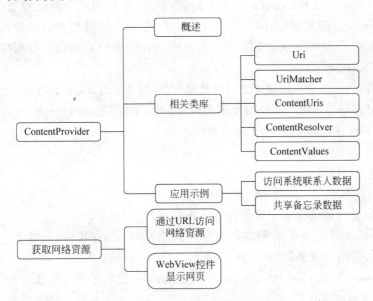

本章示例

随着人们手机上应用的增多,往往在不同的应用之间需要共享数据,例如现在有一个短信群发的应用,用户需要选择收件人,一个个输入手机号码当然可以达到目的,但是比较麻烦,并且很少有人会记住所有联系人的号码。这时候就需要获取联系人应用的数据,然后从中选择收件人即可。对于应用之间数据的共享,可以在一个应用中直接操作另一个应用所记录的数据,例如第 7 章中所学的文件、SharedPreferences 或数据库等。这不仅需要应用程序提供相应的权限,而且还必须知道应用程序中数据存储的细节,不同应用程序记录数据的方式差别也很大,不利于数据的交换。为此,Android 提供了 ContentProvider,用统一的方法实现不同应用程序间共享数据。

8.1 ContentProvider 简介

ContentProvider 是不同应用程序之间进行数据交换的标准 API,为存储和读取数据提供了统一的接口。通过 ContentProvider,应用程序可以实现数据共享。Android 内置的许多应用都使用 ContentProvider 向外提供数据,供开发者调用(如视频、音频、图片、通讯录等),其中最典型的应用就是通讯录。

那么 ContentProvider 是如何对外提供数据的,又是如何实现这一机制的呢? ContentProvider 以某种 URI 的形式对外提供数据,数据以类似数据库中表的方式开放,允许其他应用访问或修改数据,其他应用程序使用 ContentResolver 根据 URI 去访问操作指定的数据。URI 是通用资源标识符,即每个 ContentProvider 都有一个唯一标识的 URI,其他应用程序的 ContentResolver 根据 URI 就知道具体解析的是哪个 ContentProvider,然后调用相应的操作方法,而 ContentResolver 的方法内部实际上是调用该 ContentProvider 的对应方法,而 ContentProvider 方法内部是如何实现的,其他应用程序是不知道具体细节的,只是知道有一个方法。这就达到了统一接口的目的。对于不同数据的存储方式,该方法内部的实现是不同的,而外部访问方法都是一致的。

ContentProvider 也是 Android 4 大组件之一,如果要开发自己的 ContentProvider,必须实现 Android 系统提供的 ContentProvider 基类,并且需要在 AndroidManifest.xml 文件中进行配置。

ContentProvider 基类的常用方法简介如下。

(1) public abstract boolean onCreate():该方法在 ContentProvider 创建后调用,当其他应用程序第一次访问 ContentProvider 时,ContentProvider 会被创建,并立即调用该方法。

(2) public abstract Cursor query(Uri uri, String[] projection, String selection, String[] selectionArgs, String sortOrder):根据 URI 查询符合条件的全部记录,其中 projection 是所需要获取的数据列。

(3) public abstract int update(Uri uri, ContentValues values, String select, String[] selectArgs):根据 URI 修改 select 条件所匹配的全部记录。

(4) public abstract int delete(Uri uri, String selection, String[] selectionArgs):根据 URI 删除符合条件的全部记录。

（5）public abstract Uri insert(Uri uri,ContentValues values)：根据 URI 插入 values 对应的数据，ContentValues 类似于 map，存放的是键值对。

（6）public abstract String getType(Uri uri)：该方法返回当前 URI 所代表的数据的 MIME 类型。如果该 URI 对应的数据包含多条记录，则 MIME 类型字符串应该以 vnd. android.curor.dir/开头，如果该 URI 对应的数据只包含一条记录，则 MIME 类型字符串应该以 vnd.android.cursor.item/开头。

上面几个方法都是抽象方法，开发自己的 ContentProvider 时，必须重写这些方法，然后在 AndroidManifest.xml 文件中配置该 ContentProvider，为了能让其他应用找到该 ContentProvider，ContentProvider 采用了 authorities（主机名/域名）对它进行唯一标识，可以把 ContentProvider 看作是一个网站，authorities 就是它的域名，只需在＜application…/＞元素内添加以下代码即可。

```
1  <provider android:name=".MyProvider"          →指定ContentProvider类
2      android:exported="true"
3      android:authorities="iet.jxufe.cn.android.provider.myprovider">  →域名
4  </provider>
```

注意：authorities 是必备属性，如果没有 authorities 属性会报错。

一旦某个应用程序通过 ContentProvider 开放了自己的数据操作接口，那么不管该应用程序是否启动，其他应用程序都可通过该接口来操作该应用程序的内部数据。

8.2　ContentProvider 操作常用类

8.1 节介绍 ContentProvider 时涉及到几个知识点：URI、ContentResolver、ContentValues，本节将详细介绍这几个类的作用和用法。

8.2.1　URI 基础

URI 代表了要操作的数据，主要包含了两部分信息。

（1）需要操作的 ContentProvider；

（2）对 ContentProvider 中的什么数据进行操作。一个 URI 的组成如图 8-1 所示。

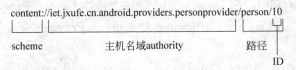

图 8-1　URI 的组成部分

① scheme：ContentProvider（内容提供者）的 scheme 已经由 Android 规定为 content://。

② 主机名（或 Authority）：用于唯一标识这个 ContentProvider，外部调用者可以根据这个标识来找到它。

③ 路径(或资源)：用于确定要操作该 ContentProvider 中的什么数据，一个 ContentProvider 内可能包含多种数据，路径的构建应根据业务而定，例如操作通讯录应用中的数据，可构建以下路径。

- 要操作 person 表中 id 为 10 的记录，可以构建路径:/person/10;
- 要操作 person 表中 id 为 10 的记录的 name 字段，可以构建路径 person/10/name;
- 要操作 person 表中的所有记录，可以构建路径:/person;
- 要操作×××表中的记录，可以构建路径:/×××。

④ ID：该部分是可选的，用于指定操作的具体是哪条记录，如果没有设置，则操作的是所有记录。

要操作的数据不一定来自数据库，也可以是文件、XML 或网络等其他存储方式，例如要操作 XML 文件中 person 节点下的 name 节点，可以构建路径/person/name。

上面构建的都是字符串，如果要把一个字符串转换成 URI，可以使用 Uri 工具类中的 parse()静态方法，用法如下。

```
1  Uri uri=Uri.parse("content://iet.jxufe.cn.android.providers.personprovider/
   person");
```

8.2.2　URI 操作类 UriMatcher 和 ContentUris

由于 URI 代表了要操作的数据，所以经常需要解析 URI，并从 URI 中获取数据。Android 系统提供了两个用于操作 URI 的工具类，分别为 UriMatcher 和 ContentUris。

UriMatcher 类用于匹配 URI，主要用法如下。

(1) 注册所有需要匹配的 URI 路径，代码如下：

```
1  UriMatcher  myUri=new UriMatcher(UriMatcher.NO_MATCH);
2  //创建 UriMather 对象，常量 UriMatcher.NO_MATCH 表示不匹配任何路径的返回码
3  //该常量值为-1
4  myUri.addURI("iet.jxufe.cn.providers.myprovider", "person", 1);
5  //添加需匹配的 Uri,如果 match()方法匹配 content://iet.jxufe.cn.providers.
   myprovider/person 路径,返回匹配码为 1
6  myUri.addURI("iet.jxufe.cn.providers.myprovider", "person/#", 2);
7  //添加需匹配的 Uri,#号为通配符,表示匹配任何 ID 的 Uri,如果匹配则返回 2,
8  //如果 match()方法匹配 content://iet.jxufe.cn.providers.myprovider/person/
   230 路径,返回匹配码为 2
```

(2) 注册完需要匹配的 URI 后，就可以使用 myUri.match(uri)方法对输入的 URI 进行匹配，如果匹配就返回匹配码，匹配码是调用 addURI()方法传入的第三个参数，假设匹配 content:// iet.jxufe.cn.providers.myprovider /person 路径，返回的匹配码为 1。

ContentUris 类用于获取 URI 路径后面的 ID 部分，它有两个比较实用的方法：

(1) withAppendedId(uri, id)方法用于为路径加上 ID 部分,用法如下。

```
1  Uri uri=Uri.parse("content://iet.jxufe.cn.providers.myprovider/person")
2  Uri resultUri=ContentUris.withAppendedId(uri, 10);
3  //生成后的 Uri 为:content:// iet.jxufe.cn.providers.myprovider/person/10
```

(2) parseId(uri)方法用于从路径中获取 ID 部分,用法如下。

```
1  Uri uri=Uri.parse("content:// iet.jxufe.cn.providers.myprovider/person/10")
2  long personid=ContentUris.parseId(uri);          →获取的结果为:10
```

8.2.3 ContentResolver 类

ContentProvider 的作用是暴露可供操作的数据,其他应用程序主要通过 ContentResolver 来操作 ContentProvider 所开放的数据,ContentResolver 相当于我们的客户端。

ContentResolver 是一个抽象类,主要提供了以下几个方法。

(1) insert(Uri url, ContentValues values):向 URI 对应的 ContentProvider 中插入 values 对应的数据;

(2) delete(Uri url, String where, String[] selectionArgs):删除 URI 对应的 ContentProvider 中符合条件的记录;

(3) update(Uri uri, ContentValues values, String where, String[] selectionArgs): 用 vaules 值更新 URI 对应的 ContentProvider 中符合条件的记录;

(4) query(Uri uri, String[] projection, String selection, String[] selectionArgs, String sortOrder):查询 URI 对应的 ContentProvider 中符合条件的记录。

ContentResolver 是一个抽象类,是不能直接实例化的,那么如何得到 ContentResolver 实例呢? Android 中 Context 类提供了 getContentResolver()方法用于获取 ContentResolver 对象,然后即可调用其增删查改方法进行数据操作。

一般来说,当多个应用程序通过 ContentResolver 来操作 ContentProvider 提供的数据时,ContentResolver 调用的数据操作将会委托给同一个 ContentProvider 对象(或者实例)处理。这种设计形式,也被称为单例模式,即 ContentProvider 在整个过程中只有一个实例。

ContentValues 类和 Java 中的 Hashtable 类比较相似,都是负责存储一些键值对,但是它存储的键值对当中的键是一个 String 类型,往往是数据库的某一字段名,而值都是一些简单的数据类型。当向数据库中插入一条记录时,可以将这条信息的各个字段值放入 ContentValues,然后将该 ContentValues 直接插入数据库,而不用拼接 SQL 语句或使用占位符——赋值。

8.3 ContentProvider 应用实例

8.3.1 用 ContentResolver 操纵 ContentProvider 提供的数据

Android 系统中内置了许多应用,部分应用也采用了 ContentProvider 向外提供数据,最典型的就是通讯录应用,下面演示如何通过 ContentResolver 获取通讯录应用的联系人信息,并向其中添加联系人。

Android 系统对联系人管理 ContentProvider 的 URI 如下。

(1) ContactsContract.Contacts.CONTENT_URI:管理联系人的 URI;

(2) ContactsContract.CommonDatakinds.Phone.CONTENT_URI:管理联系人电话的 URI。

有了这些 URI 后,就可以在应用程序中通过 ContentResolver 操作系统的联系人数据了。程序运行效果如图 8-2 所示,单击"添加"按钮后,将输入的用户名和手机号添加到联系人应用中,单击"显示所有联系人"按钮,能够读取所有的联系人信息,如图 8-3 所示。

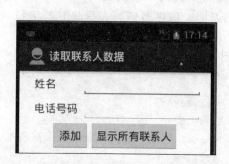

图 8-2 程序运行首界面

图 8-3 单击"显示所有联系人"按钮后的界面

界面布局相对简单,在此不再列出,只列出两个按钮的事件处理的关键代码。

向通讯录中添加联系人的事件处理代码,由于通讯录中用户名和号码存放于不同的表中,是根据联系人 ID 号关联起来的。因此先向联系人中添加一个空的记录,产生新的 ID 号,然后根据 ID 号分别在两张表中插入相应的数据。

程序清单:codes\chapter08\ AccessContacts\src\iet\jxufe\cn\android \MainActivity.java

```
1   public void addPerson(){                                     →添加联系人
2       String nameStr=name.getText().toString();    →获取联系人姓名
3       String numStr=num.getText().toString();      →获取联系人号码
4       ContentValues values=new ContentValues();
                                                     →创建一个空的 ContentValues
5       //向 RawContacts.CONTENT_URI 插入空值,目的是获取返回的 ID 号
6       Uri rawContactUri=resolver.insert(RawContacts.CONTENT_URI, values);
7       long contactId=ContentUris.parseId(rawContactUri);
                                                     →得到新联系人的 ID 号
8       values.clear();                              →清空 values 的内容
9       values.put(Data.RAW_CONTACT_ID, contactId);  →设置 ID 号
```

```
10    values.put(Data.MIMETYPE, StructuredName.CONTENT_ITEM_TYPE);    →设置类型
11        values.put(StructuredName.GIVEN_NAME, nameStr);    →设置姓名
12    resolver.insert(android.provider.ContactsContract.Data.CONTENT_URI,
          values);                                          →向联系人URI添加联系人名字
13        values.clear();
14        values.put(Data.RAW_CONTACT_ID, contactId);        →设置ID号
15        values.put(Data.MIMETYPE, Phone.CONTENT_ITEM_TYPE); →设置类型
16        values.put(Phone.NUMBER, numStr);                  →设置号码
17        values.put(Phone.TYPE, Phone.TYPE_MOBILE);         →设置电话类型
18    resolver.insert(android.provider.ContactsContract.Data.CONTENT_URI,
          values);                                   →向联系人电话号码URI添加电话号码
19    Toast.makeText(MainActivity.this,"联系人数据添加成功!",1000).show();
20    }
```

获取通讯录中所有联系人的姓名和手机号时，首先查询出所有的联系人姓名和ID号，然后根据ID号查询电话号码表中的号码，再将每个人的信息放在同一个map对象中，最后将这个map对象添加到列表中，作为结果返回。程序得到列表后将其与下拉列表[①]控件相关联，从而将数据有规律地显示在界面上。

程序清单：codes\chapter08\AccessContacts\src\iet\jxufe\cn\android\MainActivity.java

```
1    public ArrayList<Map<String, String>>queryPerson(){
2        //创建一个保存所有联系人信息的列表,每项是一个map对象
3        ArrayList<Map<String, String>> detail=new ArrayList<Map<String, String>>();
4        Cursor cursor=resolver.query(ContactsContract.Contacts.CONTENT_URI,
5            null, null, null, null);                    →查询通讯录中所有联系人
6        while(cursor.moveToNext()){                     →循环遍历每一个联系人
7            Map<String, String>person=new HashMap<String, String>();
                                                         →每个联系人信息用一个map对象存储
8            String personId=cursor.getString(cursor     →获取联系人ID号
9                .getColumnIndex(ContactsContract.Contacts._ID));
10           String name=cursor.getString(cursor          →获取联系人姓名
11               .getColumnIndex(ContactsContract.Contacts.DISPLAY_NAME));
12           person.put("id", personId);                 →将获取到的信息存入map对象中
13           person.put("name", name);
14           Cursor nums=resolver.query(
15               ContactsContract.CommonDataKinds.Phone.CONTENT_URI, null,
16               ContactsContract.CommonDataKinds.Phone.CONTACT_ID+"="
17               +personId, null, null);                  →根据ID号,查询手机号码
18           if(nums.moveToNext()){
```

---

① 下拉列表用法参见第10.2节

```
19              String num=nums.getString(nums.getColumnIndex
                (ContactsContract.
20                  CommonDataKinds.Phone.NUMBER));
21              person.put("num",num);              →将手机号存入 map 对象中
22          }
23          nums.close();                           →关闭资源
24          detail.add(person);
25      }
26      cursor.close();                             →关闭资源
27      return detail;                              →返回查询列表
28  }
```

方法写好后,需要在相应的事件处理中调用该方法,代码如下。

```
1   MyOnClickListener myOnClickListener=new MyOnClickListener();  →创建事件监听器
2       add.setOnClickListener(myOnClickListener);                →注册事件监听器
3       query.setOnClickListener(myOnClickListener);              →注册事件监听器
```

自定义的事件处理器,针对不同事件调用不同的方法。

以下为 codes\chapter08\ AccessContacts\src\iet\jxufe\cn\android \MainActivity.java 的内部私有类。

```
1   private class MyOnClickListener implements OnClickListener {
2       public void onClick(View v){
3           switch(v.getId()){
4           case R.id.add:
5               addPerson(); break;
6           case R.id.show:
7               title.setVisibility(View.VISIBLE);
8               ArrayList<Map<String,String>>persons=queryPerson();
9               SimpleAdapter adapter = new SimpleAdapter (MainActivity.this,
                persons, R.layout.result, new String[]{"id","name","num"},new
                int[]{R.id.personid, R.id.personname,R.id.personnum});
10              result.setAdapter(adapter);  break;
11          default: break;
12          }
13      }
14  }
```

注意:本程序需要读取、添加联系人信息,因此需要在 AndroidManifest.xml 文件中为该应用程序授权,授权代码如下。

```
1   <uses permission android:name="android.permission.READ_CONTACTS"/>   →读的权限
2   <uses permission android:name="android.permission.WRITE_CONTACTS"/>  →写的权限
```

8.3.2 开发自己的 ContentProvider

上面的程序介绍了如何使用 ContentResolver 来操作系统 ContentProvider 提供的数

据,下面继续学习如何开发自己的 ContentProvider,即将自己的应用数据通过 ContentProvider 提供给其他应用。

开发自己的 ContentProvider 主要经历两步:

(1) 开发一个 ContentProvider 子类,该子类需要实现增、删、查、改等方法;

(2) 在 AndroidManifest.xml 文件中配置该 ContentProvider。

下面以一个具体的示例演示如何创建自己的 ContentProvider,为备忘录示例创建 ContentProvider,使得其他应用程序可以访问和修改它的数据。

首先定义一个常量类,把备忘录的相关信息以及 URI 通过常量的形式公开,提供访问该 ContentProvider 的一些常用入口,代码如下。

```
1  public class Mementos {
2      public static final String AUTHORITY="iet.jxufe.cn.providers.memento";
3      public static final class Memento implements BaseColumns {
4          public static final String _ID="_id";          →memento_tb 表中 _id 字段
5          public static final String SUBJECT="subject";
                                                          →memento_tb 表中 subject 字段
6          public static final String BODY="body";        →memento_tb 表中的 body 字段
7          public static final String DATE="date";        →memento_tb 表中的 date 字段
8          public static final Uri MEMENTOS_CONTENT_URI=Uri.parse("content://"
9                  +AUTHORITY+"/mementos");              →提供操作 mementos 集合 URI
10         public static final Uri MEMENTO_CONTENT_URI=Uri.parse("content://"
11                 +AUTHORITY+"/memento");               →提供操作单个 mementoURI
12     }
13 }
```

然后,为该应用添加 ContentProvider,继承系统中的 ContentProvider 基类,重写里面的抽象方法,具体代码如下。

```
1  public class MementoProvider extends ContentProvider {
2      private static UriMatcher matcher=new UriMatcher(UriMatcher.NO_MATCH);
3      private static final int MEMENTOS=1;    →定义两个常量,用于匹配 URI 的返回值
4      private static final int MEMENTO=2;
5      MyDatabaseHelper dbHelper;
6      SQLiteDatabase  db;
7      static {
8      matcher.addURI(Mementos.AUTHORITY, "mementos", MEMENTOS);
                                            →添加 URI 匹配规则,用于判断 URI 的类型
9      matcher.addURI(Mementos.AUTHORITY, "memento/#", MEMENTO);
10     }
11     public boolean onCreate(){
12         dbHelper=new MyDatabaseHelper(getContext(), "memento.db", null,1);
13         db=dbHelper.getReadableDatabase();
                                            →创建数据库工具类,并获取数据库实例
14         return true;
```

```
15      }
16  public Uri insert(Uri uri, ContentValues values){        →添加记录
17          long rowID=db.insert("memento_tb", Mementos.Memento._ID, values);
18          if(rowID >0){                      →如果添加成功,则通知数据库记录发生更新
19              Uri mementoUri=ContentUris.withAppendedId(uri, rowID);
20              getContext().getContentResolver().notifyChange(mementoUri, null);
21              return mementoUri;
22          }
23          return null;
24      }
25  public int update(Uri uri, ContentValues values, String selection,
26          String[] selectionArgs){                         →更新记录
27          int num=0;
28          switch(matcher.match(uri)){
29          case MEMENTOS:
30              num=db.update("memento_tb", values, selection, selectionArgs);
31              break;
32          case MEMENTO:
33              long id=ContentUris.parseId(uri);
34              String where=Mementos.Memento._ID+"="+id;
35              if(selection !=null && !"".equals(selection)){
36                  where=where+" and "+selection;
37              }
38              num=db.update("memento_tb", values, where, selectionArgs);
39              break;
40          default:
41              throw new IllegalArgumentException("未知 Uri:"+uri);
42          }
43          getContext().getContentResolver().notifyChange(uri, null);
44          return num;
45      }
46  public Cursor query(Uri uri, String[] projection, String selection,
47          String[] selectionArgs, String sortOrder){
48          switch(matcher.match(uri)){
49          case MEMENTOS:
50              return db.query("memento_tb", projection, selection, selectionArgs,
51                  null, null, sortOrder);
52          case MEMENTO:
53              long id=ContentUris.parseId(uri);
54              String where=Mementos.Memento._ID+"="+id;
55              if(selection !=null && !"".equals(selection)){
56                  where=where+" and "+selection;
57              }
58              return db.query("memento_tb", projection, where, selectionArgs,
```

```
                    null, null, sortOrder);
59
60          default:
61              throw new IllegalArgumentException("未知 URI:"+uri);
62          }
63      }
64
65  public String getType(Uri uri){
66          switch(matcher.match(uri)){
67          case MEMENTOS:
68              return "vnd.android.cursor.dir/mementos";
69          case MEMENTO:
70              return "vnd.android.cursor.item/memento";
71          default:
72              throw new IllegalArgumentException("未知 Uri:"+uri);
73          }
74      }
75  }
```

至此，ContentProvider 就已经开发好了，下面将 ContentProvider 在 Manifest.xml 文件中进行注册，代码如下。

```
1  <provider android:name=".MementoProvider"android:exported:"true"
2  android:authorities="iet.jxufe.cn.providers.memento">
3  </provider>
```

现在就可以写一个应用程序来访问开发的 ContentProvider 了。应用程序运行界面如图 8-4 和图 8-5 所示，和前面备忘录的界面类似，在此不再赘述。

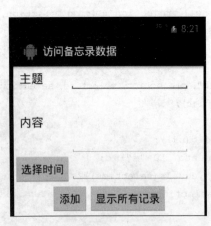

图 8-4　程序运行界面

图 8-5　显示所有记录的效果

在本应用程序中,并没有创建自己备忘录数据库,而是访问 MementoContent 通过 ContentProvider 所提供的数据,下面只列出事件处理的关键代码,代码如下。

```
1   add.setOnClickListener(new OnClickListener(){
2       public void onClick(View v){
3           ContentValues values=new ContentValues();    →创建一个 ContentValues 对象
4           values.put(Mementos.Memento.SUBJECT, subject.getText().toString());
5           values.put(Mementos.Memento.BODY, body.getText().toString());
6           values.put(Mementos.Memento.DATE, date.getText().toString());
                                                        →values 中存值
7           contentResolver.insert (Mementos. Memento. MEMENTOS _ CONTENT _ URI,
            values);
8               Toast.makeText(MainActivity.this, "添加生词成功!", 1000).show();
9           }
10  });
11  show.setOnClickListener(new OnClickListener(){
12      public void onClick(View v){
13          Cursor cursor=contentResolver.query(
14          Mementos.Memento.MEMENTOS_CONTENT_URI, null, null,null, null);
15          SimpleCursorAdapter resultAdapter=new SimpleCursorAdapter(
                                                →查询所有记录①
16              MainActivity.this, R.layout.result, cursor,
17              new String[] { Mementos.Memento._ID,
18                  Mementos.Memento.SUBJECT,
19                  Mementos.Memento.BODY, Mementos.Memento.DATE },
20                  new int[] { R.id.memento_num, R.id.memento_subject,
21                      R.id.memento_body, R.id.memento_date });
22          result.setAdapter(resultAdapter);        →设置数据的显示方式
23      } });
```

8.4 获取网络资源

由于手机的计算能力、存储能力都比较有限,它通常是作为移动终端来使用的,具体的数据处理是交给网络服务器来进行的,而它主要的优势在于携带方便,因此,获取网络资源非常重要。Android 完全支持 JDK 本身的 TCP、UDP 网络通信,也支持 JDK 提供的 URL、URLConnection 等通信 API。除此之外,Android 还内置了 HttpClient,可方便地发送 HTTP 请求,并获取 HTTP 响应。本节简单介绍通过 URL 如何获取网络资源,至于 Android 客户端如何与服务器端交互,将在第 11 章详细阐述。

URL(Uniform Resource Locator)对象代表统一资源定位器,用于指定网络上某一资源,该资源既可以是简单的文件或目录,也可以是对复杂对象的引用。通常 URL 由协

---

① 用了列表控件,有关用法参见第 10.2 节

议名、主机、端口和资源组成。格式为 protocol：//host：port/resourceName，如 http：//iet.jxufe.cn/index.html。

URL 类提供了获取协议、主机名、端口号、资源名等方法，详细描述可查看 API，此外还提供了 openStream() 方法，可以读取该 URL 资源的 InputStream，通过该方法可以非常方便地读取远程资源。

下面通过一个简单的例子，示范如何通过 URL 类读取远程资源。该示例用于获取网络上的一张图片，并显示在 ImageView 中，程序运行效果如图 8-6 所示。

图 8-6 获取网络图片运行效果

程序清单：codes\chapter08\ AccessURL\src\iet\jxufe\cn\android \MainActivity.java

```java
1   public class MainActivity extends Activity {
2       private ImageView myImg;
3       private Handler  myHandler;
4       private Bitmap bitmap;
5       public void onCreate(Bundle savedInstanceState){
6           super.onCreate(savedInstanceState);
7           setContentView(R.layout.activity_main);
8           myImg=(ImageView)findViewById(R.id.myImg);
9           myHandler=new Handler(){
10              public void handleMessage(Message msg){
11                  if(msg.what==0x1122){
12                      myImg.setImageBitmap(bitmap);
13                  }
14              }
15          };
16          new Thread(){
17              public void run(){
18                  try{
19                      URL url=new URL("http://www.baidu.com/"+"img/baidu_sylogo1.gif");
20                                                          →获取百度首页图片
21                      InputStream is=url.openStream();
22                      bitmap=BitmapFactory.decodeStream(is);
23                      is.close();
24                  }catch(Exception ex){
25                      ex.printStackTrace();
26                  }
27                  myHandler.sendEmptyMessage(0x1122);
28              }
```

```
29              }.start();
30          }
31      }
```

注意：Android 2.3 以后提供了一个新的类 StrictMode，该类可以用于捕捉发生在应用程序主线程中耗时的磁盘、网络访问或函数调用，可以帮助开发者改进程序，使主线程处理 UI 和动画在磁盘读写和网络操作时变得更平滑，避免主线程被阻塞。而 2.3 以下的版本则不支持该类。如果直接在主程序中处理网络连接操作，在 2.3 版本及以后的版本中会抛出 NetworkOnMainThreadException 异常，而在之前的版本则不会。因此，本程序采用子线程来处理一些网络连接操作，这样所有版本都适用。

注意：想要获取网络资源，还必须添加访问网络的许可权限，权限如下。

```
1   <uses-permission android:name="android.permission.INTERNET"/>
```
→访问 internet 权限

同样，通过这种方式还可以获取网页等其他资源，都是通过流的方式获取的，但需要注意的是，通过这种方式获取的网页是 HTML 的源代码，这并不是我们所想要的，在 Android 中为我们提供了一个 WebView 控件，可解析 HTML 源代码。下面就演示如何获取网页资源，程序运行结果，使用 TextView 显示如图 8-7 所示，使用 WebView 显示如图 8-8 所示。

图 8-7　TextView 显示的 HTML 源代码

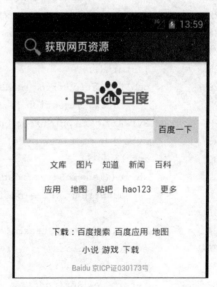

图 8-8　WebView 显示的 HTML 网页

程序关键代码如下。

```
1   myHandler=new Handler(){
2           public void handleMessage(Message msg){
```

```
3              if(msg.what==0x1122){
4                  //result_show.setText(result);        →使用 TextView 显示结果
5                  show.loadDataWithBaseURL(null, result, "text/html", "utf-8", null);
6              }
7          }
8      };
9      new Thread(){
10         public void run(){
11             try {
12                 URL httpUrl=new URL("http://www.baidu.com/");
13                 HttpURLConnection conn= (HttpURLConnection)httpUrl.openConnection();
14                 conn.setConnectTimeout(5 * 1000);        →设置连接超时
15                 conn.setRequestMethod("GET");
                                                    →以 get 方式发起请求,GET 一定要大写
16                 if(conn.getResponseCode()!=200)
17                     throw new RuntimeException("请求 url 失败");
18                 InputStream iStream=conn.getInputStream();
                                                    →得到网络返回的输入流
19                 result=readData(iStream, "utf-8");
20                 conn.disconnect();
21                 myHandler.sendEmptyMessage(0x1122);
22             } catch(Exception ex){
23                 ex.printStackTrace();
24             }
25     }.start();
26     public static String readData(InputStream inSream, String charsetName)
27         throws Exception {                              →获取网络资源
28         ByteArrayOutputStream outStream=new ByteArrayOutputStream();
29         byte[] buffer=new byte[1024];
30         int len=-1;
31         while((len=inSream.read(buffer))!=-1){
32             outStream.write(buffer, 0, len);
33         }
34         byte[] data=outStream.toByteArray();        →将字节输出流转为字节数组
35         outStream.close();                          →关闭字节输出流
36         inSream.close();                            →关闭输入流
37         return new String(data, charsetName);       →返回获取的内容,网页源代码
38     }
```

上述程序主要是为了演示 WebView 可以解析 HTML 代码,实际上要实现上述功能可直接加载 URL,而不用先获取源码,然后再将源码转换成对应的页面,代码如下。

```
1    show.loadUrl("http://www.baidu.com/");
```

注意：将字节数组转换成字符串时，需指定编码格式，如果网页中包含中文，而编码格式不正确则会出现中文乱码。编码格式可通过查看网页中的编码方式来指定，本程序中，百度首页采用的是 UTF-8 的编码格式。

8.5　本章小结

本章在第 7 章 Android 文件存取与 SQLite 数据库存取的基础上，讲解了数据提供者 ContentProvider 的使用方法。

ContentProvider 帮助应用程序之间数据共享，可对应用程序内部操作数据的细节进行封装。ContentProvider 是 Android 4 大组件之一，开发者只需要继承系统的 ContentProvider 基类，然后重写里面的部分方法即可开发自己的 ContentProvider，最后将 ContentProvider 在 Manifest.xml 文件中进行配置，其他应用程序即可通过 ContentResolver 来访问或修改该应用的数据。

同时，我们还简单地介绍了如何获取网络上的资源，一些较为复杂的与服务器端的交互将会在后面的章节中详细介绍。通过本章的学习，读者进一步熟练 SQLite 的操作，以及 ContentProvider 的原理和开发。

课后练习

1. 注册 ContentProvider 组件时，必须指定 android:authorities 属性的值。（对/错）

2. ContentProvider 的作用是暴露可供操作的数据，其他应用则通过（　　）来操作 ContentProvider 所暴露的数据。

　　A) ContentValues　　　　　　　　B) ContentResolver
　　C) URI　　　　　　　　　　　　D) Context

3. 关于 ContenValues 类说法正确的是（　　）。

　　A) 它和 Hashtable 比较类似，也是负责存储一些键值对，但是它存储的名值对当中的名是 String 类型，而值都是基本类型

　　B) 它和 Hashtable 比较类似，也是负责存储一些键值对，但是它存储的名值对当中的名是任意类型，而值都是基本类型

　　C) 它和 Hashtable 比较类似，也是负责存储一些键值对，但是它存储的名值对当中的名，可以为空，而值都是 String 类型

　　D) 它和 Hashtable 比较类似，也是负责存储一些键值对，但是它存储的名值对当中的名是 String 类型，而值也是 String 类型

Android 图形图像处理

本章要点

- 图形处理基础
- Bitmap 与 BitmapFactory
- 逐帧动画
- 自定义 View 进行绘图
- Canvas 与 Paint
- 使用 Path 绘制路径
- 使用 Shader 进行渲染
- 使用 PathEffect 改变路径效果

本章知识结构图

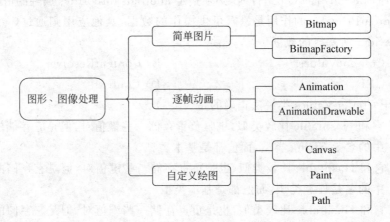

本章示例

 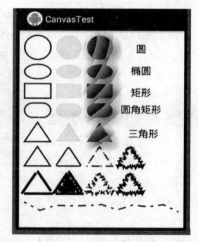

作为一款注重用户体验的应用程序,当然离不开图形、图像的支持。Android 中对图形、图像提供了多种支持,一般使用 Bitmap 和 BitmapFactory 方法来封装和管理位图,通过 Animation 和 AnimationDrawable 类来保存和控制逐帧动画,使用 Canvas 和 Path 两个类绘制各种各样的图形,其中,Canvas 可以绘制一些常见的规则图形,而 Path 则用于绘制一些不规则、自定义的图形。

用户界面是人机之间交互、传递数据的媒介,为了提供友好的用户界面,Android 系统提供了强大的图像支持功能,包括静态图片和图形动画等。动画又分为 2D 和 3D 两部分:2D 图形的处理类主要位于 android.graphics、android.graphics.drawbable 和 android.view.animation 包中;3D 图形处理使用 OpenGL 作为标准接口。本书只介绍 2D 部分的有关知识,2D 绘图接口结构如图 9-1 所示。

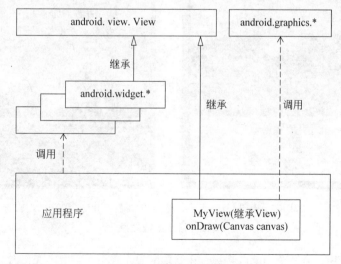

图 9-1　2D 绘图接口结构

静态图片即图片内容不发生变化的图片,通常用于显示、增添界面美观,例如图标、背景等。对于这种类型的图片通常由一些图片控件进行处理,如 ImageView 等。对于动态图片,即内容、大小、位置等会随着时间而变化的图片,一般采用不断重新绘制的方式来处理,每隔多少毫秒绘制一次,给人的感觉就是连续变化的。

学完本章内容后,读者应该能熟练掌握 Android 的图形、图像处理,为以后在 Android 平台中开发出一些小游戏,如俄罗斯方块、五子棋等奠定基础。

9.1 简单图片和逐帧动画

前面章节中的 Android 应用已经使用到了简单图片,图片不仅可以使用 ImageView 来显示,也可以作为 Button、TextView 等控件的背景。从广义的角度来看,Android 应用中的图片不仅包括 *.png(首选)、*.jpg、*.gif(不建议)等格式的位图,也包括使用 XML 资源文件定义的各种 Drawable 对象。

逐帧动画是一种常见的动画形式,其原理是利用人的视觉的滞后性,在时间轴的每帧上绘制不同的内容,然后在足够短的时间内播放,给人的感觉就如同连续的动画一般。

由于逐帧动画的帧序列内容不一样,这不但给制作增加了负担而且最终输出的文件量也很大,但它的优势也很明显:逐帧动画很适合于表演细腻的动作。例如人物走路、说话,动物的奔跑、跳跃以及精致的 3D 效果等。

下面以一个综合的示例来示范简单图片和逐帧动画,程序运行效果如图 9-2 所示。其主要功能如下:

(a) 简单图片　　　　　　　　　　　(b) 逐帧运画

图 9-2　程序运行效果

(1) 简单图片:第一个 ImageView 用于显示整个图片,当用户在图片上单击后,会在第二个 ImageView 中显示单击处该图片的详细信息。

(2) 逐帧动画：单击"动画开始"按钮后，马开始奔跑；单击"动画停止"按钮后，马就停止该时刻的动作；再次单击"动画开始"按钮，马又从第一幅图片开始奔跑。

该示例的程序结构如图 9-3 所示。

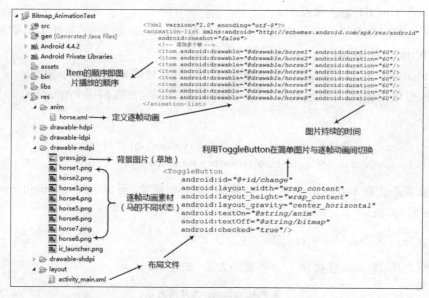

图 9-3　程序结构图

9.1.1　简单图片

1. Drawable 对象

在 Android 中操作图片是通过 Drawable 类来完成的，Drawable 类有很多子类，如 BitmapDrawable 类用于操作位图、ColorDrawable 类用于操作颜色、ShapeDrawable 类用于操作形状。

在 Android 应用的 drawable-hdpi 、drawable-ldpi 、drawable-mdpi 或 drawable-xhdpi 任一文件夹中添加一个 Drawable 对象（例如 draw1.jpg）后，在 R.java 文件中会自动创建一个索引项 R.drawable.draw1，这几个 drawable 文件夹用于存放不同分辨率的图片，在这些文件夹中可以存放相同名称的文件，但是在 R.java 中只会生成一个资源索引项，那么引用的时候，系统究竟会使用哪一个呢？系统会根据运行程序的设备的分辨率进行选择，自动选择和设备分辨率最接近的图片，如果只在一个文件夹中包含图片文件，那么系统别无选择，只能使用该文件，即使它的分辨率与设备的分辨率相去甚远，也就是说这几个文件夹的存在主要是为了在不同的设备上使用不同分辨率但内容相同的图片，使应用程序具有更好的灵活性和适应性。生成资源索引后，既可以在 XML 资源文件中通过"@drawable/draw1"来引用该 Drawable 对象，也可以在 Java 代码中通过 R.drawable.draw1 来访问该图片。

注意：Android 中不允许图片资源文件名中出现大写字母，且文件名不能以数字开头。

需要指出的是，R.drawable.draw1 只是一个 int 类型的常量，代表该 Drawable 对象的资源 ID，如果在 Java 程序中需要获得实际的 Drawable 对象，则可以调用 Activity 从 android.content.ContextWrapper 继承的 getResources()方法，再调用 Resources 的 getDrawable(int ID)方法来获取。

由于之前的许多 Android 应用已经涉及有关 Drawable 的示例，在此不再重复。

2. Bitmap 和 BitmapFactory

Bitmap 用于表示一张位图，BitmapDrawable 用于封装一个 Bitmap 对象。

如果想将 Bitmap 对象包装成 BitmapDrawable 对象，可以调用 BitmapDrawable 的构造方法。

```
1  Bitmap bitmap=BitmapFacoty.decodeFile("draw1.jpg");
2  BitmapDrawable bd=new BitmapDrawable(bitmap);
```

如果需要获取 BitmapDrawable 包装的 Bitmap 对象，可以调用 BitmapDrawable 的 getBitmap()方法。

```
1  Bitmap bitmap=bd.getBitmap();
```

除此之外，Bitmap 还提供了一些常用方法，如表 9-1 所示。

表 9-1 Bitmap 类常用方法

编号	方　　法	描　　述
1	createBitmap (Bitmap source, int x, int y, int width, int height)	从原位图 source 的指定坐标点 (x, y) 开始，截取宽为 width、长为 height 的部分，创建一个新的 Bitmap 对象
2	createBitmap (int width, int height, Bitmap.Config config)	创建一个宽为 width、长为 height 的新位图
3	getHeight()	获取位图的高度
4	getWidth()	获取位图的宽度
5	isRecycle ()	返回该 Bitmap 对象是否已被回收
6	recycle ()	强制一个 Bitmap 对象立即回收自己

由于手机系统的内存较小，如果系统不停地解析创建 Bitmap 对象，可能会出现之前创建的 Bitmap 对象占用的内存尚未回收而导致程序运行时引发 OutofMemory 错误的情况，这时候就需要用 recycle()方法来强制回收。

BitmapFactory 是一个工具类，该类所有的方法都是静态方法。这些方法可以从不同的数据源来解析、创建 Bitmap 对象，如资源 ID、路径、文件和数据流等方式。BitmapFactory 主要包含如表 9-2 所示的方法。

表 9-2　BitmapFactory 类常用方法

编号	方　　法	描　　述
1	decodeByteArray（byte[] data，int offset，int length）	从指定的 data 字节数组的 offset 位置开始，将长度为 length 的字节数据解析成 Bitmap 对象
2	decodeFile（String pathName）	解析 pathName 指定的文件，创建一个 Bitmap 对象，该文件通常是一张图片
3	decodeResource（Resources res，int ID）	从指定的资源 ID 中解析创建 Bitmap 对象，该资源是实际的图片
4	decodeStream（InputStream is）	用于从指定的输入流中解析，创建一个 Bitmap 对象

通常将图片放在\src\drawable-mdpi 目录下，系统会自动地在 R.java 中生成该图片的资源 ID，然后使用 decodeResource(Resources res，int ID)方法获取该图片并创建对应的 Bitmap 对象。

3. 实现示例

简单图片的界面布局中只需定义两个组件（两个 ImageView），一个用于显示整个图片，一个用于显示该图片的局部细节。两个图片视图组件定义如下。

```
1  <ImageView
2      android:id="@+id/bitmap1"
3      android:layout_width="match_parent"
4      android:layout_height="240dp"          →高度固定,宽度填充整个屏幕
5      android:scaleType="fitXY" />           →设置图片的缩放方式
6  <ImageView
7      android:id="@+id/bitmap2"
8      android:layout_width="100dp"
9      android:layout_height="100dp"
10     android:layout_gravity="center_horizontal"   →高度、宽度固定,位置水平居中
11     android:layout_marginTop="10dp" />     →设置两个 ImageView 的上下间距
```

程序功能：单击第一个 ImageView 中的图片，会在第二个 ImageView 中显示该图片的局部细节。这需要为第一个 ImageView 设置一个触摸监听器，具体代码如下。

```
1  final ImageView bitmap1=(ImageView)findViewById(R.id.bitmap1);
                                               →获取 ImageView 对象
2  final ImageView bitmap2=(ImageView)findViewById(R.id.bitmap2);
3  bitmap1.setImageBitmap(BitmapFactory.decodeResource(getResources(),R.
       drawable.grass));                      →获取草地背景的位图
4  bitmap1.setOnTouchListener(new OnTouchListener(){  →设置触摸监听器
5  public boolean onTouch(View v,MotionEvent event){
6      BitmapDrawable bitmapDrawable=(BitmapDrawable)bitmap1.getDrawable();
7      Bitmap bitmap=bitmapDrawable.getBitmap();
8      float xchange=bitmap.getWidth()/(float)bitmap1.getWidth();
                                               →获取原图的缩放量
9      float ychange=bitmap.getHeight()/(float)bitmap1.getHeight();
```

```
10          int x=(int)(event.getX() * xchange);
                                           →获取触摸的坐标对应原图上的位置
11          int y=(int)(event.getY() * ychange);
12          if(x+50>bitmap.getWidth()){x=bitmap.getWidth()-50;}
                                           →对越界情况的处理
13          if(x-50<0){  x=50;}
14          if(y+50>bitmap.getHeight()){y=bitmap.getHeight()-50;}
15          if(y-50<0){  y=50;}
16          bitmap2.setImageBitmap(Bitmap.createBitmap(bitmap, x-50, y-50,
            100, 100));                    →以单击的位置为中心查看原图的局部细节
17          bitmap2.setVisibility(View.VISIBLE);
18          return false;
19        }
20    });
```

9.1.2 逐帧动画

1. 创建逐帧动画

创建逐帧动画的一般方法是：先在程序中存放逐帧动画的素材，再在 res 文件夹下创建一个 anim 文件夹，最后在该文件夹下创建一个 XML 文档，在＜animation-list.../＞元素中添加＜item.../＞元素来定义动画的全部帧。动画 XML 文档的内容框架如下：

```
1  <?xml version="1.0" encoding="utf-8"?>
2  <animation- list  xmlns: android =" http://schemas. android. com/apk/res/
   android"
3  android:oneshot=["true"|"false"]>
4  <item android:drawable="..." android:duration="..."/>
5  </animation-list>
```

其中 android:oneshot 属性用于定义动画是否循环播放，为 true 时，表示只播放一次，不循环播放；为 false 时，则循环播放。

＜item.../＞元素用于定义每一张图片的内容，以及该图片播放所持续的时间，其中 android:drawable 属性值指定播放的图片内容，android:duration 属性值用于指定图片所播放的时间。＜item.../＞元素出现的顺序用于指定图片播放的顺序。

Android 也支持在代码中创建逐帧动画，调用 AnimationDrawable 的 addFrame (Drawable frame, int duration)方法即可，类似于使用 XML 方法创建时的＜item.../＞。

2. 实现示例

该程序界面布局中定义了三个组件：两个 Button 和一个 ImageView，两个 Button 用于控制逐帧动画的开始和停止，ImageView 用于显示背景和逐帧动画。

程序清单：codes\chapter09\ Bitmap_AnimationTest\res\layout\activity_main. xml

```
1  <LinearLayout                          →水平线性布局设置两个按钮
2  android:orientation="horizontal"
```

```
3       android:layout_width="match_parent"
4       android:layout_height="wrap_content"
5         android:gravity="center">
6         <Button                                             →"动画开始"按钮
7             android:id="@+id/start"
8             android:layout_width="wrap_content"
9             android:layout_height="wrap_content"
10            android:text="@string/start"/>
11        <Button                                             →"动画停止"按钮
12            android:id="@+id/stop"
13            android:layout_width="wrap_content"
14            android:layout_height="wrap_content"
15            android:text="@string/stop"/>
16    </LinearLayout>
17    <ImageView
18        android:id="@+id/animImg"
19        android:layout_width="wrap_content"
20        android:layout_height="wrap_content"
21        android:background="@drawable/grass"                →设置草地为背景图片
22        android:scaleType="center"                          →设置图片的缩放类型
23        android:src="@anim/horse" />                        →逐帧动画为马的奔跑
```

界面设计完成,下面为两个按钮添加事件处理,关键代码如下所示。

```
1   final Button start=(Button)findViewById(R.id.start);
2   final Button stop=(Button)findViewById(R.id.stop);
3   final ImageView animImg=(ImageView)findViewById(R.id.animImg);
4   final AnimationDrawable anim=(AnimationDrawable)animImg.getDrawable();
                                     →获取逐帧动画的 AnimationDrawable 对象
5   start.setOnClickListener(new OnClickListener(){
                                     →为"动画开始"按钮添加单击事件处理
6       public void onClick(View v){
7           anim.start();            →开始动画
8       }
9   });
10  stop.setOnClickListener(new OnClickListener(){
                                     →为"动画停止"按钮添加单击事件处理
11      public void onClick(View v){
12          anim.stop();             →停止动画
13      }
14  });
```

该程序使用 android:src="@anim/horse"引用逐帧动画,如果无需草地背景,也可以使用 android:background="@anim/horse"将逐帧动画作为背景显示,同时在代码中将"final AnimationDrawable anim=(AnimationDrawable)img.getDrawable();"改为

"final AnimationDrawable anim=(AnimationDrawable)img. getBackground();"。

9.1.3 示例讲解

之前的两节已经分别介绍了简单图片和逐帧动画相应的界面布局和代码,要实现 9.1 节的示例在简单图片和逐帧动画界面中进行切换需要利用 ToggleButton 控件。

首先在界面布局中添加 ToggleButton 控件。

```
1  <ToggleButton
2   android:id="@+id/change"
3   android:layout_width="wrap_content"
4   android:layout_height="wrap_content"
5   android:layout_gravity="center_horizontal"
6   android:textOn="@string/anim"         →状态为 on 时显示的文本为"切换到逐帧动画"
7   android:textOff="@string/bitmap"      →状态为 off 时显示的文本为"切换到简单图片"
8   android:checked="true" />             →设置初始状态为 on
```

然后在代码中为 ToggleButton 添加一个状态改变的监听器,状态为 on 时显示简单图片的界面,状态为 off 时显示逐帧动画的界面。

```
1  ToggleButton tb=(ToggleButton)findViewById(R.id.change);
2  tb.setOnCheckedChangeListener(new OnCheckedChangeListener(){
3   public void onCheckedChanged(CompoundButton buttonView, boolean isChecked){
4    if(isChecked){                                    →状态为 on 时显示简单图片的界面
5     bitmap1.setVisibility(View.VISIBLE);
6     bitmap2.setVisibility(View.INVISIBLE);           →第二个 ImageView 初始状态不可见
7     start.setVisibility(View.GONE);                  →"动画开始"按钮不出现
8     stop.setVisibility(View.GONE);                   →"动画结束"按钮不出现
9     animImg.setVisibility(View.GONE);                →逐帧动画不出现
10    }
11   else{                                             →状态为 off 时显示逐帧动画的界面
12    bitmap1.setVisibility(View.GONE);                →简单图片界面不出现
13    bitmap2.setVisibility(View.GONE);
14    start.setVisibility(View.VISIBLE);               →"动画开始"按钮可见
15    stop.setVisibility(View.VISIBLE);                →"动画结束"按钮可见
16    animImg.setVisibility(View.VISIBLE);             →逐帧动画不出现可见
17    anim.stop();                                     →初始时逐帧动画为停止状态
18    }
19   }
20  });
```

该示例的完整代码请参考 codes\chapter09\ Bitmap_AnimationTest。

9.2 自定义绘图

除了可以使用程序中的图片资源外,Android 应用还可以自行绘制图形,也可以在运行时动态地生成图片,例如游戏中人物的移动等。

在 2.3 节中简单介绍了如何自定义控件，本节将详细介绍利用自定义方法进行绘图的相关类的使用。下面以一个自定义绘图的程序来讲解，程序运行效果如图 9-4 所示，程序的完整代码请参考 codes\chapter09\CanvasTest。

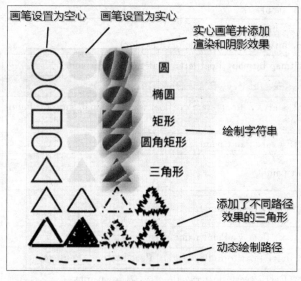

图 9-4　自定义绘图

程序功能如下。

(1) 采用三种方式(空心画笔、实心画笔、设置了渲染效果和阴影的实心画笔)依次绘制圆、椭圆、矩形、圆角矩形和三角形。

(2) 在三列图形右侧对应位置绘制相应字符串，添加文字说明。

(3) 绘制添加了不同路径效果的三角形。

(4) 动态绘制路径。

9.2.1　Canvas 和 Paint

在 Swing 编程中，绘图的一般思路是：自定义一个类，并让该类继承 JPanel，然后重写 JPanel 的 paint(Graphics g)方法。Android 的绘图与此类似，自定义一个类，并让该类继承 View，然后重写 View 的 onDraw(Canvas canvas)方法。

在 Android 应用中，Canvas 和 Paint 是两个绘图的基本类，使用这两个类就几乎可以完成所有的绘制工作。

(1) Canvas：画布，2D 图形系统最核心的一个类，作为参数传入 onDraw()方法，完成绘制工作，该类提供了各种绘制方法，用于绘制不同的图形，例如点、直线、矩形、圆、文本等。

Canvas 类主要实现了屏幕的绘制过程，其中包含了很多实用的方法，例如绘制一条路径、区域、贴图、画点、画线、渲染文本，Canvas 类中的常用方法如表 9-3 所示。

表 9-3 Canvas 类常用方法

编号	方法	描述
1	drawArc（RectF oval，float startAngle，float sweepAngle，boolean useCenter，Paint paint）	绘制弧形
2	drawARGB(int a，int r，int g，int b) drawRGB(int r，int g，int b) drawColor(int color)	为画布填充颜色
3	drawBitmap（Bitmap bitmap，float left，float top，Paint paint）	绘制位图
4	drawCircle（float cx，float cy，float radius，Paint paint）	绘制圆形
5	drawLine（float startX，float startY，float stopX，float stopY，Paint paint）	绘制一条线
6	drawOval（RectF oval，Paint paint）	绘制椭圆
7	drawPaint(Paint paint)	使用指定 Paint 填充 Canvas
8	drawPath（Path path，Paint paint）	沿着指定路径绘制
9	drawPoint（float x，float y，Paint paint）	绘制一个点
10	drawRect（float left，float top，float right，float bottom，Paint paint）	绘制矩形
11	drawRoundRect(RectF rect，float rx，float ry，Paint paint)	绘制圆角矩形
12	drawText（String text，float x，float y，Paint paint）	绘制字符串

（2）Paint：画笔，用于设置绘制的样式、颜色等信息，常见方法如表 9-4 所示。

表 9-4 Paint 类常用方法

编号	方法	描述
1	setAlpha（int a）	设置透明度
2	setARGB（int a，int r，int g，int b） setColor（int color）	设置颜色
3	setShader（Shader shader）	设置渲染效果
4	setShadowLayer（float radius，float dx，float dy，int color）	设置阴影
5	setStrokeWidth（float width）	设置画笔粗细
6	setStyle（Paint.Style style）	设置画笔风格
7	setTextSize（float textSize）	设置绘制文本的文字大小

画笔样式（Style）有三种：STROKE、FILL 和 FILL_AND_STROKE，STROKE 为空心，FILL 为实心。

9.2.2 Shader

Android 中提供了 Shader 类专门用来渲染图像以及一些几何图形，Shader 本身是一个抽象类，它包括以下几个子类，分别是 BitmapShader、ComposeShader、LinearGradient、RadialGradient 和 SweepGradient。BitmapShader 主要用来渲染图像，LinearGradient 用

来进行线性渲染,RadialGradient 用来进行环形渲染,SweepGradient 用来进行梯度渲染,ComposeShader 则是一个混合渲染,可以和其他几个子类组合起来使用。

Shader 类的使用都需要先创建一个 Shader 对象(通过子类的构造方法),然后通过 Paint 的 setShader(Shader shader)方法设置渲染对象,最后在绘制时使用这个 Paint 对象即可。Shader 类的子类如表 9-5 所示。

表 9-5 Shader 类的子类

编号	子 类	构 造 方 法	描 述
1	BitmapShader	BitmapShader(Bitmap bitmap, Shader.TileMode tileX, Shader.TileMode tileY)	使用位图平铺的渲染效果
2	LinearGradient	LinearGradient(float x0, float y0, float x1, float y1, int[] colors, float[] positions, Shader.TileMode tile) LinearGradient(float x0, float y0, float x1, float y1, int color0, int color1, Shader.TileMode tile)	使用线性渐变来渲染图形
3	RadialGradient	RadialGradient(float x, float y, float radius, int[] colors, float[] positions, Shader.TileMode tile) RadialGradient(float x, float y, float radius, int color0, int color1, Shader.TileMode tile)	使用圆形渐变来渲染图形
4	SweepGradient	SweepGradient(float cx, float cy, int[] colors, float[] positions) SweepGradient(float cx, float cy, int color0, int color1)	使用角度渐变来渲染图形
5	ComposeShader	ComposeShader(Shader shaderA, Shader shaderB, PorterDuff.Mode mode) ComposeShader(Shader shaderA, Shader shaderB, Xfermode mode)	使用组合效果来渲染图形

9.2.3 Path 和 PathEffect

Path 用于规划路径,主要用于绘制复杂的几何图形。对于 Android 游戏开发或者说 2D 绘图来讲,Path 路径可以用强大这个词来形容。在 Photoshop 中也有路径,是使用钢笔工具来绘制的。path 类常用方法如表 9-6 所示。

表 9-6 Path 类常用方法

编号	方 法	描 述
1	addCircle(float x, float y, float radius, Path.Direction dir)	为路径添加一个圆形轮廓
2	addRect(float left, float top, float right, float bottom, Path.Direction dir)	为路径添加一个矩形轮廓
3	close()	将目前的轮廓闭合,即连接起点和终点
4	lineTo(float x, float y)	从最后一个点到点(x,y)之间画一条线
5	moveTo(float x, float y)	设置下一个轮廓的起点

PathEffect 是用来为路径添加效果的,可以应用到任何 Paint 中从而影响线条绘制的方式,也可以改变一个形状的边角的外观并且控制轮廓的外表。Android 包含了多种 PathEffect,包括如表 9-7 所示的 6 个子类。

表 9-7 PathEffect 类的子类

编号	子 类	构造方法	描 述
1	CornerPathEffect	CornerPathEffect(float radius)	使用圆角来代替尖角,从而对图形尖锐的边角进行平滑处理
2	DashPathEffect	DashPathEffect (float [ ] intervals, float phase)	创建一个虚线的轮廓(短横线/小圆点)
3	DiscretePathEffect	DiscretePathEffect(float segmentLength, float deviation)	与 DashPathEffect 相似,但是添加了随机性,需要指定每一段的长度和与原始路径的偏离度
4	PathDashPathEffect	PathDashPathEffect(Path shape, float advance, float phase) PathDashPathEffect(Style style)	定义一个新的路径,并将其用作原始路径的轮廓标记
5	SumPathEffect	SumPathEffect(PathEffect first, PathEffect second)	添加两种效果,将两种效果结合起来
6	ComposePathEffect	ComposePathEffect(PathEffect outerpe, PathEffect innerpe)	在路径上先使用第一种效果,再在此基础上应用第二种效果

注意:DashPathEffect 只对 Paint 的 Style 设为 STROKE 或 STROKE_AND_FILL 时有效。

下面通过一个综合示例来讲解以上类及其方法的使用。

9.2.4 示例讲解

图 9-4 的示例没有采用 XML 进行界面布局,而是直接使用代码布局。具体代码如下。

```
1  public class MainActivity extends Activity {
2    public void onCreate(Bundle savedInstanceState){
3      super.onCreate(savedInstanceState);
4          setContentView(new MyView(this));
5    }
6    class MyView extends View{              →自定义一个类,该类继承 View
7      public MyView(Context context){}       →重写父类构造方法
8      protected void onDraw(Canvas canvas){}  →重写 View 的 onDraw(Canvas canvas)方法
9    }
10 }
```

自定义绘图也可以采用在布局文件中加入自定义 View 的方法,将其当作一个控件使用，不过需要注意使用自定义控件时应添加相应包名，此时的 MyView 不能定义为内部类而应该另外定义成一个顶级类。构造方法 MyView(Context context)要改为 MyView(Context context,AttributeSet attrs)，不加 AttributeSet 参数会报错。

绘制基本图形的方法 onDraw(Canvas canvas)的代码如下。

```
1   canvas.drawColor(Color.WHITE);              →设置画布为白色
2   Paint paint=new Paint();                    →创建画笔
3   paint.setAntiAlias(true);                   →设置画笔抗锯齿
4   paint.setColor(Color.BLUE);                 →设置画笔颜色
5   paint.setStyle(Paint.Style.STROKE);         →设置画笔为空心
6   paint.setStrokeWidth(2.5f);                 →设置画笔粗细
7   canvas.drawCircle(35, 35, 25, paint);       →绘制圆形
8   RectF r1=new RectF(10, 70, 60, 100);
9   canvas.drawOval(r1, paint);                 →绘制椭圆
10  canvas.drawRect(10,110,60,140,paint);       →绘制矩形
11  RectF r2=new RectF(10, 150, 60, 180);
12  canvas.drawRoundRect(r2, 15, 15, paint);    →绘制圆角矩形
```

绘制三角形路径的方法如下。

```
1   Path path1=new Path();                      →创建路径
2   path1.moveTo(10, 230);                      →设置路径起点
3   path1.lineTo(60, 230);                      →绘制一条直线
4   path1.lineTo(35, 190);                      →绘制一条直线
5   path1.close();                              →闭合路径
6   canvas.drawPath(path1, paint);              →绘制该路径
```

此处的 path1.close()相当于加上一个 path.lineTo(10,230)

可以改变画笔的颜色和样式进行绘制，绘制实心图形。

```
1   paint.setColor(Color.YELLOW);               →设置画笔颜色为黄色
2   paint.setStyle(Paint.Style.FILL);           →设置画笔为实心
```

也可以为图形设置渲染效果和阴影。

```
1   Shader myShader=new RadialGradient(0, 0, 25, →使用圆形渐变来渲染图形
2           new int[]{Color.GREEN,Color.RED},   →圆形渐变为红绿交替
3           null,Shader.TileMode.REPEAT);       →效果在水平和垂直方向上重复
4   paint.setShader(myShader);                  →设置画笔渲染效果
5   paint.setShadowLayer(15, 5, 5, Color.BLACK);→设置黑色阴影
```

绘制字符串的方法如下，绘制前需要取消之前的渲染效果和阴影。

```
1   paint.setShader(null);                      →取消渲染效果
2   paint.setShadowLayer(0, 0, 0, 0);           →取消阴影
3   paint.setTextSize(20);                      →设置文字大小
4   paint.setColor(Color.BLACK);                →设置文字样式
```

```
5   canvas.drawText(getResources().getString(R.string.circle), 225, 45, paint);
                                                    →绘制字符串
6   canvas.drawText(getResources().getString(R.string.oval), 215, 90, paint);
7   canvas.drawText(getResources().getString(R.string.rect), 215, 135, paint);
8   canvas.drawText(getResources().getString(R.string.round_rect), 195, 170,
    paint);
9   canvas.drawText(getResources().getString(R.string.triangle), 210, 220,
    paint);
```

取消阴影只需将 setShadowLayer() 方法的第一个参数设置为 0 即可。

在三角形路径上添加 PathEffect 的方法如下。

```
1   paint.setStyle(Paint.Style.STROKE);              →画笔重新设置为空心
2   PathEffect[] pathEffects=new PathEffect[8];
3   pathEffects[0]=null;                             →不添加 PathEffect
4   pathEffects[1]=new CornerPathEffect(5);          →添加 CornerPathEffect 效果
5   pathEffects[2]=new DashPathEffect(new float[]{2,8,15,2}, phase1);
                                                    →添加 DashPathEffect 效果
6   pathEffects[3]=new DiscretePathEffect(1.5f,5);
                                                    →添加 DiscretePathEffect 效果
7   Path path5=new Path();
8   path5.addRect(0, 0, 5, 5, Path.Direction.CCW);
9   pathEffects[4]=new PathDashPathEffect(path5, 2.0f, phase1,
    PathDashPathEffect.Style.ROTATE);                →添加 PathDashPathEffect 效果
10  pathEffects[5]=new SumPathEffect(pathEffects[3], pathEffects[4]);
                                                    →添加 SumPathEffect 效果
11  pathEffects[6]=new ComposePathEffect(pathEffects[2], pathEffects[3]);
                                                    →添加 ComposePathEffect 效果
12  pathEffects[7]=new SumPathEffect(pathEffects[2], pathEffects[3]);
13  →对比 ComposePathEffect 和 SumPathEffect
14  canvas.translate(0, 50);                         →移动画布
15  for(int i=0; i<=3; i++){                         →每行绘制 4 个三角形
16      paint.setPathEffect(pathEffects[i]);
17      canvas.drawPath(path1, paint);
18      canvas.translate(60, 0);
19  }
20  canvas.translate(240, 55);
21  for(int i=4; i<=7; i++){
22      paint.setPathEffect(pathEffects[i]);
23      canvas.drawPath(path1, paint);
24      canvas.translate(60, 0);
25  }
```

SumPathEffect 和 ComposePathEffect 的区别如下:

$$\text{SumPathEffect} = \text{first}(\text{PathEffect}) + \text{second}(\text{PathEffect})$$

$$\text{ComposePathEffect} = \text{Outer}(\text{inner}(\text{PathEffect}))$$

利用 DashPathEffect 绘制动态路径的方法如下。

(1) 先新建一条路径。

```
1   path=new Path();
2   path.moveTo(0, 0);
3   for(int i=1; i <=10; i++){
                          →生成 10 个点,随机生成它们的 Y 坐标,并将它们连成一条 Path
4       path.lineTo(i * 30,(float)Math.random() * 20);
5   }
```

(2) 添加 DashPathEffect 后绘制该路径。

```
1   PathEffect pathEffect=new DashPathEffect(new float[]{15,10,5,10}, phase2);
2   paint.setPathEffect(pathEffect);
3   canvas.drawPath(path, paint);
```

(3) 在 onDraw()方法内调用 invalidate()方法,重复绘制路径,每次绘制改变 phase2 的值。

```
1   phase2+=1;
2   invalidate();                                          →重绘
```

9.3　本章小结

本章主要介绍了 Android 的图形、图像处理,对于开发一个友好的界面十分重要,也是开发 Android 2D 或 3D 游戏的基础。重要内容有使用 Bitmap 和 BitmapFactory 处理位图。BitmapFactory 是一个工具类,用于创建 Bitmap 对象;使用 Animation 和 AnimationDrawable 创建逐帧动画,既可以通过编写代码,也可以在 XML 文档中定义;使用 Canvas 和 Paint 自定义绘图;使用 Shader、Path 和 PathEffect 等类丰富绘图效果。读者如果有兴趣,可以继续掌握 Android 绘图的双缓冲机制,利用 Matrix 对图形进行几何变换、创建补间动画等内容,这样可以更好地进行图形、图像处理。

课后练习

1. 9.1 节示例中切换到逐帧动画时,ToggleButton 的状态改变的监听器中,状态为 off 时添加了 anim.stop()代码,使动画初始时是停止状态,读者可以尝试不加入该语句,观察切换过来的效果。

2. 9.1 节示例 ToggleButton 的状态改变的监听器中,不出现的控件将其 Visibility 属性设置为 View.GONE,读者可以试试设置为 View.INVISIBLE 时的效果。

3. 尝试将 9.1 节示例中逐帧动画的界面去除草地背景,直接以逐帧动画作为背景显示,观察运行效果。

4. 读者可以编写一个图片浏览器的程序,例如图 9-5 所示的效果(注意 ImageView 加载新图片的时候,要回收之前的图片)。

图 9-5　图片游览器程序效果

5. 9.2 节的示例采用的是 RadialGradient 来渲染图形,读者可以试试使用其他 Shader 子类,观察渲染效果。

6. 取消阴影只需要将 setShadowLayer(float radius, float dx, float dy, int color)方法的第几个参数设置为 0?

7. 如果 SumPathEffect 和 ComposePathEffect 的区别读者感觉不是很好理解,可以尝试用不同图形,结合不同 PathEffect 来观察效果。

8. 请尝试使用在文件中加入自定义 View 的方法,重做 9.2 节的示例。

Android 界面设计进阶

本章要点

- ImageView 图片视图
- Spinner 下拉列表
- ListView 列表
- ExpandableListView 扩展下拉列表
- Dialog 对话框
- 菜单

本章知识结构图

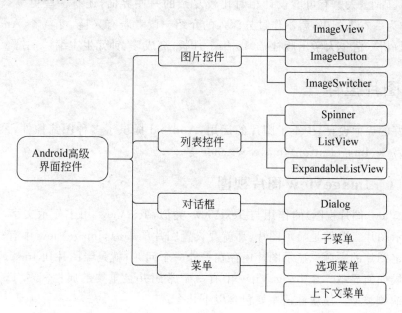

本章示例

前面学习了 Android 中的一些简单界面控件，以及如何使这些控件按需求排列在界面上，能够设计出一些简单的界面效果。除此之外，通过继承 View 类，重写里面的方法，可以根据需求设计界面控件。然而要想设计出一些界面复杂、功能强大的控件，还是存在一些困难。Android 提供了一些常用的、功能强大的高级控件，如图片控件、列表控件、对话框控件以及菜单。本章将集中讲解之。

在此基础上，大家有可能设计相对比较复杂的一些界面，还有一些更复杂的界面设计，本书作为一本入门书，就不作过分深入的介绍。读者若有兴趣，可参考《Android 编程经典案例解析》(清华大学出版社，2015 年 1 月版，高成珍、钟元生主编)一书。

10.1 图片控件

一些好的界面设计，少不了图片的运用，Android 提供了多种图片控件，最为常用的有 ImageView、ImageButton、ImageSwitcher 等。

10.1.1 ImageView 图片视图

ImageView(图片视图)的作用与 TextView 类似，TextView 用于显示文字，ImageView 则用于显示图片。既然是显示图片，那就要设置图片的来源，ImageView 中有一个 src 属性用于指定图片的来源。显示图片还存在另外一个问题，就是当图片比 ImageView 的区域大的时候如何显示。在 ImageView 中有一个常用并且重要的属性 scaleType，用于设置图片的缩放类型。该属性值主要包含以下几个。

(1) fitCenter：保持纵横比缩放图片，直到该图片能完全显示在 ImageView 中，缩放完成后将该图片放在 ImageView 的中央。

(2) fitXY：对图片横向、纵向独立缩放，使得该图片完全适应于该 ImageView，图片的纵横比可能会改变。

(3) centerCrop：保持纵横比缩放图片，以使得图片能完全覆盖 ImageView。

以一个简单的示例演示各种属性值对应的效果，现在假设有一个 ImageView 的宽和高分别是 200 和 300，而当前的图片的大小是 600×600，可计算宽度的缩放比为 600/200＝3、高度的缩放比为 600/300＝2。当采用 fitCenter 时，由于需要保持纵横比，且图片能够完整地在 ImageView 中显示，所以宽和高都缩放比较大的比例，即 3 倍，缩放后的图片大小为 200×200，显示效果如图 10-1 所示；当采用 centerCrop 时，要使得图片能够完全覆盖 ImageView，因此，宽和高都缩放比较小的比例，即 2 倍，缩放后的图片大小为 300×300，但是超过 ImageView 的部分将不会显示，效果如图 10-2 所示，宽度有部分未显示出来；当采用 fitXY 时，宽和高按各自的比例缩放，缩放后的图片大小为 200×300，此时图片已经发生了变形，如图 10-3 所示。

图 10-1　fitCenter 效果　　　　图 10-2　centerCrop 效果　　　　图 10-3　fitXY 效果

当图片的纵横比与 ImageView 的纵横比一致时，三种值对应的效果将会完全一样。

10.1.2　ImageButton 图片按钮

ImageButton 的作用与 Button 的作用类似，主要是用于添加单击事件处理。Button 类从 TextView 继承而来，相应的 ImageButton 从 ImageView 继承而来，主要区别是，Button 按钮上显示的是文字，而 ImageButton 按钮上显示的是图片。需要注意的是，在 ImageView、ImageButton 上是无法显示文字的，即使在 XML 文件中为 ImageButton 添加 android:text 属性，虽然程序运行时不会报错，但运行结果仍无法显示文字。

如果想在按钮上既显示文字又显示图片，应该怎么办呢？一种方法是直接将图片和文字设计成一张图片，然后将其作为 ImageButton 的 src 属性的值，但这种方法不够灵活，当我们需要改变文字或图片时，需重新设计整张图片；另一种方法是直接将图片作为 Button 的背景，并为 Button 按钮添加 android:text 属性，这种情况下，图片和文字是分离的，可以单独设置，灵活性较好，但缺点是图片作为背景时为适应 Button 的大小可能会变形。

在 ImageButton 中，既可以设置 background 属性也可以设置 src 属性，这两个属性的值都可以指向一张图片，那么这两个属性有什么区别呢？

src 属性表示的是图标，background 属性表示的是背景。图标是中间的一块区域，而背景是所能看到的控件范围。简单来说，一个是前景图（src），一个是背景图（background），这两个属性最大的区别是，用 src 属性时是原图显示，不会改变图片的大小；用 background 属性时，会按照 ImageButton 的大小来放大或者缩小图片。举例来说，ImageButton 的宽和高是 100×100，而原图片的大小是 80×80，如果用 src 属性来引用该图片，则图片会按 80×80 的大小居中显示在 ImageButton 上。如果用 background 属性来引用该图片，则图片会被拉伸成 100×100。

在 Android 中图片的格式除了常规的 JPG、PNG、GIF 格式外，还可以用 XML 文件定义。下面定义一个 XML 文件，该文件设定在不同的状态下，引用不同的图片。程序运行效果如图 10-4～图 10-6 所示，在界面中包含一个 ImageView 和两个 ImageButton。其中，ImageView 和第一个 ImageButton 都引用了 bg.xml 文件作为图片源，该文件设置了在按下和未按下两种状态下显示的图片不同，第二个 ImageButton 则只是引用了 blue.png 作为图片，然后通过单击事件处理得到改变图片的效果。当按下 ImageView 时，图片并不会发生改变，这是因为 ImageView 不能处理事件，只是用于显示

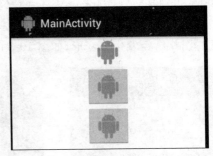

图 10-4　初始效果

图片；按下中间的 ImageButton 时，图片的颜色发生了变化；单击下面的 ImageButton 后，按钮图片发生变化，这是通过为 ImageButton 添加单击事件处理来实现的。

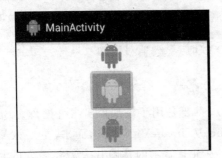

图 10-5　按下中间按钮的效果

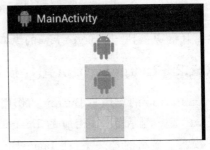

图 10-6　单击下面按钮的效果

首先，查看 bg.xml 文件的代码，如下所示。

程序清单：codes\chapter10\ImageTest\res\drawable\bg.xml

```
1   <selector xmlns:android="http://schemas.android.com/apk/res/android" >
2     <item android:state_pressed="false" android:drawable="@drawable/blue">
      </item>                                                →未按下为蓝色
3     <item android:state_pressed="true" android:drawable="@drawable/green">
      </item>                                                →按下为绿色
4   </selector>
```

界面布局代码如下。

程序清单：codes\chapter 10\ImageTest\res\layout\activity_main.xml

```
1   <LinearLayout xmlns:android="http://schemas.android.com/apk/res/android"
```

```
2      xmlns:tools="http://schemas.android.com/tools"
3      android:layout_width="match_parent"              →宽度填充父容器
4      android:gravity="center_horizontal"              →线性布局中的内容水平居中
5      android:orientation="vertical"                   →垂直线性布局
6      android:layout_height="match_parent" >           →高度为填充父容器
7      <ImageView
8          android:layout_width="wrap_content"
9          android:layout_height="wrap_content"
10         android:src="@drawable/bg"/>                 →图片源为 bg.xml
11     <ImageButton
12         android:layout_width="wrap_content"
13         android:layout_height="wrap_content"
14         android:src="@drawable/bg"/>                 →图片源为 bg.xml
15     <ImageButton
16         android:id="@+id/myImg"                      →为 ImageButton 添加 ID 属性
17         android:layout_width="wrap_content"
18         android:layout_height="wrap_content"
19         android:src="@drawable/blue"/>               →图片源为 blue.png
20     </LinearLayout>
```

接下来在 MainActivity 中为下面的 ImageButton 添加事件处理。

程序清单: codes\ chapter10\ImageTest\src\iet\jxufe\cn\android\MainActivity.java

```
1    private boolean flag=true;                                    →定义一个标志变量
2      private ImageButton myBtn;
3      public void onCreate(Bundle savedInstanceState){
4          super.onCreate(savedInstanceState);
5          setContentView(R.layout.activity_main);                 →设置界面布局文件
6          myBtn=(ImageButton)findViewById(R.id.myImg);            →根据 ID 获取界面控件
7          myBtn.setOnClickListener(new OnClickListener(){         →为按钮添加事件处理
8              public void onClick(View v){
9                  if(flag){
10                     myBtn.setImageResource(R.drawable.green);   →设置图片源
11                 }else{
12                     myBtn.setImageResource(R.drawable.blue);    →设置图片源
13                 }
14                 flag=!flag;                                     →每次单击后标志发生变化
15             }
16         });
17     }
```

其中 findViewById()方法是在系统的 Activity 中定义的。目的是在 Java 代码中获取布局文件中的某一控件,该方法返回的是 View 类型。因为 View 类是所有界面控件类的超类,可以将所有的界面控件类型赋给 View 类型 (Java 中的多态,子类对象即是父类对象)。设计理念在于既然知道控件的 Id,也就必然知道该控件的类型,然后进行相应的向下强制类型转换也就不会出现问题。如果返回类型不是 View 类,而是具体的某个控件类型,那么只能获取该控件类型,而不能获取其他控件的类型,这样的话,需要为每个控件都添加相应的获取方法,灵活性和扩展性不好。在这里为 ImageButton 添加了单击事件处理。

观察运行结果发现,设置 ImageView 与 ImageButton 的 src 属性为同一个张图片时,ImageView 对应的图片只显示图片,而 ImageButton 会在图片的下面有灰色的背景(系统默认的),那么如何去掉该背景呢? 在这里,可以把 ImageButton 的背景设置为白色,貌似解决了这个问题,但是当手机的背景不是白色的时候,显示出的白色背景也会相当突出,不符合要求。需要在手机背景发生变化时,图片能正常显示,没有任何背景色,而 ImageButton 并没有设置背景的透明度的属性,alpha 属性是设置整个按钮的透明度。一种解决方案就是设置背景为某一颜色值,颜色值的表示方法可以设置颜色的透明度,例如用 8 位十六进制表示时,前面的两位十六进制表示透明度,第三、四位表示红色值,第五、六位表示绿色值,最后两位表示蓝色值。所以只需将前面两位设置为 00,其他的任意设置即可。

10.1.3 ImageSwitcher 图片切换器

ImageSwitcher 的主要功能是完成图片的切换显示,既然是切换,那么肯定是在两个视图之间进行的,ImageSwitcher 是通过 setFactory()方法来创建两个需要切换的视图。该方法需要传递一个 ViewFactory 类型的参数,而 ViewFactory 是 ViewSwitcher 类的一个内部接口,该接口内包含一个 makeView()方法,用于创建一个视图。在 setFactory()方法内部,是调用了两次 ViewFactory 接口的 makeView()方法,从而创建了两个视图进行切换。因此实现 ViewFactory 接口时,必须实现 makeView()方法,作为图片切换器,所创建的两个视图都是 ImageView。为 ImageSwitcher 设置 ViewFactory 对象的关键代码如下:

程序清单: codes\ chapter10\ImageSwitcher\src\iet\jxufe\cn\android\MainActivity. java

```
1   →setFactory方法用于创建两个视图,从而在这两个视图之间进行切换
2   switcher.setFactory(new ViewFactory(){              →设置 ViewFactory 对象
3   public View makeView(){                             →新建一个视图
4   ImageView imageView=new ImageView(MainActivity.this);
                                                        →创建一个 ImageView
5   imageView.setBackgroundColor(0xff0000);             →设置控件背景为红色
6   imageView.setScaleType(ImageView.ScaleType.FIT_CENTER);
                                                        →设置图片缩放类型
7   imageView.setLayoutParams(new ImageSwitcher.LayoutParams(
                                                        →设置图片的宽和高
8   LayoutParams.WRAP_CONTENT, LayoutParams.WRAP_CONTENT));
9   return imageView;                                   →返回创建的 imageView
```

```
10      }
11  });
```

ImageSwitcher 相对于 ImageView 的最大的特点是可以设置切换动画，Android 系统中提供了一些简单的动画效果，可以直接引用。当然，也可以自己制作，引用系统自带的动画的代码如下。

```
1  switcher.setInAnimation(AnimationUtils.loadAnimation(this,android.R.anim.
   fade_in));                                          →淡入效果
2  switcher. setOutAnimation (AnimationUtils. loadAnimation (this, android. R.
   anim.fade_out));                                    →淡出效果
```

通过 AnimationUtils 类来加载动画，需要传入一个具体的动画文件，在这里引用系统自带的动画。可通过查看 API 文档，查看系统提供了哪些动画效果，在 android. R. anim 类下包含了一些动画常量。也可以直接到 Android SDK 安装目录下的 platforms\android-19\data\res\anim 目录中，查看动画定义的源文件。

最后调用 switcher. setImageResource()传入一个图片资源 id，该图片资源就是即将显示的图片，这样就可以实现图片切换的效果。

10.2　列表视图

列表视图是 Android 系统中比较常用的视图控件，它的构建主要包含两方面信息：数据显示的布局文件和数据源。这两者之间通过适配器(Adapter)建立关联，适配器充当着媒人的角色，在为数据显示的布局文件和数据源介绍亲事之前，媒人需要对双方有所了解，包括每一项的布局信息以及数据源的实体信息。常见的列表视图包括 AutoCompleteTextView、Spinner、ListView、ExpandableListView 等。

10.2.1　AutoCompleteTextView 自动提示

AutoCompleteTextView 控件继承自 EditText 控件，它拥有 EditText 的所有属性，可以输入内容。除此之外，它还有一个特殊的功能，可以根据用户输入的内容，匹配指定的数据源，以列表的形式显示出数据源中所有符合要求的数据以供用户选择，减少用户的输入，同时可向用户提示信息。AutoCompleteTextView 中主要的属性有以下几个。

(1) android：completionThreshold：设置最少输入的字符数，即用户至少输入几个字符后才会匹配数据源，显示提示信息，默认为 2；

(2) android：completionHint：设置出现在列表中的提示信息；

(3) android：popupBackground：设置下拉列表的背景；

(4) android：dropDownVerticalOffset：设置下拉列表与文本框之间的垂直偏移像素，默认下拉列表是紧跟着文本框的；

(5) android：dropDownHorizontalOffset：设置下拉列表与文本框之间的水平偏移像素，默认下拉列表与文本框左对齐。

下面以一个简单的例子演示 AutoCompleteTextView 的用法，程序运行效果如图 10-7 所示。当输入字母"a"后，它会自动地显示所有以"a"开始的字符串。界面中 AutoCompleteTextView 的属性设置如下。

图 10-7　AutoCompleteTextView 运行效果图

程序清单：codes\ chapter 10\AutoCompleteTextView\res\layout\activity_main.xml

```
1    <AutoCompleteTextView
2        android:id="@+id/myAuto"                          →为控件添加 ID 属性
3        android:layout_width="match_parent"               →控件宽度为充满整个屏幕
4        android:completionHint="@string/hint"             →设置提示信息，位于列表下方
5        android:completionThreshold="1"                   →设置最少需要输入的字符数
6        android:popupBackground="#00ffff"                 →设置列表的背景
7        android:dropDownVerticalOffset="10dp"             →设置垂直偏移像素
8        android:layout_height="wrap_content"/>
```

要想达到自动提示的效果，首先必须定义一个数据源，例如创建一个数组或集合。这里采用字符串数组保存数据，代码如下。

```
1    private String[] books=new String[]{"Android平台开发之旅",
2    "Android开发案例驱动教程","Android揭秘","疯狂Android讲义","Android从零开始"};
```

定义数组后，还需借助 Adapter 这个中介来关联数据显示与数据源，代码如下。

```
1    ArrayAdapter<String>  adapter=new
2    ArrayAdapter<String>(this,android.R.layout.simple_list_item_1, books);
```

ArrayAdapter 是 Adapter 的一个子类,通常用于存放数组或集合元素。默认情况下只能显示文本,如果想显示其他的 View 控件,例如 ImageView,则需要重写 getView()方法。创建 ArrayAdapter 对象需要传递三个参数:

第一个参数类型为 Context 对象,即当前控件所依赖的上下文对象,通常是当前的 Activity;

第二个参数用于设置文本内容的显示样式,是 TextView 类型的资源;

第三个参数指定数据的来源。

最后,将 Adapter 对象与列表控件关联起来。

```
1  myAuto=(AutoCompleteTextView)findViewById(R.id.myAuto);   →获取列表控件
2  myAuto.setAdapter(adapter);                                →设置 Adapter
```

10.2.2 Spinner 列表

Spinner 列表类似于下拉菜单,显示时只显示列表中的某一项,单击 Spinner 列表时,会弹出一个下拉列表供用户进行选择,运行效果如图 10-8 所示。它的用法与 AutoCompleteTextView 的用法非常类似,都需要指定一个数据源。和 AutoCompleteTextView 不同的是,Spinner 定义数据源的方式有两种,一种是在代码中通过数组或集合进行定义(这和 AutoCompleteTextView 一样);另一种是在 XML 文件中通过＜string-array＞进行指定,然后为 Spinner 控件指定 android:entries 属性即可,完全不需要编写代码就能实现下拉列表的效果。通过 XML 文件来定义数据源,XML 文件内容如下。

图 10-8　Spinner 运行效果图

程序清单:codes\ chapter10\ ListViewTest\res\values\strings. xml

```
1  <string-array name="books">
2      <item>Android 平台开发之旅</item>
3      <item>Android 开发案例驱动教程</item>
4      <item>Android 揭秘</item>
5      <item>疯狂 Android 讲义</item>
6      <item>Android 从零开始</item>
7  </string-array>
```

布局文件中 Spinner 控件的属性设置如下,其中仅仅设置了 android:entries 属性。

```
1  <Spinner
2      android:layout_width="wrap_content"
3      android:layout_height="wrap_content"
```

4   android:entries="@array/books"/>

10.2.3　ListView 列表

ListView 是使用非常广泛的一种控件,它以垂直列表的形式显示所有的列表项。实现 ListView 的效果有两种方式,一是在布局文件中添加一个 ListView,然后为 ListView 设置需要显示的内容(Adapter);另一种方式是让当前的 Activity 直接继承 ListActivity。

下面仍然以上面的示例来演示 ListView 的用法,先用最简单的从 ListActivity 中继承来实现 ListView 列表的效果。运行效果如图 10-9 所示,关键代码如下。

```
1    public class MainActivity extends ListActivity {
                                            →继承 ListActivity 而不是 Activity
2       private String[] books=new String[]{"Android 平台开发之旅",
3          "Android 开发案例驱动教程","Android 揭秘",
4    "疯狂 Android 讲义","Android 从零开始"};
5       public void onCreate(Bundle savedInstanceState){
6          super.onCreate(savedInstanceState);   →不需要设置界面布局文件
7          ArrayAdapter<String>adapter=new ArrayAdapter<String>(this,
8    android.R.layout.simple_list_item_1,books);
9          setListAdapter(adapter);              →为 ListView 设置内容
10      }
11   }
```

上面介绍的几种列表的示例都相对比较简单,列表中的每一项只有一行文字,实际上,每种列表控件都可以包含比较复杂的项,即每项由多个控件组合而成。下面以一个简单的 QQ 好友列表来讲解如何开发复杂的列表。程序运行效果如图 10-10 所示。列表中每一项包含三部分:QQ 头像、昵称、签名。其中昵称和签名是放在一个垂直线性布局中的,并与 QQ 头像一起放在一个水平的线性布局之中。要达到这样的效果,使用前面的 ArrayAdapter 是无法实现的。在此先对 Adapter 进行详细的介绍。查看 API 文档,得出常见 Adapter 的继承结构图如图 10-11 所示。

图 10-9　简单 ListView 效果图

图 10-10　复杂 ListView 的效果图

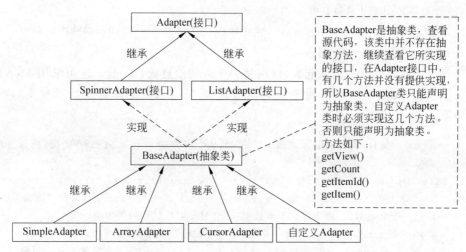

图 10-11 常见 Adapter 的继承结构图

BaseAdapter 是一个抽象类，而抽象类不能实例化，也就是不能通过 new 关键字来创建该类的对象。必须创建一个 BaseAdapter 的子类对象，或者自己自定义一个 Adapter。自定义的好处就是可以使数据按自定义的形式显示，缺点就是代码量比较大，要自己重写各个方法。为此系统提供了几个常见的 BaseAdapter 子类，这些类都有自己的特点，适合一定的情景，可以减少代码量。

(1) ArrayAdapter：默认情况下只能显示文本，如果想显示其他的 View 控件，例如 ImageView，需要重写 getView()方法。通常是将一个数组或者集合放在 ArrayAdapter 中。

(2) SimpleAdapter：是一个简单的 Adapter，它可以将静态的数据关联到 XML 布局文件中的某个 View 控件上，你可以将列表中的数据指定为 Map 对象（一个 Map 对象就是一项数据）的集合。集合中的每一个键对应于列表中的每一项的一部分数据。而 Map 对象则包含了每一项的所有数据。需要在 XML 文件中定义每一项数据的显示视图（控件），并且要与 Map 对象中的关键字（键）建立一一映射关系。

(3) CursorAdapter：该 Adapter 用于将数据库查询结果的 Cursor 对象中的数据显示在 ListView 控件上。在 Cursor 对象中，必须包含一个列名为 "_id" 的列，否则这个类将不起作用。

通过以上对 Adapter 的介绍，我们发现，要想实现如图 10-10 所示的效果，可以采用两种方法，一是使用 SimpleAdapter，另一种是使用自定义的 Adapter。在使用自定义的 Adapter 中，主要是实现 BaseAdapter 类，并且重写 getView()、getItem()、getItemId()、getCount()这 4 个方法。下面通过 SimpleAdapter 来实现想要的效果。首先在布局文件中添加一个 ListView 控件，并为该控件添加 id 属性。

然后在代码中，为每一项的各部分分别定义数据源，代码如下。

程序清单：codes\10\ SimpleAdapterTest\src\iet\jxufe\cn\android\MainActivity.java

```
1  String[] names=new String[]{"明天会更好","淺川","萍水相逢"};        →昵称数据
2  String[] infos=new String[]{"个性签名:磨剑!","个性签名:拼搏!",       →签名数据
```

```
3    "个性签名:求其上者得其中,求其中者得其下!"};
4    int[] imageids=new int[]{R.drawable.i1,R.drawable.i2,R.drawable.i3};
```
→头像图片 ID

将每一项各部分数据关联起来,即将每一个人的信息放在一起。这里采用 Map 对象保存每一项的数据,一个 Map 对象就是一项数据,Map 对象的集合就是所有项的数据。代码如下。

→定义一个集合,集合中的元素为 Map 类型,Map 对象的 Key 为 String 类型,值为 Object 类型

```
1    List<Map<String, Object>>listItems=new ArrayList<Map<String, Object>>();
2     for(int i=0;i<names.length;i++){           →for 循环将每项数据关联起来
→创建一个 Map 对象,用于存放单项数据,一个 Map 对象就是列表中的一项
3      Map<String, Object>map=new HashMap<String, Object>();
4        map.put("img",imageids[i]);           →将头像放入 Map 对象
5        map.put("title",names[i]);            →将昵称放入 Map 对象
6        map.put("info",infos[i]);             →将签名放入 Map 对象
7        listItems.add(map);                   →将 Map 对象添加到集合中
8    }
```

由于 Map 对象中存放的数据既有 String 类型的,也有 int 类型的,因此将 Map 对象声明为 Map<String,Object>。

注:这里涉及 Java 中泛型的知识,读者可查阅 Java 相关资料。

数据源定义好后,接下来就是将其与具体的布局文件关联起来,即每部分数据如何显示的问题,这里需要借助 Adapter,使用 SimpleAdapter,具体代码如下。

```
1    SimpleAdapter simpleAdapter=new SimpleAdapter(this ,listItems, R.layout.simple,
2    new String[]{"title","info","img"},new int[]{R.id.title, R.id.info, R.id.img});
```

创建 SimpleAdapter 对象时,需要传递 5 个参数:第一个参数类型为 Context,即 Adapter 所依赖的上下文对象,通常是当前的 Activity;第二个参数是数据源,通常是一个数组或集合;第三个参数是每一项所对应的布局文件;第四个参数表示单项中每部分的来源;第五个参数表示每部分数据所对应的界面控件 id。注意:第五个参数中的控件 id 必须是在第三个参数的布局文件中定义的。

最后将 Adapter 对象与列表关联,代码如下。

```
1    setListAdapter(simpleAdapter);
```

10.2.4 ExpandableListView 扩展下拉列表

上面所讲的列表相对比较简单,都只有一级,实际应用中,往往需要使用二级下拉列表,即需要对数据项分组,每组中包含数量不一的项,此时就需要使用到扩展下拉列表(ExpandableListView),例如各个省下面又包含很多县市等。

腾讯 QQ 中提供了好友分组功能,我们模拟其界面介绍扩展下拉列表的用法,程序运行效果如图 10-12 所示。

图 10-12　扩展下拉列表运行效果

首先在布局文件中添加一个扩展下拉列表,代码如下所示。

程序清单:codes\chapter10\ExpandableListView\res\layout\activity_main.xml

```
1   <LinearLayout xmlns:android="http://schemas.android.com/apk/res/android"
2       android:layout_width="fill_parent"
3       android:layout_height="fill_parent"
4       android:orientation="vertical" >
5       <ExpandableListView
6           android:id="@+id/myExpandable"
7           android:layout_width="fill_parent"
8           android:layout_height="fill_parent"
9           android:drawSelectorOnTop="false" />
10  </LinearLayout>
```

然后在 MainActivity 代码中,定义扩展下拉列表所需要的资源。这里包括组的名称、组的图标、项的名称、项的图标 4 种资源,其中每项的资源是通过二维数组来设定的,二维数组中的每一行代表一组资源,每一列代表该组下的一项。再根据 findViewById()方法获取该 ExpandableListView。

程序清单:codes\chapter10\ExpandableListView\src\iet\jxufe\cn\MainActivity.java

```
1   String[] type=new String[] { "我的好友", "大学同学", "亲戚朋友" };
                                                    →定义组显示的文字
2   String[][] info=new String[][] { { "张三", "张四", "张五" }, { "李四", "李斯" },
    { "王五", "王六", "王二", "王三" } };
                        →定义每一组的内容,注意:每一组项的个数可以不一致
```

```
3    int[] groupImgs=new int[] { R.drawable.g1, R.drawable.g2, R.drawable.g3};
                                                                →组的图标
4    int[][] imgIds=new int[][] {                               →每一项的图标
5    { R.drawable.a1, R.drawable.a2, R.drawable.a3 },
6    { R.drawable.a4, R.drawable.a5, R.drawable.a6 },
7    { R.drawable.a7, R.drawable.a8, R.drawable.a9, R.drawable.a10 } };
```

下面主要是设置资源如何显示。我们是通过实现 BaseExpandableList-Adapter 抽象类来完成对资源显示的设置的。创建一个匿名类，然后重写里面相应的方法，来达到所需要的显示效果，关键代码是 getGroupView() 和 getChildView()。

```
1    ExpandableListAdapter myAdapter=new BaseExpandableListAdapter(){
2    public boolean isChildSelectable(int groupPosition, int childPosition){
                                                            →子项是否可以选择
3        return true;
4    }
5    public boolean hasStableIds(){
6        return false;}
7    private TextView getTextView(){    →自己定义的一个获取 TextView 的方法
8        AbsListView.LayoutParams lp=new AbsListView.LayoutParams(
9            ViewGroup.LayoutParams.MATCH_PARENT,
10           ViewGroup.LayoutParams.WRAP_CONTENT);    →设置宽度和高度
11       TextView textView=new TextView(MainActivity.this);
12       textView.setLayoutParams(lp);
13       textView.setGravity(Gravity.CENTER_VERTICAL);    →文字水平居中
14       textView.setTextSize(20);                        →设置文字大小为 20sp
15       textView.setPadding(30, 0, 0, 0);                →设置左边距为 30pt
16       textView.setTextColor(Color.BLACK);              →设置文本颜色
17       return textView; }                               →获取自定义的文本控件
18   public View getGroupView(int groupPosition, boolean isExpanded,
19       View convertView, ViewGroup parent){
20       LinearLayout layout=new LinearLayout(MainActivity.this);
                                                          →线性布局
21       layout.setOrientation(LinearLayout.HORIZONTAL);  →设置线性布局方向
22       layout.setGravity(Gravity.CENTER_VERTICAL);      →设置垂直居中
23       ImageView groupImg=new ImageView(MainActivity.this);
                                                          →创建一个 ImageView
24       groupImg.setImageResource(groupImgs[groupPosition]);
                                                          →设置 ImageView 的图片
25       layout.addView(groupImg);                        →在线性布局中添加图片
26       TextView textView=getTextView();                 →得到一个 textView
27       textView.setText(getGroup(groupPosition).toString());
                                                          →设置 TextView 显示内容
28       layout.addView(textView);                        →在布局中添加 textView
29       return layout; }                                 →返回整个线性布局控件
```

```
30    public long getGroupId(int groupPosition){          →获取组的 ID
31        return groupPosition; }
32    public int getGroupCount(){                         →获取组的个数
33        return type.length; }
34    public Object getGroup(int groupPosition){          →获取自定组对象
35        return type[groupPosition]; }
36    public int getChildrenCount(int groupPosition){     →获取指定组的项数
37        return info[groupPosition].length; }
38    public View getChildView(int groupPosition, int childPosition,
39        boolean isLastChild, View convertView, ViewGroup parent){
40        LinearLayout layout=new LinearLayout(MainActivity.this);
                                                          →线性布局
41        layout.setOrientation(LinearLayout.HORIZONTAL); →设置线性布局方向
42        layout.setPadding(20, 0, 0, 0);                 →设置线性布局的左边距
43        ImageView itemImage=new ImageView(MainActivity.this);
                                                          →创建图片视图
44        itemImage.setPadding(20, 0, 0, 0);              →设置图片的左边距
45        itemImage.setImageResource(imgIds[groupPosition][childPosition]);
46        layout.addView(itemImage);                      →在线性布局中添加图片
47        TextView textView=getTextView();                →获取文本显示框
48        textView.setText(getChild(groupPosition, childPosition).toString());
49        layout.addView(textView);                       →在布局中添加文本控件
50        return layout; }                                →返回线性布局
51    public long getChildId(int groupPosition, int childPosition){
                                                          →获取子项的 ID
52        return childPosition; }
53    public Object getChild(int groupPosition, int childPosition){
                                                          →获取指定组中指定序号的项
54        return info[groupPosition][childPosition]; }
55    };
```

最后将扩展下拉列表与适配器关联。

```
1  myExpandable.setAdapter(myAdapter);                    →将适配器与扩展下拉列表关联起来
```

10.3 对话框

10.3.1 对话框简介

对话框是一个漂浮在 Activity 之上的小窗口,此时,Activity 会失去焦点,对话框获取用户的所有交互。对话框通常用于通知,它会临时打断用户,执行一些与应用程序相关的小任务,例如任务执行进度或登录提示等。在 Android 中,提供了丰富的对话框支持,主要分为以下 4 种。

(1) AlertDialog:警示框,功能最丰富、应用最广的对话框,该对话框可以包含 0～3 个按钮,或者是包含复选框或单选按钮的列表。

（2）ProgressDialog：进度对话框，主要用于显示进度信息，以进度环或进度条的形式显示任务执行进度，该类继承于 AlertDialog，也可添加按钮；

（3）DatePickerDialog：日期选择对话框，允许用户选择日期；

（4）TimePickerDialog：时间选择对话框，允许用户选择时间。

除此之外，Android 也支持用户创建自定义的对话框，只需要继承 Dialog 基类，或者是 Dialog 的子类，然后定义一个新的布局就可以了。下面着重讲解 AlertDialog 和自定义 Dialog 的使用。

AlertDialog 是 Dialog 的子类，它能创建大部分用户交互的对话框，也是系统推荐的对话框类型。常见的 AlertDialog 的类型主要有如下几种，如图 10-13～图 10-17 所示。

图 10-13　简单提示框

图 10-14　单选列表对话框

图 10-15　多选列表对话框

图 10-16　自定义输入对话框

图 10-17　自定义列表对话框

创建 AlertDialog 对话框的方式有两种：一种是通过 AlertDialog 的内部类 Builder 对象创建；另一种是通过 Activity 的 onCreateDialog()方法创建，通过 showDialog()显示，但该方法在 4.1 版本中已经被废弃了，不推荐使用。

使用 AlertDialog 创建对话框，大致步骤如下。

（1）创建 AlertDialog.Builder 对象，该对象是 AlertDialog 的创建器；

（2）调用 AlertDialog.Builder 的方法，为对话框设置图标、标题、内容等；

（3）调用 AlertDialog.Builder 的 create()方法，创建 AlertDialog 对话框；

（4）调用 AlertDialog.Builder 的 show()方法，显示对话框。

在上述步骤中，主要是 AlertDialog 的内部类 Builder 在起作用，下面来看看 Builder 类提供了哪些方法。Builder 内部类的主要方法如表 10-1 所示。

表 10-1　Builder 类中主要的方法及其作用

方　法　名	作　　用
public Builder setTitle	设置对话框标题
public Builder setMessage	设置对话框内容
public Builder setIcon	设置对话框图标
public Builder setPositiveButton	添加肯定按钮（Yes）
public Builder setNegativeButton	添加否定按钮（No）
public Builder setNeutralButton	添加普通按钮
public Builder setOnCancelListener	添加取消监听器
public Builder setCancelable	设置对话框是否可取消

续表

方 法 名	作 用
public Builder setItems	添加列表
public Builder setMultiChoiceItems	添加多选列表
public Builder setSingleChoiceItems	添加单选列表
public AlertDialog create()	创建对话框
public AlertDialog show()	显示对话框

注意：表 10-1 中的很多方法的返回类型都是 Builder 类型，也就是说调用 Builder 对象的这些方法后，返回的是该对象本身。Builder 对象每调用一个方法就为对话框添加一些内容，是对对话框的不断完善，调用方法就是构造对话框的过程，每次返回的都是构建好的对话框。

10.3.2 创建对话框

下面以一个简单的例子讲解 AlertDialog 的创建过程。程序运行效果如图 10-13 所示。单击"退出"按钮时，弹出提示对话框，提示用户是否确定要退出。单击按钮后，使用 Toast 显示相应的信息。

具体实现过程如下，首先获取按钮控件，并创建 Builder 对象。

```
1    simpleDialog=(Button)findViewById(R.id.simpleDialog);     →得到按钮
2    final Builder builder=new AlertDialog.Builder(this);      →创建 Builder 对象
```

然后在按钮单击事件中，通过 Builder 对象来设置对话框的一些属性，包括对话框的内容、按钮等，并通过 Builder 对象创建和显示对话框。

```
1    simpleDialog.setOnClickListener(new OnClickListener(){            →为按钮添加单击事件
2        public void onClick(View v){
3            builder.setMessage("Are you sure you want to exit?");     →对话框内容
4            builder.setPositiveButton("Yes", new DialogInterface.OnClickListener
(){                                                                   →添加 Yes 按钮
5                public void onClick(DialogInterface dialog, int which){
                                                                      →单击事件处理
6                    Toast.makeText(MainActivity.this, "单击了确定!", 1000).show();
                                                                      →消息提示
7                }
8            });
9            builder.setNegativeButton("No",new DialogInterface.OnClickListener(){
                                                                      →添加 No 按钮
10               public void onClick(DialogInterface dialog, int which){
                                                                      →单击事件处理
11                   Toast.makeText(MainActivity.this, "单击了取消!", 1000).show();
                                                                      →消息提示
```

```
12              }
13          });
14          builder.show();                              →builder.create();可省略
15      }
16  });
```

注意：本程序段中存在两种单击事件，一个是普通按钮的单击事件，一个是对话框中按钮的单击事件。两种事件的监听器是不一样的，一个是 View.OnClickListener 接口，一个是 DialogInterface.OnClickListener 接口。但它们的监听器接口名却都是 OnclickListener，导入包时，只能导入一个接口，另一个必须用完整的包名＋接口名才能引用，否则程序会认为引用的是导入的那个接口，从而导致编译不通过。

在 AlertDialog 对话框中，每种类型的按钮最多只有一个。也就是说，在 AlertDialog 对话框中不可能同时存在两个以上的 PositiveButton，后面添加的会覆盖前面的。因此，对话框中按钮的数量最多为三个：肯定、否定、中性。这些名字和实际功能并没有联系，只是帮助记忆每个按钮主要做什么事。

本应用运行时，单击按钮出现对话框后，存在一个问题，即单击 Back 键时，可以直接退出对话框，这不太符合平常对话框的使用习惯。通常必须进行选择才能退出对话框，要想得到这个效果，只需在构建时，添加 builder.setCancelable(false)即可。

AlertDialog 对话框除了可以提示信息外，还可以让用户进行选择和输入，下面介绍如何创建带有单选按钮列表的对话框。在上述程序界面中添加一个选择状态的按钮。程序运行效果如图 10-14 所示。然后为该按钮添加单击事件处理，代码如下。

程序清单：codes\10\DialogTest\src\iet\jxufe\cn\android\MainActivity.java

```
1   status= (Button)findViewById(R.id.status);           →获取选择状态按钮
2   status.setOnClickListener(new OnClickListener(){     →为按钮添加单击事件处理
3       public void onClick(View v){
4           final String[] items= new String[]{"在线","隐身","离开","忙碌","离
            线","其他"};                                   →列表项
5           Builder builder=new AlertDialog.Builder(MainActivity.this);
                                                         →创建 Builder 对象
6           builder.setTitle("请选择你的状态");             →设置对话框的标题
7           builder.setIcon(R.drawable.ic_launcher);     →设置对话框的图标
8           builder.setCancelable(false);                →设置对话框不能取消
9           builder.setSingleChoiceItems(items, 1, new DialogInterface.
            OnClickListener(){    →设置单选列表,包括列表项、默认选中项、单击事件处理
10              public void onClick(DialogInterface dialog, int which){
11                  statusText.setText("你当前的状态是:"+items[which]);
12              }
13          });
14          builder.setPositiveButton("确定",new DialogInterface.OnClickListener(){
                                                         →添加确定按钮
15              public void onClick(DialogInterface dialog, int which){
```

```
16          }
17      });
18      builder.create().show();                    →创建并显示对话框
19  }
20  });
```

注意:

（1）创建单选按钮列表对话框时,需要创建一个新的 AlertDialog.Builder 对象,该对象可以放在单击事件里面也可以放在外面,但需与上面对话框的 Builder 进行区分,如果两个对话框使用同一个 Builder 对象,则可能共享一些属性信息,即本身没有设置,在另一个对话框中设置的属性信息。

（2）创建 Builder 对象时,为什么此处传递的是 MainActivity.this,而上面传递的是 this 呢？首先需要弄明白 this 代表的含义,在 Java 中 this 表示当前类的对象,通常有两种用法,一是代表当前类的对象,使用 this.***,另一种是引用当前类的其他构造方法,通常使用 this(***)。在前面的对话框中,Builder 对象的创建是放在 MainActivity 的 onCreate()方法中的,此时 this 代表的就是 MainActivity 对象。而在本例中,Builder 对象的创建是放在 View.OnClickListener 的匿名内部类中的,this 代表的是该匿名内部类对象。而 Builder 对象的创建需要传递一个 Context 类型的参数,MainActivity 是 Context 类的子类,可以作为参数传递,在内部类中使用外部类的对象时,需使用外部类的类名.this。

（3）builder.create().show()语句表示:通过 builder.create()方法得到一个 Dialog 对象,然后调用 Dialog 对象的 show()方法。上面使用 builder.show()方法也能达到显示对话框的效果,查看源代码,我们发现这是因为在 builder.show()方法的内部,首先调用了 builder 对象的 create()方法,得到了 Dialog,然后调用了 Dialog 的 show()方法,因此只需要 builder.show()语句即可,builder.create()语句是多余的。

（4）默认情况下,只有列表项,没有按钮时,选择后并不能退出对话框。因此,还必须为该对话框添加相应的按钮,可以是 PositiveButton、NeutralButton、NegativeButton 中的任意一个,在该按钮的事件处理中,可什么都不做。

10.3.3 自定义对话框

自定义对话框主要是对对话框的显示进行自定义,Builder 对象提供了一个 setView()方法,只需将定义好的布局控件传递进去即可达到想要的效果。下面以一个简单的示例讲解自定义对话框的用法。

在上述程序基础上添加一个功能:当用户选择"其他"时,弹出一个对话框,提示用户输入当前状态信息。程序运行效果如图 10-16 所示。重写单选列表对话框的单击事件处理方法,首先判断是否选择了"其他"项,如果选择了,则创建一个新的对话框,并设置该对话框的标题、图标,最重要的是显示视图。本例中该视图仅仅是一个文本编辑框,用于让用户输入自己的状态,也可以定义一个比较复杂的视图,从而创建一个复杂的对话框,然后在该对话框的"确定"按钮的事件处理方法中记录用户输入的状态。

```
1   builder.setSingleChoiceItems(items, 1, new DialogInterface.OnClickListe
    ner(){                                              →设置单选列表项
2      public void onClick(DialogInterface dialog, int which){
3         if(which==(items.length-1)){                  →判断是否选择了"其他"
4            Builder myBuilder=new Builder(MainActivity.this);
                                                        →创建 Builder 对象
5            final EditText myInput=new EditText(MainActivity.this);
                                                        →创建一个文本编辑框
6            myBuilder.setTitle("请输入你的状态");       →设置对话框标题
7            myBuilder.setIcon(R.drawable.ic_launcher); →设置对话框图标
8            myBuilder.setView(myInput);                →设置对话框的显示视图
9            myBuilder. setPositiveButton ( " 确 定 ", new DialogInterface.
             OnClickListener(){
10              public void onClick(DialogInterface dialog,int which){
11                 statusText.setText("你当前的状态是:"+myInput.getText().
                   toString());
12              }
13           });
14           myBuilder.show();                          →创建并显示对话框
15        } else {
16           statusText.setText("你当前的状态是:" +items[which]);
17        }
18     }
19  });
```

Android 为创建自定义列表对话框提供了简便的方法。调用 Builder 对象的 setAdapter()方法,将列表对应的 Adapter 对象传进去即可。下面以在下拉列表中学习的"我的好友"列表为例,来创建自定义下拉列表对话框,程序运行效果如图 10-17 所示。

首先是创建一个 SimpleAdapter 对象,用于存放列表项的数据,以及设置各部分的显示视图,与前面的例子中的代码完全一致,在此不做解释。

```
1   final String[] names=new String[] { "明天会更好", "淺川", "萍水相逢" };
                                                        →昵称数据
2   final String[] infos=new String[] { "个性签名:磨剑!", "个性签名:拼搏!", "个性
    签名:求其上者得其中,求其中者得其下!" };              →签名数据
3   final int[] imageids=new int[] { R.drawable.i1, R.drawable.i2,R.drawable.
    i3 };                                               →头像数据
4   List<Map<String, Object>>listItems=new ArrayList<Map<String, Object>>();
                                                        →创建一个 List 集合,list 集合元素是 Map
5   for(int i=0; i<names.length; i++){                  →for 循环,将每一项的数据关联起来
6      Map<String, Object>map=new HashMap<String, Object>();
                                                        →创建 Map 对象,存放每一项数据
7      map.put("img", imageids[i]);                     →将头像放入 Map 对象
8      map.put("title", names[i]);                      →将昵称放入 Map 对象
```

```
 9        map.put("info", infos[i]);          →将签名放入 Map 对象
10        listItems.add(map);                 →将 Map 对象放入集合
11    }
12    SimpleAdapter simpleAdapter=new SimpleAdapter(
                                              →创建一个 SimpleAdapter
13        MainActivity.this, listItems, R.layout.simple,new String[] { "title",
          "info", "img" }, new int[] { R.id.title, R.id.info, R.id.img });
```

然后创建一个对话框,为该对话框设置 adapter 属性,将 adapter 数据显示在对话框上,并为对话框添加单击事件处理,简单地以 Toast 的形式显示选中的好友名。

```
1    Builder myBuilder=new AlertDialog.Builder(MainActivity.this);
                                              →创建 Builder 对象
2    myBuilder.setTitle("请选择好友");        →设置标题
3    myBuilder.setIcon(R.drawable.ic_launcher); →设置图标
4    myBuilder.setAdapter(simpleAdapter, new DialogInterface.OnClickListener()
     {                                        →设置列表数据
5        public void onClick(DialogInterface dialog,int which){ →单击事件处理
6            Toast.makeText(MainActivity.this,"你选择的好友是:"+ names[which],
             1000).show();
7        }
8    });
9    myBuilder.create().show();               →创建并显示对话框
```

10.4 菜单

菜单是一种比较通用的用户控件,大部分软件都有该控件。它提供了熟悉的、一致的用户体验。在 Android 中,可以使用菜单表示当前 Activity 的一些可选操作。

Android 3.0 以后,Android 设备不再要求提供专门的菜单按钮。随着这一变化,Android 应用不再依赖过去的包含 6 个菜单项的面板,取而代之的是通过操作栏(ActionBar)来显示一些通用的用户动作。

尽管一些菜单项的设计和用户体验已经发生了变化,但一系列动作和选项定义的语义仍没有变化。Android 中的菜单主要分为三类:选项菜单(Option Menu)、上下文菜单(Context Menu)、子菜单(Sub Menu)。一个菜单(Menu)中可以包含多个子菜单(SubMenu),子菜单中可以包含多个菜单项(MenuItem),但子菜单中不能再包含子菜单,即子菜单不能嵌套。下面讲解 Android 选项菜单和上下文菜单的创建和使用。

10.4.1 选项菜单

选项菜单主要用于存放 Activity 的菜单项,可以将一些全局动作放在这里,例如搜索、电子邮件、设置等。

选项菜单在屏幕中的位置取决于应用程序所使用的 Android 版本。

如果使用的是 Android 2.3 或者更低的版本,单击菜单按钮后,选项菜单将会出现在

屏幕的底端,如图 10-18 所示。一旦打开,首先看到的是菜单图标,最多包含 6 个菜单项。如果菜单中包含的菜单项多于 6 个,第六项会自动显示为"更多"选项,如图 10-19 所示,单击"更多"可以显示剩余的菜单项。

如果使用的开发版本是 Android 3.0 或更高,选项菜单的菜单项将会显示在操作栏上。默认情况下,系统将会把所有的菜单项放在多余的操作中,用户可以通过操作栏右侧的溢出图标或者是单击菜单按钮(前提是有菜单按钮)来显示多余的操作。为了能快速地访问一些重要的动作,可以通过设置其 android:showAsAction 属性值为 always,使其显示在操作栏上,如图 10-20 所示。

图 10-18　Android 2.3 桌面默认的选项菜单

图 10-19　菜单项超过 6 个的效果

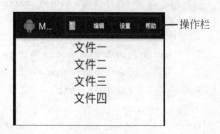

图 10-20　菜单显示在操作栏上的效果

注意:在 Android 4.1 中对菜单的个数没有限制,会以下拉列表的形式显示多余的菜单项,当菜单项过多时,列表会垂直滚动显示。

为了在 Activity 中创建选项菜单,需要重写 Activity 的 onCreateOptionsMenu()方法。在该方法中,可以将定义好的菜单资源文件填充到菜单中。也可以通过 add()方法在代码中添加菜单项,并通过 findItem()方法找到菜单项,重新设置其属性。通常推荐使用菜单资源文件,对菜单进行定义。

通过菜单资源文件定义菜单时,资源文件中主要包含以下几个标签。

(1) <menu>标签:定义一个菜单,它可以包含多个菜单项。菜单资源文件中必须以一个<menu>元素作为根节点,内部可以包含多个<item>、<group>标签。

(2) <item>标签:用于创建一个菜单项,表示菜单中的单一项,该标签内部还可以包含<menu>标签,用于创建子菜单。<item.../>元素的常用属性包括如下几个。

① android:title:设置菜单项的标题。

② android:id:为菜单项添加一个唯一标识。

③ android:icon：设置菜单项的图标。
④ android:showAsAction：设定菜单项是否在动作条上显示。
⑤ android:alphabeticShortcut：为菜单项添加字母快捷键。
⑥ android:numericShortcut：为菜单项添加数字快捷键。
⑦ android：orderInCategory：设定菜单项在菜单中的顺序。
⑧ android:visible：设置菜单项是否可见。
⑨ android:enable：设置菜单项是否可用。

（3）＜group＞标签：可选的，不可见的容器，可包含＜item＞标签，通过它可以对菜单项进行分组，从而使得同一组内的菜单共享一些属性，例如处于激活状态或可见等。＜group.../＞标签中常用的属性主要有以下几个。

① android:id：为组添加唯一标识。
② android:checkableBehavior：设置该组菜单的选择行为，其值包括 none（不可选）、all（多选）、single（单选）三个值。
③ android:visible：设置该组菜单是否可见。
④ android:enable：设置该组菜单是否可用。

图 10-20 所示菜单的资源文件如下。

程序清单：codes\ chapter10\MenuTest\res\menu\menu.xml

```
1   <menu xmlns:android="http://schemas.android.com/apk/res/android" >
2     <item   android:icon="@drawable/file"        →菜单项的图标
3             android:showAsAction="always"        →是否在操作栏上显示
4             android:title="文件">                 →菜单项标题
5       <menu>                                      →子菜单
6         <item android:title="新建" android:orderInCategory="1"/>
                                                    →子菜单项,设置在菜单中的序号
7         <item android:title="打开"  android:orderInCategory="0"/>
                                                    →子菜单项,设置在菜单中的序号
8         <item android:title="保存"  android:orderInCategory="2"/>
                                                    →子菜单项,设置在菜单中的序号
9         <item android:id="@+id/exit"             →为菜单项添加 id 属性
10              android:title="退出"/>              →子菜单项标题
11      </menu>
12    </item>
13    <item   android:alphabeticShortcut="e"       →为菜单项添加字母快捷键
14            android:showAsAction="always"         →是否在操作栏上显示
15            android:title="编辑">                 →菜单项标题
16      <menu>
17        <item android:title="恢复"/>
18        <item android:title="取消"/>
19        <group
20            android:enabled="false" >             →设置整组菜单项属性,不可用
```

```
21                ……                              →包含多个 item 标签
22            </group>
23         </menu>
24      </item>
25      <item   android:showAsAction="always"
26             android:id="@+id/set"
27             android:title="设置">
28         <menu>
29            <item  android:id="@+id/start"
30                   android:title="启用"/>
31            <item  android:id="@+id/stop"
32                   android:title="禁用"
33                   android:enabled="false"/>
34         </menu>
35      </item>
36      <item   android:numericShortcut="8"        →为菜单项添加数字快捷键
37             android:showAsAction="always"
38             android:title="帮助"/>
39   </menu>
```

该菜单文件中的各个子菜单展开的效果如图 10-21～图 10-23 所示。

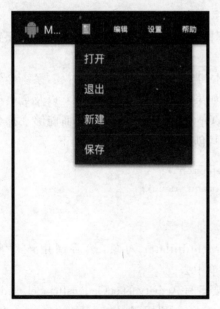

图 10-21　文件菜单展开效果

图 10-22　编辑菜单展开效果

注意：

（1）添加菜单图标后，菜单文字不再显示，长按该菜单会显示菜单的标题文字。

（2）若不为菜单项设置 orderInCategory 属性，该属性值默认为 0，当包含多个相同值时，会根据其在 XML 文件中声明的先后顺序进行显示。

图 10-23 设置菜单展开效果

通过上面的演示,可以总结出使用菜单资源文件定义菜单有如下优点。
(1) 在 XML 文件中,很容易看出菜单的结构;
(2) 菜单资源文件将菜单的内容和应用程序的代码分离开来;
(3) 允许为不同的平台、不同的屏幕以及不同的配置的手机创建相应的菜单配置文件,可扩展性好。

如果使用的是 Android 2.3 或者更低的版本,当第一次打开菜单的时候,系统会调用 onCreateOptionsMenu()方法来创建选项菜单;如果使用的是 Android 3.0 以及更高的版本,系统会在启动 Activity 的时候调用 onCreateOptionsMenu()方法,从而能够在操作栏上显示菜单项。onCreateOptionsMenu()方法中,创建菜单的关键代码如下。

```
1    public boolean onCreateOptionsMenu(Menu menu){
2        getMenuInflater().inflate(R.menu.menu, menu);
3        return true;
4    }
```

首先通过 getMenuInflater()方法获取 MenuInflater 对象,然后调用该对象的 inflater()方法将菜单资源文件的内容填充到菜单中去。

接下来,为部分菜单项添加选择事件处理,需要重写 Activity 的 onOptionsItemSelected()方法,当用户选中了选项菜单中的某一项时,系统将会调用 Activity 的 onOptionsItemSelected()方法,该方法会传入选中的菜单项。可以通过 MenuItem 的 getItemId()方法来获取当前选中的菜单项,该方法会返回菜单项的唯一 ID(该 ID 是通过菜单资源中 android:id 属性进行设置的,或者是在 add()方法中,通过 int 类型的数字来指定)。通过匹配菜单项的 ID,从而进行相应的事件处理。例如,当单击文件菜单中的退出子项时,程序退出当前的 Activity,单击其他菜单项时,通过 Toast 发送一条提示信息,关键代码如下。

```
1   Public boolean onOptionsItemSelected(MenuItem item){
2       switch(item.getItemId()){
3           case R.id.start:                    →设置菜单中的启动菜单项
4           case R.id.stop:                     →设置菜单中的禁用菜单项
5               invalidateOptionsMenu();        →更新选项菜单
6               break;
7           case R.id.exit:
8               finish();
9               break;
10          default:
11              break;
12      }
13      Toast.makeText(MainActivity.this,item.getTitle()+"被单击了!", 1000).show();
14      return true;
15  }
```

系统调用 onCreateOptionsMenu()方法后,将会保存所置入的选项菜单实例,并且不再调用 onCreateOptionsMenu()方法,除非该菜单因为某种原因失效。因此,应该使用 onCreateOptionsMenu()方法去创建一些初始化的菜单状态,并且不要在 Activity 的生命周期中对它进行改变。

然而,在实际应用中,往往需要动态地改变菜单项的状态,特别是一些互斥菜单项,当一个状态选中时另一个状态不可用,诸如此类,不胜枚举。在 Android 中,如果想在 Activity 生命周期中通过事件来修改菜单状态,可以调用 onPrepareOptionsMenu()方法。该方法会传递一个当前存在的菜单对象,因此可以方便地为其添加、删除或者禁止某一菜单项。

在 Android 2.3 或更低的版本中,用户每次打开选项菜单(单击菜单按钮)时,系统都会调用 onPrepareOptionsMenu()方法。

在 Android 3.0 或更高的版本中,一旦菜单项显示在动作条上,选项菜单就一直处于打开状态,当事件发生并且想要执行菜单项更新时,必须调用 invalidateOptionsMenu()方法,该方法将请求系统调用 onPrepareOptionsMenu()方法。以设置中的启动和禁用菜单项来演示在代码中如何控制菜单项的更新,如图 10-24 和图 10-25 所示。

图 10-24　禁用后的菜单状态　　图 10-25　启动后的菜单状态

代码如下。

```
1  public boolean onPrepareOptionsMenu(Menu menu){
2      super.onPrepareOptionsMenu(menu);
3      MenuItem start=menu.findItem(R.id.start);     →获取启动菜单项
4      MenuItem stop=menu.findItem(R.id.stop);       →获取禁用菜单项
5      start.setEnabled(flag);                       →设置启动菜单项的状态
6      stop.setEnabled(!flag);                       →设置禁用项的状态,和启用项互斥
7      flag=!flag;                                   →每次变化时,改变标志量
8      return true;
9  }
```

10.4.2 上下文菜单

上下文菜单与计算机上的右键快捷菜单非常相似,在 Android 中,当用户长按某一控件时,会弹出上下文菜单(前提是该控件注册了上下文菜单)。

开发者可以为任何一个控件添加上下文菜单,上下文菜单经常用于列表中的项。当用户长按列表中的某一项,并且该列表注册了上下文菜单,列表项的背景颜色将会发生变化,从橙色过渡到白色,表明上下文菜单是有用的(具体的应用颜色变化可能会有所不同)。

为了给控件提供上下文菜单,开发者必须为该控件注册上下文菜单,调用 registerForContextMenu()方法,并且将控件传递进去。当这个控件接收长按事件时,将会显示上下文菜单。

定义上下文菜单的显示和行为与选项菜单类似,需要重写 Activity 中的 onCreateContextMenu()和 onContextItemSelected()方法。

下面为图 10-20 中的 4 个文本显示框添加上下文菜单,关键代码如下。

```
1  public class MainActivity extends Activity {
2  TextView tView[]=new TextView[4];                                        →定义一个文本框的数组
3  public void onCreate(Bundle savedInstanceState){
4      super.onCreate(savedInstanceState);
5      setContentView(R.layout.activity_main);
6  int[] files=new int[] { R.id.file01, R.id.file02, R.id.file03,R.id.file04 };
                                                                            →各文本框 id 组成的数组
7      for(int i=0; i <tView.length; i++){                                  →初始化数组
8          tView[i]= (TextView)findViewById(files[i]);                      →根据 id 找到对应的文本框
9          registerForContextMenu(tView[i]);                                →为文本框注册上下文菜单
10     }
11 }
```

真正创建上下文菜单的代码放在 Activity 的 onCreateContextMenu()方法中,详细代码如下。

```
1  public void onCreateContextMenu(ContextMenu menu, View v, ContextMenuInfo
```

```
            menuInfo){
2               switch(v.getId()){                    →判断需要注册上下文菜单的控件
3                   case R.id.file01:
4                       num=1;                        →num值为1,主要是为后面的id服务
5                       break;
6                   case R.id.file02:
7                       num=2;
8                       break;
9                   case R.id.file03:
10                      num=3;
11                      break;
12                  case R.id.file04:
13                      num=4;
14                      break;
15                  default:
16                      break;
17              }
18              menu.setHeaderTitle("文件操作");        →上下文菜单的标题
19              menu.add(0, Menu.FIRST+num * 10+1, 0, "发送");    →添加发送菜单项
20              SubMenu subMenu=menu.addSubMenu(0, Menu.FIRST+num * 10+2, 1, "设置
                文字的颜色");                            →添加子菜单
21              subMenu.setHeaderTitle("The Second Level Menu");   →子菜单的标题
22              subMenu.add(0, Menu.FIRST+num * 100+21, 0, "红色");   →子菜单添加子项
23              subMenu.add(0, Menu.FIRST+num * 100+22, 0, "黄色");   →子菜单添加子项
24              subMenu.add(0, Menu.FIRST+num * 100+23, 0, "绿色");   →子菜单添加子项
25              menu.add(0, Menu.FIRST+num * 10+3, 2, "重命名");    →添加菜单项
26              menu.add(0, Menu.FIRST+num * 10+4, 3, "删除");      →添加菜单项
27              super.onCreateContextMenu(menu, v, menuInfo);      →调用父类的该方法
28          }
```

通过该方法创建的上下文菜单的效果如图 10-26 所示。长按某一个文本编辑框即可弹出上下文菜单,选择设置文字的颜色时,可以弹出二级菜单,如图 10-27 所示。

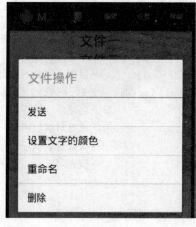

图 10-26　上下文菜单的效果

图 10-27　设置颜色的二级菜单

注意：

（1）上下文菜单的创建与选项菜单创建类似，既可以通过菜单资源文件进行定义（具体方法见上面的选项菜单），也可以通过代码进行添加，本程序中采用代码添加。

（2）由于本程序中为 4 个文本编辑框都注册了上下文菜单，并且上下文菜单的菜单项类似，因此，在该方法中，创建上下文菜单时需要判断是为哪个菜单项注册上下文菜单。

（3）为了使每个菜单项的 id 都不一致，这里引入了一个新的 int 类型成员变量 num，使得菜单项的 id 具有一定的规律，便于后面根据 id 来判断。

此时选择上下文菜单中的某一项后，没有任何效果，接下来为上下文菜单添加选择事件处理。处理方式与选项菜单类似，重写 Activity 中的 onContextItemSelected()方法。关键代码如下。

```
1   public boolean onContextItemSelected(MenuItem item){
2       String messString="你选择的是:";                          →显示的提示信息
3       int count=item.getItemId()-Menu.FIRST;
4       num=count / 10;                                          →计算 num 的值
5       if(num >10){
6           num=num / 10;                                        →确保 num 值与上面一致
7       }
8  if(item.getItemId()==(Menu.FIRST+num * 10+1)){                →是否选择发送菜单项
9           messString+="发送";                                   →拼接消息的值
10      } else if(item.getItemId()==(Menu.FIRST+num * 10+2)){
                                                                 →是否选择颜色菜单项
11          messString+="进入颜色设置界面";                         →拼接消息的值
12      } else if(item.getItemId()==(Menu.FIRST+num * 100+21)){
                                                                 →是否选择红色
13          tView[num-1].setTextColor(Color.RED);                →设置对应文本框的颜色
14      } else if(item.getItemId()==(Menu.FIRST+num * 100+22)){
                                                                 →是否选择蓝色
15          tView[num-1].setTextColor(Color.BLUE);               →设置对应文本框的颜色
16      } else if(item.getItemId()==(Menu.FIRST+num * 100+23)){
                                                                 →是否选择绿色
17          tView[num-1].setTextColor(Color.GREEN);              →设置对应文本框的颜色
18      } else if(item.getItemId()==(Menu.FIRST+num * 10+3)){
19      final EditText inputname=new EditText(this);             →创建一个文本编辑框
20      AlertDialog bDialog=new AlertDialog.Builder(MainActivity.this)
                                                                 →创建输入对话框
21              .setIcon(android.R.drawable.btn_star)            →设置对话框图标
22              .setTitle("请输入新名字")                           →设置对话框标题
23              .setView(inputname)                              →设置对话框显示的控件
24              .setPositiveButton("确定", new DialogInterface.
                OnClickListener(){
25                  public void onClick(DialogInterface dialog , int which){
26                      tView[num-1].setText(inputname.getText().toString());
```

```
27                        }
28                    }).setNegativeButton("取消",new DialogInterface.
                      OnClickListener(){
29                        public void onClick(DialogInterface dialog,int which){
30                    }
31                    }).create();
32            bDialog.show();
33            mesString+="重命名成功";
34        } else if(item.getItemId()==(Menu.FIRST+num * 10+4)){
35            mesString+="删除";   }
36    Toast.makeText(this, mesString, Toast.LENGTH_LONG).show();
37    return true;
38  }
```

本例中引入 num 变量的主要目的是避免重复的代码,因为 4 个文本编辑框都需要添加上下文菜单,每个菜单都包含 4 个菜单项,而上下文菜单的结构类似。如果一个个添加非常麻烦。程序运行效果如图 10-28～图 10-30 所示。

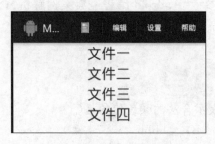

图 10-28 改变颜色后的效果

图 10-29 重命名对话框

图 10-30 重命名后的效果

10.5 本章小结

本章主要讲解了 Android 中提供的一些比较实用的、功能强大的高级界面控件,包括图片控件、列表控件、对话框、菜单等。

图片控件中,主要讲解了 ImageView,如何显示图片,特别是当图片比较大的时候如何进行缩放;ImageButton,图片按钮的背景与前景的区别,以及如何制作出既有图片又有文字的按钮效果；ImageSwitcher 是一个比较好用的图片切换器，可以添加一些切换动画。通过图片控件的学习，可以使我们应用的界面更加丰富多彩。

列表视图，在 Android 中为我们提供了功能强大的列表控件，包括自动完成提示、下拉列表、列表、扩展列表等，所有的这些列表都需要和一定的数据源进行关联，Android 中为我们提供了 Adapter 对象，该对象不仅可以关联数据源，还可以对数据的显示作一定的定制，为数据源和列表之间架起了一座桥梁，方便程序的开发。

对话框为人机交互提供了比较好的用户体验，能够时刻提示用户进行操作，以避免不必要的失误。Android 中使用最为广泛的就是 AlertDialog，本章详细讲解了几种 AlertDialog 的创建与使用，以及如何创建自定义的 AlertDialog。

菜单，则是几乎所有的应用软件都会提供的功能控件。在 Android 中，为菜单的创建提供了两种方式，一种是通过 XML 资源文件进行定义，另一种是通过代码进行创建。通过 XML 文件能够使开发者快速创建菜单，使菜单的内容与程序的代码进行分离。通过本章的学习，读者应该对 Android 中的界面控件有比较深入的理解，并能开发出具有一定功能的应用程序。

更复杂的界面设计可参考《Android 编程经典案例解析》(清华大学出版社，2015 年 1 月版，高成珍、钟元生主编)一书。

课后练习

1. 以下选项中，不能表示合法的颜色值的是(　　)。
   A) ♯aaa   B) ♯bbbb   C) ♯ccccc   D) ♯dddddd

2. ImageView 控件的 android:scaleType 属性，设置所显示的图片如何缩放或移动以适应 ImageView 的大小，以下哪个值能保持纵横比缩放图片，直到该图片能完全显示在 ImageView 中？(　　)
   A) fitXY   B) fitCenter   C) center   D) centerCrop

3. 简单描述 ImageButton 的 src 属性与 background 属性的区别。

4. 如何将 ImageButton 默认的背景去除？

5. BaseAdapter 为什么定义为抽象类？要想实现自定义的 Adapter，必须实现哪些方法？

6. 简述 SimpleAdapter 对象创建时各个参数的含义。

7. 在 SimpleAdapterTest 示例的基础上，为每一项添加一个当前状态信息，效果如图 10-31 所示。

8. 简述创建 AlertDialog 的一般步骤。

9. 简述使用资源文件定义菜单的优点。

图 10-31 练习 7 效果

Android GPS 位置服务与地图编程

本章要点

- Android 中支持位置服务的核心 API
- 通过 LocationListener 监听位置信息
- Android 中临近警告
- Google Map Key 申请
- Google 插件下载
- Google 地图核心 API
- 在 Google 地图上标记位置

本章知识结构图

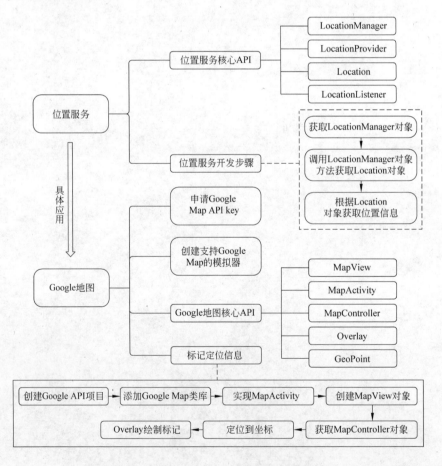

第 11 章 Android GPS 位置服务与地图编程

手机相对于个人计算机来说，除了携带方便，最重要的特点就是具有可移动性。如果我们能够时刻获取到手机的地理位置，进而开发出与位置相关的应用，将会给用户带来更好的体验，提供更贴切的服务。最典型的应用就是根据位置，查找周边的建筑物以及交通情况。GPS 等位置应用是现在大多数智能移动终端设备的标准配置。

Android 平台支持提供位置服务的 API，可以利用 GPS(Global Positioning System，全球定位系统)和 Network Location Provider(网络位置提供器)来获得用户的位置。GPS 相对来说更精确，但它只能在户外工作，很费电，并且不能像用户期望的那样能立即返回位置信息。而 Android 的网络位置提供器使用手机发射塔和 WiFi 信号来判断用户位置，在室内室外都能工作、响应速度快，并且更加省电。如果想在应用程序中获得用户的位置，可以同时使用 GPS 和网络位置提供器，或者其中一种。通过定位服务可以获取当前设备的地理位置，应用程序可以定时请求更新设备当前的地理定位信息，从而达到实时监测的功能。例如以经纬度和半径划定一个区域，一旦设备出入该区域，发出提醒信息。

监测位置变化仅仅是其中的一部分，Google 还提供了相应的 API 来管理 Google 地图数据，通过 MapView 来显示地图、MapController 来操作地图，要使用这些工具，首先要获取 Map API Key。一旦获取了 Key，就可以放大或缩小地图、查找任何一个位置，甚至可以在地图上添加自己的标记。

本章将详细讲解与位置服务相关的 API，获取定位信息，然后结合 Google 地图开发出比较实用的应用。

11.1 GPS 位置服务编程

位置服务(Location-Based Services，LBS)又称定位服务或基于位置的服务，融合了GPS 定位、移动通信、导航等多种技术，提供了与空间位置相关的综合应用服务。

11.1.1 支持位置服务的核心 API

Android 为支持位置服务，提供了 android.location 包，该包中包含了与位置信息密切相关的类和接口，主要有 LocationManager、LocationProvider、Location、LocationListener。

(1) LocationManager(定位管理者)类是访问 Android 系统位置服务的入口，所有定位相关的服务、对象都将由该类的对象产生。和其他服务一样，程序不能直接创建 LocationManager 对象，而是通过 Context 的 getSystemService()方法来获取，代码如下：

```
1   LocationManager locMg=getSystemService(Context.LOCATION_SERVICE);
```

一旦得到了 LocationManager 对象，即可调用 LocationManager 类的方法获取定位相关的服务和对象，例如获取最佳定位提供者、实现临近警报功能等，该类的常用方法如下。

① public String getBestProvider(Criteria criteria, boolean enabledOnly)：根据指定条件返回最优的 LocationProvider。criteria 表示过滤条件，enabledOnly 表示是否要求处

于启用状态。

② public Location getLastKnownLocation(String provider)：根据 LocationProvider 获取最近一次已知的 Location，provider 表示提供上次位置的 LocationProvider 的名称。

③ public LocationProvider getProvider(String name)：根据名称返回 LocationProvider。

④ public List<String> getProviders(boolean enabledOnly)：获取所有可用的 LocationProvider。

⑤ public void addProximityAlert(double latitude, double longitude, float radius, long expiration, PendingIntent intent)：添加一个临近警告，即不断监听手机的位置，当手机与固定点的距离小于指定范围时，系统将会触发相应事件，进行处理。latitude 指定中心点的经度；longitude 指定中心点的纬度；radius 指定一个半径长度；expiration 指定经过多少毫秒后该临近警告就会过期失效，-1 指定永不过期；intent 指定临近该固定点时触发该 intent 对应的组件。

⑥ public void requestLocationUpdates(String provider, long minTime, float minDistance, PendingIntent intent)：通过指定的 LocationProvider 周期性地获取定位信息，并通过 intent 启动相应的组件，进行事件处理。provider 表示 LocationProvider 的名称；mimTime 表示每次更新的时间间隔，单位为 ms，minDistance 表示更新的最近位置，单位为 m；intent 表示每次更新时启动的组件。

⑦ public void requestLocationUpdates(String provider, long minTime, float minDistance, LocationListener listener)：通过指定的 LocationProvider 周期性地获取定位信息，并触发 listener 所对应的触发器。

(2) LocationProvider(定位提供者)类是对定位组件的抽象表示，用来提供定位信息，能够周期性地报告设备的地理位置，Android 中支持多种 LocationProvider，它们以不同的技术提供设备的当前位置，区别在于定位的精度、速度和成本等方面。常用的 LocationProvider 主要有以下两种。

① network：由 LocationManager.NETWORK_PROVIDER 常量表示，代表通过网络获取定位信息的 Location Provider 对象；

② gps：由 LocationManager.GPS_PROVIDER 常量表示，代表通过 GPS 获取定位信息的 LocationProvider 对象。

GPS 相对来说精度更高，但它只能在户外工作，很费电，并且不能像用户期望的那样立即返回位置信息，而网络位置提供器使用手机发射塔或 WiFi 信号来判断用户的位置，在室内室外都能工作、响应速度快，并且更加省电。

LocationProvider 类的常用方法如下。

① int getAccuracy()：返回该 LocationProvider 的精度；

② String getName()：返回该 LocationProvider 的名称；

③ boolean hasMonetaryCost()：返回该 LocationProvider 是收费的还是免费的；

④ boolean supportsAltitude()：判断该 LocationProvider 是否支持高度信息；

⑤ boolean supportsBearing()：判断该 LocationProvider 是否支持方向信息；

⑥ boolean supportsSpeed()：判断该 LocationProvider 是否支持速度信息。

（3）Location 类是代表位置信息的抽象类，通过 Location 可获取定位信息的精度、高度、方向、纬度、经度、速度以及该位置的 LocationProvider 等信息。

（4）LocationListener 接口用于监听定位信息的监听器，必须在定位管理器中注册该对象，这样在位置发生变化的时候就会触发相应的方法进行事件处理，该监听器包含的方法如下。

① public abstract void onLocationChanged(Location location)：位置发生改变时回调该方法；

② public abstract void onProviderDisabled(String provider)：Provider 禁用时回调该方法；

③ public abstract void onProviderEnabled(String provider)：Provider 启用时回调该方法；

④ public abstract void onStatusChanged(String provider, int status, Bundle extras)：当 Provider 状态发生变化时回调该方法。

11.1.2 简单位置服务应用

前面学习了 Android 位置服务的核心 API，那么它们之间是如何协作来完成位置服务功能呢？使用它们来获取位置信息的通用步骤如下。

（1）获取系统的 LocationManager 对象；

（2）使用 LocationManager，通过指定 LocationProvider 来获取定位信息，定位信息由 Location 对象来表示；

（3）从 Location 对象中获取定位信息。

下面以一个简单的例子来演示如何获取位置信息，并进行相应的判断，程序运行后，在 DDMS 视图下的 Location Controls 面板中模拟位置的变化，发送经纬度，如图 11-1 所示，当位置发生变化后，程序能够及时捕捉到该变化，并显示当前的位置信息，如图 11-2 所示。得到位置信息后，与南昌的坐标位置相比较，如果在这个范围内，则显示你进入南昌，如果离开了这个范围，则显示你离开了南昌，效果如图 11-3 和图 11-4 所示。

图 11-1　模拟位置信息变化

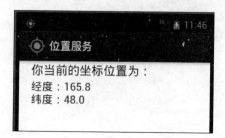

图 11-2　获取当前位置信息

程序界面布局相对简单，只有两个文本显示框，用于显示经纬度信息，在此不再列出，获取位置信息，添加临近警告的代码如下。

图 11-3　进入南昌效果

图 11-4　离开南昌效果

程序清单：codes\chapter11\LocationService\src\iet\jxufe\cn\android\MainActivity.java

```
1   public class MainActivity extends Activity {
2       private LocationManager locMg;
3       private Location location;
4       private TextView tv;                       →显示经纬度信息的文本显示框
5       public void onCreate(Bundle savedInstanceState){
6           super.onCreate(savedInstanceState);
7           setContentView(R.layout.activity_main);
8           locMg= (LocationManager)getSystemService(Context.LOCATION_SERVICE);
                                                   →获取位置服务
9           location=locMg.getLastKnownLocation(LocationManager.GPS_PROVIDER);
                                                   →得到上次的位置
10          tv= (TextView)findViewById(R.id.myLoc);
11          showInfo(location);                    →显示位置信息
12          locMg.requestLocationUpdates(LocationManager.GPS_PROVIDER, 3000, 8,
13              new LocationListener(){            →注册监听器,每隔 3s 获取位置信息
14              public void onStatusChanged(String provider, int status,
15                  Bundle extras){
16              }                   →当 LocationProvider 状态发生变化时,触发该方法
17              public void onProviderEnabled(String provider){
18                  showInfo(locMg.getLastKnownLocation(provider));
19              }                                  →LocationProvider 启用时调用该方法
20              public void onProviderDisabled(String provider){
21                  showInfo(null);
22              }                                  →LocationProvider 禁用时调用该方法
```

```
23              public void onLocationChanged(Location location){
24                  showInfo(location);
25              }                              →位置发生变化时调用该方法
26          });
27      double longitude=115.810250;           →中心点的经度
28      double latitude=28.73349;              →中心点的纬度
29      float radius=5000;                     →区域范围半径
30      Intent intent=new Intent(this,ProximityAlert.class);
                                               →响应组件
31      PendingIntent pi=PendingIntent.getBroadcast(this,-1,intent,0);
32      locMg.addProximityAlert(latitude, longitude, radius,-1,pi);
                                               →添加临近警告
33      }
```

LocationManager 提供的 requestLocationUpdates()方法可便捷、高效地监视位置改变，它需要传一个位置监听器 LocationListener，根据位置的距离变化和时间间隔设定产生位置改变事件的条件，这样可以避免因微小的距离变化而产生大量的位置改变事件。一旦位置发生变化，就调用 showInfo()方法，该方法会将当前的位置信息显示在文本框中，代码如下。

```
1   public void showInfo(Location location){
2       if(location!=null){
3           StringBuilder sb=new StringBuilder();
4           sb.append("经度:");
5           sb.append(location.getLongitude()+"\n");
6           sb.append("纬度:");
7           sb.append(location.getLatitude());
8           tv.setText(sb);
9       }else{
10          tv.setText("");
11      }
12  }
```

获取位置信息后，即可与中心点坐标进行相比，判断距离是否在 5000m 以内，如果在则提示"你已进入南昌"，从该范围离开则提示"你已离开南昌"，一旦发生变化，则发送广播，广播接收器收到广播后，获取布尔类型的值，根据接收到的值提示相应的信息，代码如下。

程序清单：codes\ chapter11\LocationService\src\iet\jxufe\cn\android\ProximityAlert.java

```
1   public class ProximityAlert extends BroadcastReceiver {
2       public void onReceive(Context context, Intent intent){
3           Boolean isEnter=intent.getBooleanExtra(LocationManager
4               .KEY_PROXIMITY_ENTERING, false);
5           String result="";
```

```
6        if(isEnter){
7            result="你已经进入南昌!";
8        }else{
9            result="你已经离开南昌!";
10       }
11       Toast.makeText(context,result,Toast.LENGTH_LONG).show();
12   }
13 }
```

注意：该程序需要访问 GPS 信号的权限，因此需要在 AndroidManifest.xml 文件中增加如下授权获取定位信息的代码。

```
1 <uses-permission android:name="android.permission.ACCESS_FINE_LOCATION"/>
```

ProximityAlert 继承于 BroadcastReceiver，是 Android 的组件之一，也需要在 Android-Manifest.xml 文件中进行配置，注册代码如下。

```
1 <receiver android:name=".ProximityAlert"></receiver>
```

11.2 Google Map 服务编程

11.1 节介绍了如何使用 Android 提供的 API 获取设备的定位信息，但得到的只是一些难记的经纬度数值，对用户来说没有多大用处，如果能将这些经纬度与我们的生活联系起来，以更形象直观的方式显示出来将会吸引更多的用户。本节将介绍 Google 地图的使用，并将位置信息和地图结合起来开发定位应用程序。

11.2.1 使用 Google 地图的准备工作

Android 系统默认并不支持调用 Google Map，为了正常调用 Google Map 服务，需要先进行如下准备工作。

1. 获取 Google Map API Key

为了在应用程序中调用 Google Map，必须先获取 Google Map API 的 Key，步骤如下。

（1）单击 Eclipse 的 Window 菜单，然后选择 Preferences 菜单项，弹出如图 10-5 所示的对话框。

（2）展开左边的 Android 节点，选中 Build 子节点，即可在对话框中看到默认调试的 keystore 的存储位置，在此为"D:\androiddeveloper\AVD\.android\debug.keystore"，默认为模拟器文件的存储目录下。接下来根据 keystore 来生成 Google API 的 Key。

（3）使用 JDK 提供的 keytool 工具为 Android keystore 生成认证指纹，启动命令行窗口输入如下命令：keytool -list -keystore ＜Android keystore 的存储位置＞。在此为：

```
keytool -list -keystore D:\androiddeveloper\AVD\.android\debug.keystore
```

运行上面的命令，系统将会提示"输入 keystore 密码"，输入 Android 模拟器的默认

第 11 章　Android GPS 位置服务与地图编程

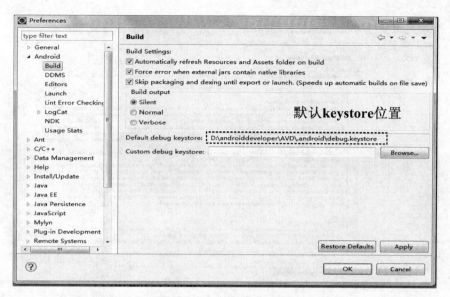

图 11-5　查看 Android 模拟器默认的 keystore

密码：android，系统将会显示 Android 模拟器的 keystore 对应的认证指纹，如图 11-6 所示。

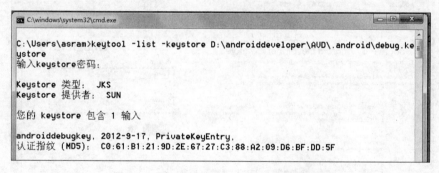

图 11-6　为 Android keystore 生成认证指纹

注意：如果运行 keytool 工具时，提示"找不到该命令"，则说明还未在 PATH 环境变量中添加 Java 安装目录下的 bin 路径，该路径下包含 keytool.exe 工具。如果 keystore 存储路径中包含空格，也会提示错误，无法生成认证指纹，此时需修改 AVD 的存储路径，做法是在环境变量中，添加 Android_SDK_Home 变量，变量值为计算机上的任意路径，不包含空格。设置完成后，需重启 Eclipse。

（4）记住上面生成的认证指纹，登录 https://developers.google.com/maps/documentation/android/maps-api-signup 站点，界面如图 11-7 所示。

（5）在界面的文本框中输入 keytool 工具生成的认证指纹，单击 Generate API Key 按钮，系统显示如图 11-8 所示的页面。

（6）在页面中输入自己的 Google 账户，如果还没有 Google 账户，可以先注册一个，如果已经有了 Google 账号，输入 Google 账户和密码，登录后如图 11-9 所示。如果一开

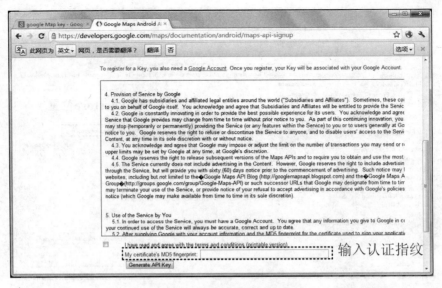

图 11-7　Google 认证界面

图 11-8　输入 Google 账户

始就已经登录了 Google 站点,将不会看到图 11-8 所示的页面,而会直接跳转到图 11-9 所示的页面。

2. 创建支持 Google Map API 的 AVD

Android SDK 默认并不支持 Google Map,为了得到支持 Google Map 的 SDK,必须为 Android SDK 添加相应的插件。启动 Android 的 SDK Manager.exe 工具,显示图 11-10 所示的窗口,勾选 Google APIs 前面的复选框,然后单击 Install packages 按钮。

安装完毕后,需要创建一个支持 Google Map 的模拟器,单击 Eclipse 中的模拟器管理界面,新建一个模拟器,如图 11-11 所示。

第 11 章　Android GPS 位置服务与地图编程

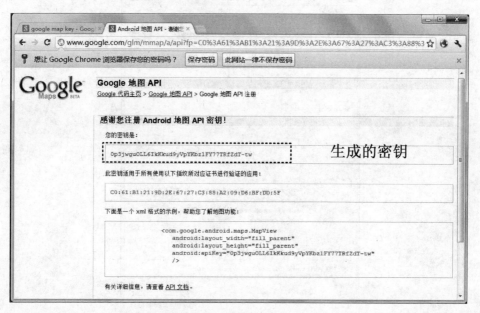

图 11-9　生成 Google API Key

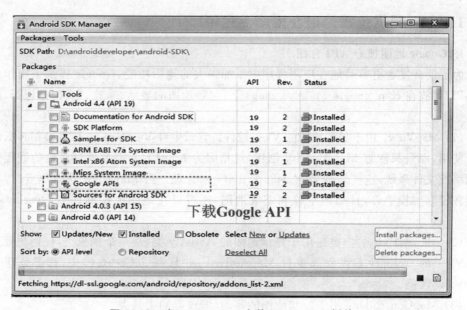

图 11-10　为 Android SDK 安装 Google Map 插件

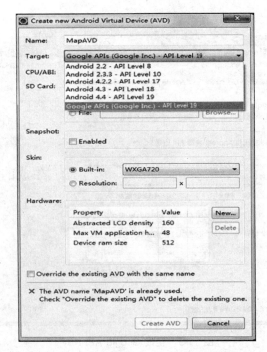

图 11-11　创建支持 GoogleMap 的模拟器

11.2.2　根据位置信息在地图上定位

1. Google 地图核心 API 介绍

为了使开发者更容易地在应用程序中添加强大的地图功能，Google 提供了操作地图的 API，存放在 com.google.android.maps 下，包括地图的显示、缩放、定位、标记等，核心 API 如下。

(1) MapView：用于显示地图的 View 控件。它派生自 ViewGroup，必须和 MapActivity 配合使用，而且只能被 MapActivity 创建，这是因为 MapView 需要通过后台的线程来连接网络或文件系统，这些线程要由 MapActivity 来管理。当 MapView 获取焦点时，它将捕捉按键和触摸手势，自动地平移和缩放地图，还可以在地图上绘制许多 Overlay 类型标记。

(2) MapActivity：该类是用于显示地图的 Activity 类，是一个抽象类，任何想要显示 MapView 的 Activity 都需要派生自 MapActivity，并且在 onCreate()中，都要创建一个 MapView 实例。

(3) MapController：用于控制地图的移动、缩放等的工具类。

(4) Overlay：是一个可显示在地图之上的可绘制的对象，常用于绘制标记。如果需要在地图上标注一些图标文字等信息，就需要使用 Overlay，首先要将地图上的经度和纬度转换成屏幕上实际的坐标，才能将信息绘制上去。Map API 中提供了 Projection.toPixels(GeoPoint in, Point out)方法，可以将经度和纬度转换成屏幕上的坐标，然后实现 Overlay 中的 draw()方法才能在地图上绘制信息。

(5) GeoPoint：是一个包含经纬度位置的对象。

下面以一个简单的程序来演示这些 API 是如何协同工作的，该程序实现简单的定位功能，输入一个经纬度即在地图上显示该位置信息，并在地图上标记出当前的位置，为地图提供两种显示模式：普通模式和卫星模式。程序运行界面如图 11-12 所示，输入任意经纬度后，单击"定位"按钮，即可在地图上标记该位置，并能缩放地图，选择卫星模式后，界面将会进行切换，效果如图 11-13 所示。

图 11-12　显示具体的定位信息　　　　图 11-13　卫星模式定位图

下面详细讲解该程序的开发过程。

(1) 创建工程，注意 BuildTarget 要选择 Google APIs 而不是 Android4.4。

(2) 在 AndroidManifest.xml 文件中添加相关许可权限和类库，该应用需要从网络中获取地图数据，因此需要添加访问网络的权限，同时需要使用到 Google Map API，因此需要添加相关的类库，代码如下。

```
1  <uses-permission android:name="android.permission.INTERNET"/>
                                              →访问网络的许可权限
2  <uses-library android:name="com.google.android.maps" />
                                              →添加 Google 地图相关类库
```

(3) 界面布局文件设计，此处界面布局比较简单，不详细列出，只将 MapView 控件的相关属性列出，代码如下。

```
1  <com.google.android.maps.MapView     →MapView 非 Android 内置控件,需用完整类名
2       android:id="@+id/myMap"          →添加 id 属性,用于在程序中操作
3       android:layout_width="match_parent"
4       android:layout_height="match_parent"
```

```
5    android:apiKey="0p3jwguOLL6IkKkud9yVpYKbzlFY77TRfZdT-tw"
                                          →申请的 Google APIKey
6        android:clickable="true" />      →是否可单击
```

也可以直接在程序中通过如下代码创建 MapView。

```
1  MapView map=new MapView(this," 0p3jwguOLL6IkKkud9yVpYKbzlFY77TRfZdT-tw");
```

（4）实现 MapActivity，MapView 必须由 MapActivity 来管理，所以程序应该继承 MapActivity，而 MapActivity 是一个抽象类，包含 isRouteDisplayed 抽象方法，所以程序必须实现 isRouteDisplayed 方法。

（5）为"定位"按钮添加单击事件处理，首先获取经纬度的数值，然后将其封装成 GeoPoint 对象，再通过 MapController 对象的 animateTo(GeoPoint point)方法定位到该 GeoPoint，再将地图上的经纬度转换成屏幕上实际的坐标，重写 Overlay 的 draw()方法将标记信息绘制到地图上，详细代码如下。

```
1   myMap= (MapView)findViewById(R.id.myMap);
2     myMap.setBuiltInZoomControls(true);
3     mc=myMap.getController();              →获取地图控制器
4     mc.setZoom(16);                        →设置缩放级别
5     lon= (EditText)findViewById(R.id.lon); →获取输入经度的文本编辑框
6     lan= (EditText)findViewById(R.id.lat); →获取输入纬度的文本编辑框
7     rgGroup= (RadioGroup)findViewById(R.id.mode);
8     myBtn= (Button)findViewById(R.id.myBtn);  →获取定位按钮
9     locBitmap=BitmapFactory.decodeResource(getResources(),
10           R.drawable.my_location);        →用于标记的图片
11    myBtn.setOnClickListener(new OnClickListener(){
12       public void onClick(View v){
13          String lonStr=lon.getText().toString();
14          String lanStr=lan.getText().toString();
15          if("".equals(lonStr)||"".equals(lanStr)){
16             Toast.makeText(MainActivity.this,"请输入有效经纬度!", 1000).
                  show();
17          } else {
18             double lonDou=Double.parseDouble(lonStr);
19             double lanDou=Double.parseDouble(lanStr);
20          showMap(lonDou, lanDou);         →调用定位和显示标记的方法
21          }
22       }
23    });
```

定位和显示标记的代码如下。

```
1  public void showMap(double lonDou, double lanDou){
2      GeoPoint gPoint=new GeoPoint((int)(lanDou * 1E6),(int)(lonDou * 1E6));
3      myMap.displayZoomControls(true);     →显示控制缩放的按钮
```

```
4        mc.animateTo(gPoint);
5        List<Overlay>overlay=myMap.getOverlays();    →得到所有的 Overlay
6        overlay.clear();                              →清空 Overlay
7        overlay.add(new MyOverLay(gPoint, locBitmap));
                                                       →添加自定义的 MyOverlay 对象
8    }
```

在指定位置绘制图片的代码如下,主要分为三步。

① 获取 MapView 上屏幕坐标与经纬度坐标之间的投影关系;
② 调用 Projection 的 toPixels 方法把经纬度坐标转化为屏幕坐标;
③ 调用 Canvas 的 drawBitmap 方法在屏幕的指定位置绘制图片。

```
1    public class MyOverLay extends Overlay {
2        Bitmap locBitmap;                             →标记的图片
3        GeoPoint gPoint;                              →标记放置的坐标点
4        public MyOverLay(GeoPoint gPoint, Bitmap locBitmap){
5            this.gPoint=gPoint;
6            this.locBitmap=locBitmap;
7        }
8        public void draw(Canvas canvas, MapView mapView, boolean shadow){
9            if(!shadow){
10               Projection projection=mapView.getProjection();
                                                       →得到投影关系
11               Point point=new Point();              →创建一个屏幕坐标点
12               projection.toPixels(gPoint, point);   →将地理坐标转为屏幕坐标
13               canvas.drawBitmap(locBitmap, point.x-locBitmap.getWidth()/ 2,
14                   point.y-locBitmap.getHeight(), null);
                                                       →在指定位置绘制图片
15           }
16       }
17   }
```

(6) 为单选按钮添加切换模式事件处理,判断选中的是哪个模式,然后设置显示模式。

```
1    rgGroup.setOnCheckedChangeListener(new OnCheckedChangeListener(){
2        public void onCheckedChanged(RadioGroup group, int checkedId){
3            switch(checkedId){
4            case R.id.satellite:
5                myMap.setSatellite(true);
6                break;
7            default:
8                myMap.setSatellite(false);
9                break;
10           }
```

```
11          }
12      });
```

开发本应用程序时,需要注意的地方有如下几个。

(1) 需要在 AndroidManifest.xml 文件的＜application.../＞元素内添加＜uses-library android:name="com.google.android.maps"/＞元素,Android 中默认不包含 Google Map API;

(2) MapView 只能在 MapActivity 中使用,即使用 Google Map 的 Activity 必须继承 MapActivity 而不是以往普通的 Activity;

(3) MapView 控件的 android:apiKey 属性值必须为用户自己申请的 API Key,而不是任意值。

上述例子中,坐标信息是手动设置的,主要用于查询某一坐标的位置,而不能时刻提供周边的建筑物信息,根据前面一节的知识,可以利用 GPS 定位,动态获取当前位置信息,从而获取附近的建筑物信息。因此在上述程序中,添加自动监听位置信息,结合定位于地图开发出类似导航的应用程序。关键代码如下。

程序清单：codes\chapter11\NavigationTest\src\iet\jxufe\cn\android\MainActivity.java

```
1   public class MainActivity extends MapActivity {
2       private MapView myMap;
3       private MapController mc;
4       private LocationManager locMg;
5       private Bitmap locBitmap;
6       public void onCreate(Bundle savedInstanceState){
7           super.onCreate(savedInstanceState);
8           setContentView(R.layout.activity_main);
9           myMap= (MapView)findViewById(R.id.myMap);
10          myMap.setBuiltInZoomControls(true);
11          mc=myMap.getController();
12          mc.setZoom(14);
13          locBitmap=BitmapFactory.decodeResource(getResources(),R.drawable.
            my_location);
14          locMg= (LocationManager) getSystemService (Context.LOCATION_
            SERVICE);
15          updateLocation(null);
16          locMg.requestLocationUpdates(LocationManager.GPS_PROVIDER, 10000, 10,
17              new LocationListener(){
18                  public void onStatusChanged(String provider, int status,
19                      Bundle extras){
20                  }
21                  public void onProviderEnabled(String provider){
22                      updateLocation(locMg.getLastKnownLocation(provider));
23                  }
24                  public void onProviderDisabled(String provider){
25                  }
```

```
26              public void onLocationChanged(Location location){
27                  updateLocation(location);
28              }
29          });
30      }
31  public void updateLocation(Location location){
32          GeoPoint gPoint=null;
33          if(location==null){
34              gPoint= new GeoPoint((int)(28.73 * 1E6),(int)(115.81 * 1E6));
35          }else{
36              gPoint=new GeoPoint((int)(location.getLatitude() * 1E6),
37                  (int)(location.getLongitude()));
38          }
39          myMap.displayZoomControls(true);
40          mc.animateTo(gPoint);
41          List<Overlay>overLays=myMap.
                getOverlays();
42          overLays.clear();
43          overLays.add(new MyOverLay
                (gPoint, locBitmap));
44      }
45      protected boolean isRouteDisplayed(){
46          return true;
47      }
48  }
```

程序运行结果如图 11-14 所示,程序每隔 10s 向 GPS 请求一次定位数据,当程序检测到位置信息改变时,将会调用 updateLocation(Location location) 方法将地图定位到当前位置,随着位置的移动,地图中代表当前位置的红色标记也会随着移动。

注意：添加相关许可权限和 Google Map API。

图 11-14 Google 地图结合位置服务

11.3 本章小结

本章主要介绍了 Android 提供的位置服务,以及 Google 的地图应用。目前绝大部分 Android 手机都提供了 GPS 硬件支持,都可以进行定位,开发者要做的就是从 Android 系统中获取定位信息。对于位置服务应重点掌握核心 API 的功能和用法,例如 LocationManager、LocationProvider、Location、LocationListener 等,并通过它们来监听、获取 GPS 定位信息。

位置服务提供的都是一些经纬度的数值,对于大部分用户来说都是没什么意义的,需要与具体的地图相结合,才能给人更形象、直观的体验。本章中,我们详细介绍了 Android 中调用 Google Map 的方法,包括 Google Map API Key 的申请,以及 Google

API 插件的下载、创建支持 Google API 的 AVD 等。除此之外，还介绍了如何根据 GPS 信息在地图上定位、标记。

课后练习

1. 简要描述 GPS 和 network 提供的定位服务的区别。
2. 简要描述位置服务开发的一般步骤。
3. 申请自己的 Google Map API Key。
4. 开发实现一个使用手机定位的 app，自己带着手机移动时，能够显示当前所在位置。

Android 编程综合案例

本章要点

- 综合案例——"校园通"需求概述
- 综合案例程序结构
- 综合案例功能模块分析
- 界面设计
- 关键代码解释
- 注意事项

本章知识结构图

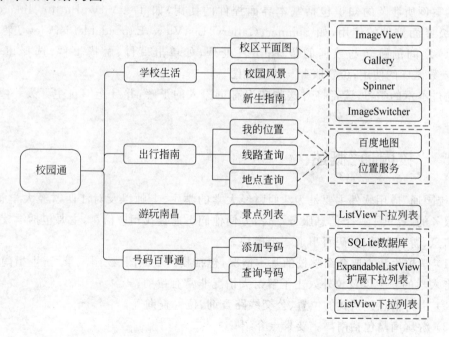

本章示例

通过前面章节的学习,已经掌握了 Android 开发的基础知识,本章将通过一个综合案例将前面所学的知识串联起来,共同开发一个实用的应用程序。本章以江西财经大学导航为例,带着大家从零开始开发一个"校园通"应用程序。该应用主要是为在校学生服务,方便学生迅速查找信息,包括学校生活、出行指南、游玩南昌、号码百事通 4 个模块。读者可以根据自己所在学校或社区,模仿本用例开发自己的校园通或者社区通。

本案例所涉及的知识包括基本界面控件的使用,如 TextView、Button、ImageView 等;高级界面控件的使用,如 Spinner、Gallery、ListView、ExpandableListView、菜单等;Activity 之间的跳转与数据的传递;事件处理,如单击事件、触摸事件、选择事件等;SQLite 数据库的使用;位置服务与百度地图。

通过本章的学习,读者将对这些知识有更深入的了解,并且能够自主开发一些小的应用。

12.1 "校园通"概述

"校园通"应用软件主要是为江西财经大学的学生、老师以及对江西财经大学感兴趣的人服务的,提供了一个信息服务平台,方便他们迅速查找相应信息,主要包括学校生活、出行信息、游玩南昌、号码百事通 4 个模块。

(1) 学校生活主要介绍学校的基本情况,包括校区平面图、校园风景、新生指南等,对于即将入学的新生以及校外人士了解财大情况非常有帮助;

(2) 出行信息包括我的位置、公交线路查询、位置查询等;

(3) 游玩南昌包括南昌主要景点介绍;

(4) 号码百事通包括号码的查询和添加。

"校园通"应用程序的功能模块图如图 12-1 所示。

第 12 章 Android 编程综合案例

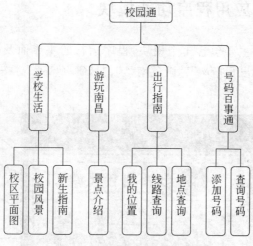

图 12-1 校园通功能结构图

12.2 "校园通"应用程序结构

"校园通"应用程序涉及的功能和界面较多，为了方便对代码的管理，为每个功能模块单独建立一个包，将功能相关的 Activity 放在同一包下，"校园通"应用程序的程序结构如图 12-2 所示。

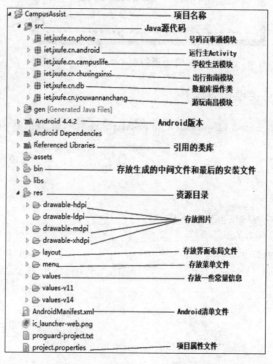

图 12-2 校园通应用程序结构图

12.3 "校园通"应用程序功能模块

"校园通"应用程序主要包含 4 个模块,程序运行的主界面及界面分析如图 12-3 所示。单击"学校生活"、"出行指南"、"游玩南昌"、"号码百事通"等按钮后,能够跳转到相应的功能模块。

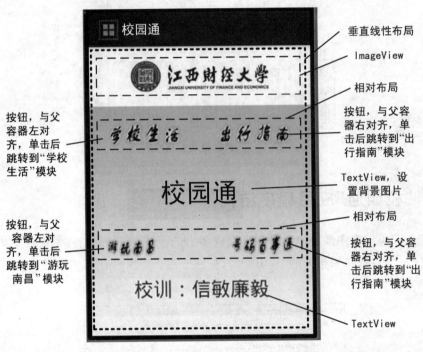

图 12-3 "校园通"应用程序主界面分析

主界面的布局文件关键代码如下。

程序清单:codes\ chapter12\ CampusAssist\res\layout\activity_main.xml

```
1   <LinearLayout...>                                              →总体为垂直线性布局
2      <ImageView.../>                                             →空白 ImageView
3      <ImageView                                                  →显示"校园"标记的 ImageView
4          android:src="@drawable/logo".../>
5      <ImageView.../>                                             →空白 ImageView
6      <RelativeLayout...>                                         →相对布局
7         <Button  android:layout_alignParentLeft="true".../>
                                                                   →"学校生活"按钮,与父容器左对齐
8         <Button  android:layout_alignParentRight="true".../>
                                                                   →"出行指南"按钮,与父容器右对齐
9      </RelativeLayout>
10     <TextView.../>                                              →显示中间的"校园通"文字
```

```
11    <RelativeLayout...>                              →相对布局
12      <Button  android:layout_alignParentLeft="true".../>
                                                       →"游玩南昌"按钮,与父容器左对齐
13      <Button  android:layout_alignParentRight="true"/>
                                                       →"号码百事通"按钮,与父容器右对齐
14    </RelativeLayout>
15    <TextView.../>                                   →显示校训文字
16  </LinearLayout>
```

单击各个按钮后能够跳转到相应的功能模块,事件处理的关键代码如下。

程序清单:codes\ chapter12\ CampusAssist\src\iet\jxufe\cn\android\MainActivity.java

```
1   public class MainActivity extends Activity {
2       private Button phoneAssist,trafficAssist,campusLife,scenery;
                                                       →声明 Button 类型变量
3       public void onCreate(Bundle savedInstanceState){
4           super.onCreate(savedInstanceState);
5           setContentView(R.layout.activity_main);    →设置界面布局
6           phoneAssist=(Button)findViewById(R.id.phoneAssist);
                                                       →根据 ID 找到控件
7           trafficAssist=(Button)findViewById(R.id.trafficAssist);
8           campusLife=(Button)findViewById(R.id.campusLife);
9           scenery=(Button)findViewById(R.id.scenery);
10          MyOnClickListener myOnClickListener=new MyOnClickListener();
                                                       →创建监听器对象
11          phoneAssist.setOnClickListener(myOnClickListener);
                                                       →为按钮添加事件监听器
12          trafficAssist.setOnClickListener(myOnClickListener);
13          campusLife.setOnClickListener(myOnClickListener);
14          scenery.setOnClickListener(myOnClickListener);
15      }
16      public class MyOnClickListener implements OnClickListener{
                                                       →内部类实现事件监听器
17          Intent intent=null;
18          public void onClick(View v){               →单击事件处理方法
19              switch(v.getId()){                     →判断事件源
20                  case R.id.phoneAssist:
21                      intent= new Intent (MainActivity.this,PhoneListActivity.
                        class);                        →跳转到"号码百事通"
22                      break;
23                  case R.id.trafficAssist:
24                      intent= new Intent (MainActivity.this,ChuxingxinxiActivity.
                        class);                        →跳转到"出行指南"
25                      break;
```

```
26              case R.id.campusLife:
27                  intent= new Intent(MainActivity.this,CampusLifeActivity.
                    class);                              →跳转到"校园生活"
28                  break;
29              case R.id.scenery:
30                  intent= new Intent(MainActivity.this,SceneryActivity.
                    class);                              →跳转到"游玩南昌"
31                  break;
32              default:break;
33              }
34              startActivity(intent);
35          }
36      }
37  }
```

在主界面中,有 4 个按钮都需要进行单击事件处理,因此可创建一个内部类来实现事件监听器,所有的按钮注册到同一个事件监听器上,单击事件发生后,通过判断事件源从而进行不同的处理。下面分别对各个模块的功能进行详细分析与介绍。

12.3.1 "学校生活"模块

"学校生活"模块主要介绍学校的基本情况,包括校区平面图、校园风景以及新生指南三部分。程序结构图以及各个 Activity 之间的跳转关系如图 12-4 所示。

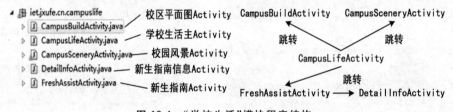

图 12-4 "学校生活"模块程序结构

"学校生活"模块运行主界面及分析如图 12-5 所示。

界面布局相对简单,总体使用垂直线性布局,设置背景图片,对齐方式为垂直居中并右对齐 android:gravity="center_vertical|right",并设置右边距为 20dp,即 paddingRight 为 20 dp。按钮的事件处理与前面主界面上的按钮事件处理类似,在此不给出相应代码。可查看 codes\chapter12\CampusAssist\src\iet\jxufe\cn\android\ CampusLifeActivity.java。

单击"校区平面图"按钮后,跳转到 CampusBuildActivity,界面运行效果如图 12-6 和图 12-7 所示。该界面中包含一个 Spinner 下拉列表、一个 ImageView 以及一个返回按钮,选择 Spinner 中的某一项后能在 ImageView 中显示对应的图片,由于图片比较大,因此为图片添加了触摸事件,能够拖动以查看图片其他部分。

第 12 章　Android 编程综合案例

图 12-5　"学校生活"主界面分析

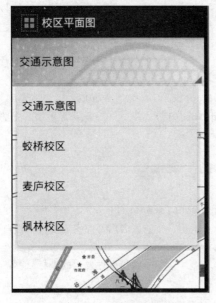

图 12-6　校区平面图运行界面

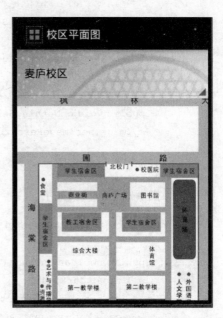

图 12-7　麦庐校区显示效果

　　界面整体采用垂直线性布局，相对比较简单，在此不列出代码，在此界面中，存在三种事件处理，一种是下拉列表的选择事件，一种是图片的触摸事件，还有一种是返回按钮的单击事件。

　　下拉列表选择事件的关键代码如下。

程序清单：codes\chapter12\ CampusAssist\src\iet\jxufe\cn\ android\ CampusBuildActivity.java

```
1      int [] imageIds=new int[]{R.drawable.jiaotong,R.drawable.jiaoqiaoxiaoqu,
2          R.drawable.mailuxiaoqu,R.drawable.fenglinxiaoqu};
                                                           →图片 ID 数组
3      String[] xiaoqu=new String[]{"交通示意图","蛟桥校区","麦庐校区","枫林校
       区"};                                                →列表内容
4      protected void onCreate(Bundle savedInstanceState){
5          super.onCreate(savedInstanceState);
6          setContentView(R.layout.campus_build);
7          mySpinner=(Spinner)findViewById(R.id.spinner);  →根据 ID 找到下拉列表
8          myImage=(ImageView)findViewById(R.id.myImage);
                                                           →根据 ID 找到 ImageView
9          ArrayAdapter<String>adapter=new ArrayAdapter<String>(this,
10             android.R.layout.simple_dropdown_item_1line,xiaoqu);
                                                           →设置样式和内容
11         mySpinner.setAdapter(adapter);                  →为 Spinner 设置 Adapter
12         mySpinner.setOnItemSelectedListener(new OnItemSelectedListener(){
                                                           →选中事件监听器
13             public void onItemSelected(AdapterView<?> arg0, View arg1, int
               position, long id){
14                 myImage.setImageResource(imageIds[position]);
                                                           →根据选择显示图片
15             }
16             public void onNothingSelected(AdapterView<?>arg0){
17                 myImage.setImageResource(imageIds[0]);  →默认显示第一张图片
18         }
19     });
```

图片的触摸事件处理代码如下。

```
1      myImage.setOnTouchListener(new OnTouchListener(){
                                                           →匿名内部类实现触摸事件监听器
2          public boolean onTouch(View v, MotionEvent event){
3              float curX,curY;                            →触摸事件发生的坐标
4              switch(event.getAction()){
5              case MotionEvent.ACTION_DOWN:
6                  mx=event.getX();
7                  my=event.getY();
8                  break;
9              case MotionEvent.ACTION_MOVE:
10                 curX=event.getX();
11                 curY=event.getY();
12                 myImage.scrollBy((int)(mx-curX),(int)(my-curY));
```

```
13              mx=curX;
14              my=curY;
15              break;
16          case MotionEvent.ACTION_UP:
17              curX=event.getX();
18              curY=event.getY();
19              myImage.scrollBy((int)(mx-curX),(int)(my-curY));
20              break;
21          default:
22              break;
23          }
24          return true;
25      }
26  });
```

触摸事件的原理是：记录按下鼠标时的坐标以及移动后的坐标，根据这两个坐标的距离来移动整张图片。在触摸事件中存在三种状态：按下、移动、松开，因此需对触摸事件的状态进行判断，然后再做具体的操作。

单击"校园风景"按钮后，跳转到CampusSceneryActivity，界面运行效果如图12-8所示。在此界面中包含三种控件：Gallery、ImageSwitcher以及按钮，整体采用垂直线性布局，布局中对齐方式为水平居中。ImageSwitcher图片选择器主要用于显示图片，相对于ImageView而言，它在图片切换时能添加一些动态效果。

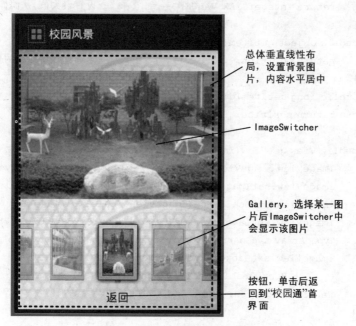

图 12-8　校园风景运行效果图

Gallery是画廊，是存放图片的列表，选择某一张图片时，该图片能够突出显示，而其他未选择的图片则以半透明的形式显示，开发者可自由设置未选中图片的透明度以及图片间的间距等。由于 Gallery 每选中一张图片时,会单独创建一个 ImageView 对象,内存消耗比较大,因此逐渐被淘汰了,不推荐使用,可用 HorizontalScrollView 或 PageView 代替。在此只是为了显示效果,对内存要求不高,所以选择 Gallery。

在该界面中单击 Gallery 中的某一张图片时,ImageSwitcher 中的图片就会相应地变化。关键代码如下。

codes\ chapter12\CampusAssist\src\iet\jxufe\cn\android\CampusSceneryActivity. java

```
1   switcher.setFactory(new ViewFactory(){                    →为 Switcher 创建图片,并设置效果
2       public View makeView(){
3           ImageView imageView=new ImageView(CampusSceneryActivity.this);
4           imageView.setScaleType(ImageView.ScaleType.FIT_CENTER);
5           imageView.setLayoutParams(new ImageSwitcher.LayoutParams(
6               LayoutParams.WRAP_CONTENT, LayoutParams.WRAP_CONTENT));
7           return imageView;
8       }});
9   switcher. setInAnimation (AnimationUtils. loadAnimation (this, android. R.
    anim.fade_in));                                           →设置图片切换的动画为淡入淡出
10  switcher. setOutAnimation (AnimationUtils. loadAnimation (this, android. R.
    anim.fade_out));
11  BaseAdapter adapter=new BaseAdapter(){                    →下拉列表对应的内容信息
12      public int getCount(){                                →获取下拉列表的选项数
13          return Integer.MAX_VALUE;                         →设置最大值,从而循环显示图片
14      }
15      public Object getItem(int position){
16          return position;                                  →返回选项所对应的位置
17      }
18      public long getItemId(int position){
19          return position;
20      }
21      public View getView(int position, View convertView, ViewGroup parent){
22          ImageView imageView=new ImageView(CampusSceneryActivity.this);
23          imageView.setImageResource(images[position %images.length]);
24          imageView.setScaleType(ImageView.ScaleType.FIT_XY);
25          imageView.setLayoutParams(new Gallery.LayoutParams(75, 100));
26          TypedArray typedArray=obtainStyledAttributes(R.styleable.Gallery);
27          imageView.setBackgroundResource(typedArray.getResourceId(
28              R.styleable.Gallery_android_galleryItemBackground, 0));
29          return imageView;
30      }
31  };
32  gallery.setAdapter(adapter);
33  gallery.setOnItemSelectedListener(new OnItemSelectedListener(){
34      public void onItemSelected (AdapterView<?> arg0, View arg1, int position,
```

```
                long id){
35                  switcher.setImageResource(images[position%images.length]);
                                                              →选择事件处理
36              }
37              public void onNothingSelected(AdapterView<?>arg0){
38              }
39          });
```

单击"新生指南"按钮后,跳转到FreshAssistActivity,界面运行效果如图12-9所示。该界面采用垂直线性布局,包含8个按钮,居中显示,单击某一按钮后跳转到DetailInfoActivity,显示详细信息,如图12-10所示。

图12-9 "新生指南"主界面

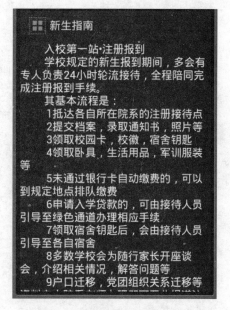

图12-10 "新生指南"详细信息

"新生指南"主界面中包含8个按钮,每个按钮都需要添加事件处理,一个个添加比较麻烦,此处采用数组存储每个按钮的ID,然后循环遍历数组,取出ID,并根据ID找到对应的按钮,并为其注册事件监听器。事件处理后显示的信息虽然不同,但是结构一致,因此,此处采取数组存储数据,将需要显示的内容存储到Intent中,从而达到动态改变的效果,而不用为每部分单独建立一个Activity显示内容,大大减少了Activity的数量,关键代码如下。

程序清单:codes\ chapter 12\ CampusAssist\src\iet\jxufe\cn\android\ FreshAssistActivity.java

```
1   protected void onCreate(Bundle savedInstanceState){
2       super.onCreate(savedInstanceState);
3       setContentView(R.layout.fresh_assist);
4       int[] btnIds=new int[] { R.id.woshi, R.id.xuezhang, R.id.zhengli,R.id.dida,
```

```
5            R.id.jiejiao, R.id.qinlian, R.id.shenghuo,R.id.ruxiao };
                                                    →定义按钮对应的ID数组
6       Button[] btns=new Button[btnIds.length];    →创建对应长度的按钮数组
7       myOnClickListener myListener=new myOnClickListener();
                                                    →创建事件监听器对象
8       for(int i=0; i <btns.length; i++){
9           btns[i]=(Button)findViewById(btnIds[i]);
                                                    →遍历数组根据ID得到按钮
10          btns[i].setOnClickListener(myListener);
                                                    →为每个按钮注册事件监听器
11      }
12   }
```

注意：上面代码中的 btnIds 的定义必须放在 setContentView(R.layout.fresh_assist);之后，因为只有加载 fresh_assist.xml 文件之后，才会有对应的按钮 ID。

单击事件监听器的实现类关键代码如下。

```
1    private class myOnClickListener implements OnClickListener {
2        Intent intent=new Intent(FreshAssistActivity.this,
         DetailInfoActivity.class);
3        public void onClick(View v){
4            switch(v.getId()){
5            case R.id.zhengli:
6                intent.putExtra("info", info[0]);
7                break;
8            case R.id.dida:
9                intent.putExtra("info", info[1]);
10               break;
11               ……                               →其他匹配项，在此不再列出
12           default:
13               break;
14           }
15           startActivity(intent);
16       }
```

代码中 Info 是一个字符串数组，用于存放需要传递的字符串信息。对于不同的按钮，传递的数据不同，但接收数据的 Activity 是一致的，所以在 switch 语句外面创建 Intent 对象。

12.3.2 "出行指南"模块

"出行指南"主要包括获取当前的位置信息、查找公交路线信息，以及搜索一些关键地点的位置。程序结构以及各个 Activity 之间的跳转关系如图 12-11 所示。

"出行指南"模块运行主界面如图 12-12 所示。单击"线路查询"按钮后，跳转到 GongjiaoluxianActivity，调用百度地图 API，在界面中输入某一公交路线，会在地图上显

第 12 章 Android 编程综合案例

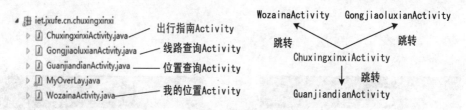

图 12-11 "出行指南"模块程序结构

示出该公交路线的站点信息,如图 12-13 所示,显示南昌的 232 路公交路线,单击缩小和放大可以缩放地图。单击"我的位置"按钮后,调用百度地图 API,能够在地图上用一个图片标记当前位置,如图 12-14 所示。单击"位置查询"按钮后,调用百度地图,在地图上标记出与之相关的位置信息,如图 12-15 所示,标记的是南昌与财大相关的位置信息。

图 12-12 "出行指南"模块程序结构

图 12-13 公交路线查询结果

以上功能模块中都涉及百度地图,先对其进行简要介绍。首先在网上下载百度地图的相关 API,并申请使用 API 的 Key。百度地图的网址为 http://dev.baidu.com/wiki/imap/ index.php,进入网页后选择 Android,如图 12-16 所示。

选择 Android 平台后,可下载相关 jar 包、技术文档,申请使用 API 的 Key,查看开发流程等,如图 12-17 所示。

单击"Key 申请"进入百度地图 API Key 申请页面,如图 12-18 所示。

注意:获取 API 密钥时,前提是已经登录,若没有百度账号,需注册一个账号,然后再申请。生成的 API Key 需要保存,在后面开发百度地图相关应用中需要用到。

有了百度地图的 API Key 和相关 jar 包,就可以开发自己的应用了,开发步骤如下。

图 12-14　我的位置显示图　　　　图 12-15　百度地图搜索"财大"的结果

图 12-16　百度地图首页截图

第 12 章 Android 编程综合案例

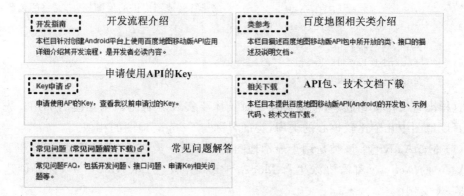

图 12-17 Android 版百度地图

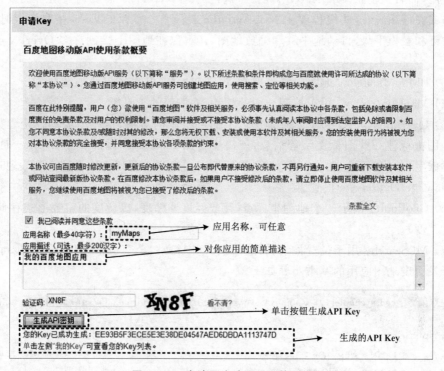

图 12-18 申请百度地图 API 的 Key

（1）在项目中添加相关的 jar 包，将下载的 jar 包中的 baidumapapi.jar 放在项目中的 libs 目录下，然后在 libs 目录下建立一个 armeabi 文件夹，再将 libBMapApiEngine_v1_3_3.so 复制到该工程目录下。

（2）由于要调用百度地图的相关数据，因此需要添加相应的权限，究竟需要添加哪些权限，可以通过查看下载的百度地图的示例文件，从它的 AndroidManifest.xml 中拷贝即可，或者运行时根据提示信息一个个地添加。

（3）在布局文件中添加地图控件的代码如下：

```
1    <com.baidu.mapapi.MapView              →百度地图提供的地图控件,完整的包名+类名
2        android:id="@+id/bmapView"
3        android:layout_width="fill_parent"
4        android:layout_height="fill_parent"
5        android:clickable="true" />
```

这样准备工作就完成了,下面需要针对具体要实现的功能调用相应的 API。先简要介绍百度地图中几个比较核心的类库,类的名称与 Google 地图的相似。

(1) MapActivity:该类是用于显示地图的 Activity 类,是一个抽象类,任何想要显示 MapView 的 Activity 都需要派生自 MapActivity,并且在 onCreate()中,都要创建一个 MapView 实例。

(2) MapView:用于显示地图的 View 控件。它派生自 ViewGroup,必须和 MapActivity 配合使用,而且只能被 MapActivity 创建,这是因为 MapView 需要通过后台的线程来连接网络或文件系统,这些线程要由 MapActivity 来管理。当 MapView 获取焦点时,它将捕捉按键和触摸手势,自动地平移和缩放地图,还可以在地图上绘制许多 Overlay 类型的标记。

(3) BMapManager:地图引擎管理类,用于初始化、开启和停止地图。

(4) MapController:用于控制地图的移动、缩放等的工具类。

(5) Overlay:是一个可显示在地图之上的可绘制的对象,常用于绘制标记。如果需要在地图上标注一些图标文字等信息,就需要使用 Overlay。添加一个 overlay 时,从这个基类派生出一个子类,创建一个实例,然后把它加入到一个列表中。这个列表通过调用 MapView.getOverlays()得到。

(6) GeoPoint:表示一个地理坐标点,存放经度和纬度,以微度的整数形式存储(1 微度 = 10^{-6} 度)。

(7) MkSearch:用于位置检索、周边检索、范围检索、公交检索、驾乘检索、步行检索。
开发百度地图应用的基本步骤如下。

程序清单:codes\chapter12\ CampusAssist\src\iet\jxufe\cn\android\ FreshAssistActivity.java

```
1  public class GongjiaoluxianActivity extends MapActivity {
2      private MapView mapView;                        →MapView用于显示地图
3      private BMapManager bMapManager;                →地图管理类
4      private MapController mc;                       →地图控制类
5      private MKSearch mkSearch;                      →用于位置检索、周边检索、范
                                                        围检索、公交检索、步行检
                                                        索等
6      private String keyString=" "EE93B5F3ECE5E3E38DE04547AED6DBDA1113747D";
                                                      →申请的 API Key(字符串中的
                                                        Key 根据各人申请的代码修
                                                        改)
7      private EditText bus,city;                      →城市和线路信息
8      private Button search;                          →搜索按钮
```

```
9    public void onCreate(Bundle savedInstanceState){
10        super.onCreate(savedInstanceState);
11        setContentView(R.layout.gongjiaoluxian);
                                              →布局文件中只有一个 MapView 控件
12        bus=(EditText)findViewById(R.id.bus);    →获取要查询的线路
13        search=(Button)findViewById(R.id.search);
14        mapView=(MapView)findViewById(R.id.bmapView);
15        city=(EditText)findViewById(R.id.city);  →获取查询的城市
16        bMapManager=new BMapManager(this);        →创建地图管理类的对象
17        bMapManager.init(keyString, new MKGeneralListener(){
                                              →初始化地图管理类
18            public void onGetPermissionState(int arg0){
19                if(result==300){         →返回授权验证错误,300 表示
                                              验证失败
20              Toast.makeText(GongjiaoluxianActivity.this, "验证不通过,请重
                    新输入!",
21                    Toast.LENGTH_SHORT).show();
22                }
23            }
24            public void onGetNetworkState(int result){  →返回网络错误
25            }
26        });
27        initMapActivity(bMapManager);        →初始化 MapActivity
28        mapView.setBuiltInZoomControls(true); →设置地图可放大、缩小
29        mc=mapView.getController();          →获取地图控制对象
30        mc.setZoom(15);                      →设置缩放级别为 15
31    }
```

在上述代码中,bMapManager 对象初始化时,需要传递两个参数,第一个参数为申请的授权验证码,即申请的 API Key,第二个参数为注册回调事件,用于获取验证错误信息或网络错误信息。通过上述这段代码才可以在模拟器中显示地图信息,并进行缩放、移动,默认是以北京天安门为中心显示信息。需要注意的是,还必须在 androidManifest.xml 文件中添加相应的权限信息。

```
1  <uses-permission android:name="android.permission.INTERNET" />
2  <uses-permission android:name="android.permission.ACCESS_NETWORK_STATE " />
3  <uses-permission android:name="android.permission.ACCESS_FINE_LOCATION" />
4  <uses-permission android:name="android.permission.WRITE_EXTERNAL_STORAGE" />
5  <uses-permission android:name="android.permission.ACCESS_WIFI_STATE" />
6  <uses-permission android:name="android.permission.CHANGE_WIFI_STATE" />
7  <uses-permission android:name="android.permission.READ_PHONE_STATE" />
```

下面查询公交路线功能,为搜索按钮添加事件处理。主要是调用 MKSearch 类来实现公交检索,关键代码如下。

```
1   search.setOnClickListener(new OnClickListener(){    →为搜索按钮添加事件监听器
2       public void onClick(View v){
3           mkSearch=new MKSearch();                    →创建MKSearch对象
4           mkSearch.init(bMapManager,new MyMKSearchListener());
                                                        →初始化MKSearch对象
5           mkSearch.poiSearchInCity(city.getText().toString().trim(),
                                                        →传入两个参数,城市和公交路线
6           bus.getText().toString().trim());
7       }
8   });
```

MkSearch类对象初始化时传入两个参数,地图管理对象以及MKSearchListener监听器,该监听器用于返回poi搜索(位置、关键点搜索)、公交搜索、驾乘路线和步行路线结果。poiSearchInCity()方法用于城市poi搜索,将会自动调用MKSearchListener中的onGetPoiResult(),在该方法中会返回所有的poi信息,然后获取公交路线的poi信息,再调用MKSearch的busLineSearch()根据poi信息来搜索公交的详细信息,并绘制路线标记,关键代码如下所示。

```
1   public class MyMKSearchListener implements MKSearchListener{
2       public void onGetWalkingRouteResult(MKWalkingRouteResult result,
3               int arg1){                              →返回步行路线搜索结果
4       }
5       public void onGetTransitRouteResult(MKTransitRouteResult result,
6               int arg1){                              →返回公交搜索结果
7       }
8       public void onGetSuggestionResult(MKSuggestionResult arg0, int arg1){
                                                        →返回搜索结果
9       }
10      public void onGetPoiResult(MKPoiResult result, int type, int iError){
            →返回poi搜索结果 result-搜索结果 iError-错误号,0表示正确返回
11          if(result==null || iError !=0){
12              Toast.makeText(GongjiaoluxianActivity.this,
13                  "对不起,没有相应结果",1000).show();
14              return;
15          }
16          MKPoiInfo mkPoiInfo=null;                   →搜索的Poi信息
17          int mkPoiNum=result.getNumPois();           →得到的Poi信息个数
18          for(int i=0;i<mkPoiNum;i++){                →循环获取所有的Poi信息
19              mkPoiInfo=result.getPoi(i);
20              if(mkPoiInfo.ePoiType==2){              →2表示公交路线
21                  break;
22              }
23          }
24          mkSearch.busLineSearch(city.getText().toString().trim(), mkPoiInfo.uid);
```

```
25        }
26        public void onGetDrivingRouteResult (MKDrivingRouteResult result,        →搜索公交详细信息
          int arg1){
27        }                                                                        →返回驾乘路线搜索结果
28        public void onGetBusDetailResult (MKBusLineResult result, int
          iError){                                                                 →返回公交车详情信息搜索结果
29            if(result==null || iError !=0){
30                Toast.makeText(GongjiaoluxianActivity.this, "对不起,没有相
31                应结果",1000).show();
32                return;
33            }
34        RouteOverlay routeOverlay=new RouteOverlay(GongjiaoluxianActivity.
          this, mapView);
35            routeOverlay.setData(result.getBusRoute());                          →为标记设置数据
36            mapView.getOverlays().clear();                                       →清空原有标记
37 mapView.getOverlays().add(routeOverlay);                                        →添加路线标记
38            mapView.invalidate();                                                →刷新地图
39        mapView.getController().animateTo(result.getBusRoute().getStart());
                                                                                   →定位到起点
40        }
41        public void onGetAddrResult(MKAddrInfo arg0, int arg1){
                                                                                   →返回地址信息搜索结果
42        }
43    }
```

主要流程是：查询城市的所有 poi 信息，然后对 poi 信息进行遍历，获取公交路线 poi 信息，最后搜索公交路线的详细信息。整个流程如图 12-19 所示。

由于地图比较消耗资源与流量，因此建议离开界面时应停止地图、恢复时重新启动地图、退出时销毁地图，主要通过 Activity 的状态来对地图进行控制。关键代码如下。

```
1     protected void onResume(){                                                   →恢复时重新启动地图
2         super.onResume();
3         if(bMapManager !=null){
4             bMapManager.start();
5         }
6     }
7     protected void onPause(){                                                    →暂停时停止地图
8         super.onPause();
9         if(bMapManager !=null){
10 bMapManager.stop();
11        }
12    }
13    protected void onDestroy(){                                                  →退出时销毁地图
```

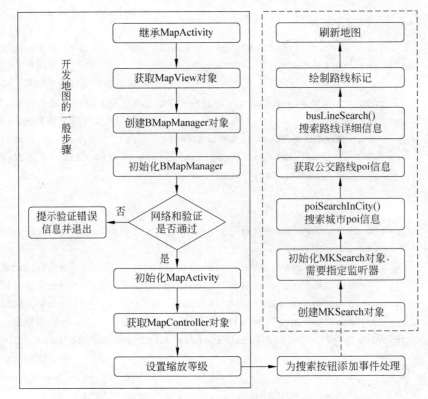

图 12-19 百度地图开发的一般流程

```
14          super.onDestroy();
15          if(bMapManager !=null){
16              bMapManager.destroy();
17              bMapManager=null;
18          }
19      }
```

位置搜索原理与公交路线类似,只是获取信息和处理方式有所差别,关键代码如下。

```
1   public void onGetPoiResult(MKPoiResult result, int type, int iError){
                                           →返回 poi 搜索结果 result
2       if(result==null || iError !=0){  →搜索结果 iError 为错误号,0 表示正确返回
3   Toast.makeText(GuanjiandianActivity.this,"对不起,没有相应结果",Toast.
LENGTH_LONG).show();
4           return;
5       }
6       mapView.getOverlays().clear();           →清除地图上已有的覆盖物
7       PoiOverlay poioverlay = new PoiOverlay(GuanjiandianActivity.this,
            mapView);    → PoiOverlay 是 baidu map api 提供的用于显示 POI 的 Overlay
8       poioverlay.setData(result.getAllPoi());   →设置搜索到的 POI 数据
9       mapView.getOverlays().add(poioverlay);
                   →在地图上显示 PoiOverlay(将搜索到的兴趣点标注在地图上)
```

```
10      if(result.getNumPois()>0){
11          MKPoiInfo poiInfo=result.getPoi(0);
                                    →设置其中一个搜索结果所在地理坐标为地图的中心
12          mc.setCenter(poiInfo.pt);
13      }
14  }
```

"我的位置"功能则结合了位置服务和百度地图功能,首先根据位置服务定位自己的坐标,然后在百度地图上对应的坐标处绘制标记,关键代码如下。

```
1   locMg=(LocationManager)getSystemService(Context.LOCATION_SERVICE);
                                                    →获取位置服务
2   updateLocation(location);                       →默认的位置标记
3   locMg.requestLocationUpdates(LocationManager.GPS_PROVIDER, 3000, 10,
4       new android.location.LocationListener(){    →位置监听器
5       public void onStatusChanged(String provider, int status,Bundle extras){
6       }
7       public void onProviderEnabled(String provider){
8           updateLocation(locMg.getLastKnownLocation(provider));
9       }
10      public void onProviderDisabled(String provider){
11          updateLocation(null);
12      }
13      public void onLocationChanged(Location location){
14          updateLocation(location);               →位置发生变化时,更新地图上的显示
15      }
16  });
```

显示地图上当前位置的标记方法代码如下。

```
1   public void updateLocation(Location location){
2       if(location==null){
3           geoPoint=new GeoPoint((int)(28.73 * 1E6),(int)(115.81 * 1E6));
                                                    →默认位置
4       } else {
5           geoPoint=new GeoPoint((int)(location.getLatitude() * 1E6),
6               (int)(location.getLongitude() * 1E6));  →获取更新后的位置
7       }
8       mapView.displayZoomControls(true);          →设置可控制显示
9       mapView.invalidate();                       →更新地图显示
10      mc.animateTo(geoPoint);                     →定位到某一坐标
11      mc.setCenter(geoPoint);                     →设置该坐标为地图显示的中心
12      List<Overlay>overLays=mapView.getOverlays(); →获取所有的覆盖层
13      if(overLays !=null){
14          overLays.clear();                       →清空覆盖层
15      }
```

```
16      overLays.add(new MyOverLay(geoPoint, locBitmap));
                                                →添加自定义的标记
17   }
```

MyOverLay 是自己的标记层，继承于 OverLay 基类，重写了 draw()方法，主要是绘制一张位图，详细代码如下。

程序清单：codes\chapter12\ CampusAssist\src\iet\jxufe\cn\ chuxingxinxi\ MyOverLay.java

```
1   public class MyOverLay extends Overlay {
2       Bitmap locBitmap;
3       GeoPoint gPoint;
4       public MyOverLay(GeoPoint gPoint, Bitmap locBitmap){
5           this.gPoint=gPoint;
6           this.locBitmap=locBitmap;
7       }
8       public void draw(Canvas canvas, MapView mapView, boolean shadow){
9           super.draw(canvas, mapView, shadow);
10          Point point=mapView.getProjection().toPixels(gPoint, null);
                                                →地理坐标与屏幕坐标的映射
11          canvas.drawBitmap(locBitmap, point.x-locBitmap.getWidth()/ 2,
12              point.y-locBitmap.getHeight(), null);    →绘制标记图片
13      }
14  }
```

12.3.3 "游玩南昌"模块

"游玩南昌"模块主要介绍南昌的一些旅游景点，程序运行界面如图 12-20 所示，以列表的形式列出所有的景点及其简介，单击某一景点后会显示该景点的详细信息，如图 12-21 所示。

图 12-20 "游玩南昌"主界面

图 12-21 具体景点介绍

"游玩南昌"界面中只包含一个下拉列表,下拉列表中每一项由三部分组成:一个 ImageView 和两个 TextView,采用嵌套的线性布局。关键是如何将内容与布局一一对应起来,最后为下拉列表添加选择事件处理。关键代码如下。

```
1   myList=(ListView)findViewById(R.id.sceneryList);    →获取下拉列表
2       ArrayList<Map<String,String>>sceneryList=new ArrayList<Map<String,
        String>>();                                     →内容集合
3       for(int i=0; i<names.length; i++){
                                    →通过循环将每一项的内容放在同一 Map 中
4           Map<String,String>sceneryItem=new HashMap<String,String>();
5           sceneryItem.put("name", names[i]);          →存放景点名称
6           sceneryItem.put("brief", briefs[i]);        →存放景点简介
7           sceneryItem.put("image", images[i]+"");     →存放景点图片 ID
8           sceneryList.add(sceneryItem);               →将每一项添加到列表中
9       }
10      SimpleAdapter adapter=new SimpleAdapter(this, sceneryList,
11          R.layout.scenery_item,  new String[] { "image", "name", "brief"
            }, new int[] {
12          R.id.image, R.id.name, R.id.brief });
                        →内容适配器,将内容与列表、布局关联起来
13      myList.setAdapter(adapter);
14      myList.setOnItemClickListener(new myOnItemClickListener());
```

创建 SimpleAdapter 对象时,需要传递 5 个参数:第一个是上下文对象,一般为当前 Activity;第二个参数是内容集合,包含每一项的内容;第三个参数是每一项显示的布局文件,即内容如何显示;第四个参数是每一项包含的内容;第五个参数是每项中内容所对应的控件。第四个和第五个参数是一一对应的,也就是第四个参数中每个字符串键所对应的值会显示在第五个参数对应的控件上。

下拉列表的选择事件处理,主要是保存选择项信息,以及需要传递的数据。代码如下。

```
1   private class myOnItemClickListener implements OnItemClickListener {
2       public void onItemClick (AdapterView <?> parent, View view, int
        position,long id){
3           Intent intent=new Intent();
4           intent.setClass(SceneryActivity.this, SceneryShowActivity.class);
5           intent.putExtra("image", images[position]);
6           intent.putExtra("content", contents[position]);
7           startActivity(intent);
8       }
9   }
```

12.3.4 "号码百事通"模块

"号码百事通"模块主要用于存储各种号码信息,包括学校的一些重要部门的联系电

话、老师的电话等,并提供搜索和添加号码功能。"号码百事通"模块的程序结构如图 12-22 所示。

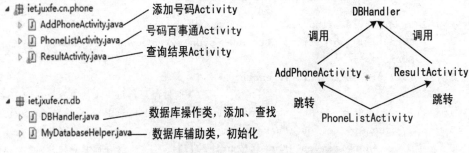

图 12-22 "号码百事通"程序结构分析

"号码百事通"模块运行主界面如图 12-23 所示,以一个扩展下拉列表存储号码信息,选中某一项后,会展开该项,显示存在的号码信息,如图 12-24 所示。还可以在文本编辑框中输入关键字进行查询,支持模糊查询,可根据姓名和号码查询,查询结果如图 12-25 所示。单击菜单按钮,可弹出菜单项,如图 12-26 所示,包括"添加新号码"和"退出"两个菜单项。单击"添加新号码"菜单项,跳转到"添加新号码"界面,如图 12-27 所示。

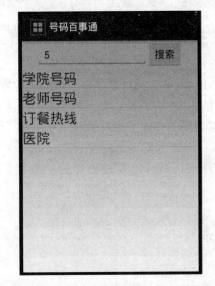

图 12-23 "号码百事通"模块运行主界面

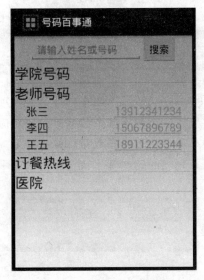

图 12-24 展开老师号码项的效果

"号码百事通"模块中所有的数据都存放在本机的数据库中,数据库辅助类的代码如下。

```
1   public class MyDatabaseHelper extends SQLiteOpenHelper {
2       final String CREATE_TABLE_SQL="create table phone_tb(_id integer primary "+
3           "key autoincrement,name,phone,type,keyword)";        →建表语句
4       public MyDatabaseHelper(Context context, String name,CursorFactory
```

第 12 章　Android 编程综合案例

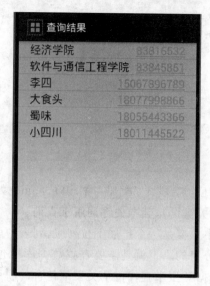

图 12-25　查询结果

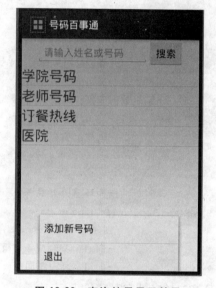

图 12-26　查询结果显示效果

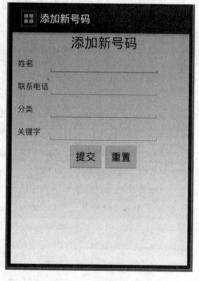

图 12-27　添加新号码界面

```
            factory, int version){
5               super(context, name, factory, version);        →构造方法
6           }
7           public void onCreate(SQLiteDatabase db){           →第一次创建时调用
8               db.execSQL(CREATE_TABLE_SQL);                  →执行建表语句
9               init(db);                                      →初始化数据库
10          }
11          public void onUpgrade(SQLiteDatabase db, int oldVersion, int newVersion){
                                                               →版本更新时,自动调用
```

Android 编程

```
12          System.out.println("---------"+oldVersion+"------->"+
            newVersion);
13      }
14      public void init(SQLiteDatabase db){
15          db.execSQL("insert into phone_tb values(null,'工商管理学院','83816813','
            学院号码',
16          '工商管理学院 83816813')");
17          ……                                          →插入一些初始记录
18      }
```

号码存储时包括以下几个字段：_id(唯一标识)、name(姓名)、phone(联系号码)、type(号码类型)、keyword(关键词)，其中关键词用于查询。

"号码百事通"主界面中主要是一个扩展下拉列表，列表中的每一项都可以展开，在这里是根据号码类型来进行分组的。也就是需要查找数据库中包含哪些类型，从而确定扩展下拉列表的组数，然后根据类型来查找每个类型下包含的联系人，从而确定每组中所包含的项数。扩展下拉列表的数据设置关键代码如下。

```
1   myHelper=new MyDatabaseHelper(this, "phone.db", null, 1);
                                                    →创建数据库辅助类
2   db=myHelper.getReadableDatabase();              →得到数据库
3   String sql="select distinct type from phone_tb"; →查询号码类型的SQL语句
4   ArrayList<String>type=dbHandler.getType(db, sql);
                                                    →调用数据库操作方法,得到类型集合
5   ArrayList< Map< String, String > > groups = new ArrayList< Map< String,
    String>>();                                     →创建组集合
6   ArrayList<List<Map<String, String>>>children=new ArrayList<List<Map
    <String, String>>>();
7   for(String str : type){                         →循环遍历类型集合
8       Map<String, String>item=new HashMap<String, String>();
                                                    →创建一个存放 Map 集合对象
9       item.put("group", str);                     →向 Map 集合中添加键值对
10      groups.add(item);                           →向组集合中添加项
11      ArrayList<Map<String, String>>child=dbHandler.getData(db,
12          "select name,phone from phone_tb where type=?", new String[]
            {str});                                 →获取每个类型下的所有号码集合
13      children.add(child);
                        →将统一类型的号码集合当成一项添加到另一个集合中
14  }
```

其中查找数据库中所包含的类型，以及每个类型所包含的号码项都放在专门的数据库操作类中进行，关键代码如下。

```
1   public ArrayList<String>getType(SQLiteDatabase db,String sql){
2       ArrayList<String>type=new ArrayList<String>();
```

```
3          Cursor cursor=db.rawQuery(sql,null);
                                              →查询数据库,得到查询结果 Cursor
4          while(cursor.moveToNext()){
5              type.add(cursor.getString(0));    →循环遍历结果,将结果放入集合
6          }
7          return type;                          →返回结果集合
8      }
9      public ArrayList<Map<String, String>>getData(SQLiteDatabase db, String
       sql,String[] str){
10
11         ArrayList<Map<String, String>>children=new ArrayList<Map<String,
           String>>();
12         Cursor cursor=db.rawQuery(sql,str);
                                              →查询数据库,得到查询结果 Cursor
13         while(cursor.moveToNext()){
14             Map<String,String>item=new HashMap<String, String>();
15             item.put("name",cursor.getString(0));  →将每列信息放入 Map 中
16             item.put("phone",cursor.getString(1)); →将每列信息放入 Map 中
17             children.add(item);                    →将每项记录添加到集合中
18         }
19         return children;                          →返回结果集合
20     }
```

得到这些数据后,下面来讲解如何将其与扩展下拉列表进行关联,这里我们使用了 SimpleExpandableListAdapter 类,创建该类时需要传递 9 个参数。

参数 1:上下文对象 Context;

参数 2:一级条目目录集合,即号码类型的集合;

参数 3:一级条目对应的布局文件;

参数 4:fromto,就是 map 中的 key,指定要显示的内容(groups 集合里的每一个 map 对象);

参数 5:与参数 4 对应,指定显示内容的控件 id;

参数 6:二级条目目录集合,即每个类型所包含的号码集合;

参数 7:二级条目对应的布局文件;

参数 8:fromto,就是 map 中的 key,指定要显示的内容(children 集合里的每一个 map 对象);

参数 9:与参数 8 对应,指定显示内容的控件 id。

```
1  SimpleExpandableListAdapter simpleExpandListAdapter=new
   SimpleExpandableListAdapter(
2              this, groups, R.layout.group, new String[] { "group" },
3      new int[] { R.id.group }, children, R.layout.child,
4      new String[] { "name", "phone" }, new int[] { R.id.name,R.id.phone });
5  setListAdapter(simpleExpandListAdapter);
```

查找号码的关键代码如下。

```
1  keyword=(EditText)findViewById(R.id.keyword);        →获取查询的关键字
2      query=(Button)findViewById(R.id.query);          →获取查询按钮
3      query.setOnClickListener(new OnClickListener(){  →添加事件监听器
4          String sql="select name,phone from phone_tb where keyword like ?";
                                                        →查询语句
5          public void onClick(View v){
6              ArrayList<Map<String,String>> phoneList=dbHandler.getData
               (db,sql,
7                  new String[]{"%"+keyword.getText().toString()+"%"});
8              Intent intent = new Intent(PhoneListActivity.this,
               ResultActivity.class);
9              Bundle bundle=new Bundle();              →创建 Bundle 对象,存放数据
10             bundle.putSerializable("result",phoneList);
                                                        →向 Bundle 对象中添加数据
11             intent.putExtras(bundle);                →将 Bundle 对象放入 Intent 中
12             startActivity(intent);                   →启动 Intent
13         }
14     });
```

添加菜单项和为菜单项添加事件处理的关键代码如下。

```
1  public boolean onCreateOptionsMenu(Menu menu){
2      getMenuInflater().inflate(R.menu.phone_manager, menu);
                                                        →添加菜单
3      return true;
4  }
5  public boolean onOptionsItemSelected(MenuItem item){
6      switch(item.getItemId()){
7      case R.id.addphone:                              →选择添加号码菜单项
8          Intent intent=new Intent(PhoneListActivity.this,
           AddPhoneActivity.class);
9          startActivity(intent); break;
10     case R.id.exit:                                  →选择退出菜单项
11         this.finish(); break;
12     default:break; }
13     return super.onOptionsItemSelected(item);
14 }
```

添加号码功能主要是向数据库中添加一条记录,单击"提交"按钮后,向数据库中添加记录,重置时,使每个文本编辑框的内容为空。关键代码如下。

```
1  private class myOnclickListener implements OnClickListener {
2      public void onClick(View v){
3          switch(v.getId()){
```

```
4        case R.id.submit:
5            DBHandler dbHandler=new DBHandler();         →创建数据库操作类
6            String sql="insert into phone_tb values(null,?,?,?,?)";
                                                          →插入语句
7            String keywordStr=keyword.getText().toString();
8            if(keywordStr==null || "".equals(keywordStr)){
                                                          →默认为姓名号码
9            keywordStr=name.getText().toString()+phone.getText().toString();
10           }
11           dbHandler.insert(db, sql, new String[] {name.getText().toString(),
12             phone.getText().toString(), type.getText().toString(),
               keywordStr });
13           Toast.makeText(AddPhoneActivity.this, "号码添加成功!", 1000).
             show();
14           Intent intent=new Intent(AddPhoneActivity.this,
15               PhoneListActivity.class);
16           startActivity(intent);                       →跳转到号码列表页面
17           finish();                                    →结束当前的Activity
18           break;
19       case R.id.reset:
20           name.setText("");                            →姓名文本编辑框为空
21           phone.setText("");                           →号码文本编辑框为空
22           type.setText("");                            →类型文本编辑框为空
23           keyword.setText("");                         →关键字文本编辑框为空
24           break;
25       default:
26           break;
27       }
28    }
29 }
```

12.4 注意事项

(1) 所有的Activity都必须在AndroidManifest.xml文件中注册,注册时必须指定android：name属性的值,该值对应具体的Activity类,和以往注册不同的是此处必须用完整的"包名＋类名"。因为,本应用中Activity较多,将其按功能放在不同的包下,默认情况下是从package="iet.jxufe.cn.android"包中查找Activity类,对于不在该包下的Activity,只能通过完整的"包名＋类名"才能访问。具体代码如下。

```
1  <activity                                    →activity标签,表示注册的组件是activity
2    android:name="iet.juxfe.cn.phone.PhoneListActivity"
                                                →指定Activity的类名
3    android:label="@string/numAssist" >
```

```
4    </activity>
```
→ 指定 Activity 标题显示的文字

（2）系统中相关的资源 ID 都是自动生成在 R 文件中的，而 R 文件是存放在默认包下的，因此在非默认包下的 Activity，若想引用资源，如图片、ID 等，必须导入 R 类，需要注意的是 Android 系统中也有一个 R 类，导入时，需选择自动生成的 R 文件，而不是系统的 R 类。在本应用中导入的是 import iet.jxufe.cn.android.R，而不是 import android.R。

（3）在使用百度地图相关 API 时，BMapManager 对象初始化时传入的第一个参数是自己所申请的 API Key，并不需要和代码中的一致，此外需添加相应的使用权限，例如访问网络等。

（4）在设计界面布局中，尽量通过代码来控制控件的大小和显示，而不要使用系统默认的设置，因为不同的版本，系统的默认设置有所不同，这将会导致应用程序在不同的手机上的显示会有所差别。

12.5　本章小结

本章详细地讲解了"校园通"应用程序的开发过程，从总体的需求分析，到具体各个功能模块的设计和具体的实现。每部分都采用总体程序结构分析、界面设计分析以及关键代码的实现来阐述。

本章内容是前面章节知识的综合运用，包括基本界面控件的使用（如 TextView、Button、ImageView 等）、高级界面控件的使用（如 Spinner、Gallery、ListView、ExpandableListView、菜单等）、Activity 之间的跳转与数据的传递、事件处理（如单击事件、触摸事件、选择事件等）、SQLite 数据库的使用、位置服务与百度地图等。

通过本章的学习，读者将越来越熟悉 Android 应用程序开发的一般步骤、程序设计的原则，逐步达到灵活运用所学知识的要求。

课后习题

尝试将游玩南昌的所有景点信息存放在 SQLite 数据库中，然后通过查询语句动态生成景点列表，并提供添加景点功能（提示：可参考"号码百事通"模块 SQLite 数据库的使用）。

附录

Android 中常见的错误与程序调试方法

Android 是基于 Java 语言的,因此一些简单的语法错误在编译时会自动提示,开发者根据提示信息就能很快地修正。然而编译正常,并不能表示程序能够正常运行,在运行时可能会出现运行时异常导致程序强制退出,还有一种隐蔽性错误即程序能够正常运行,但结果却和期望的不一致,也就是所谓的逻辑错误。下面主要针对后两种情景的解决方案做简单介绍。

1. 程序调试的工具

(1) LogCat 工具介绍

在 Android 中,为开发者提供了一个记录日志的 Log 类,使用 Log 类可以在程序代码中加入一些"记录点",并可以通过 Eclipse 中的 LogCat 工具来查看记录。当程序每次执行到"记录点"时,相应的"记录点"就会在 LogCat 中输出一条信息。开发者通过分析这些记录,可以检查程序执行的过程是否与期望的相符合。依此来判断程序代码中可能出错的区域,以便准确定位。

在默认的 Eclipse 编辑窗口中,并没有显示提供 Logcat 工具,需要开发者从 Eclipse 的窗口中调出来,具体操作为:在 Eclipse 菜单中选择 Windows→Show View→Other→Android→LogCat,在控制台窗口将出现 LogCat 工具。LogCat 工具各部分的含义如附图 1 所示。

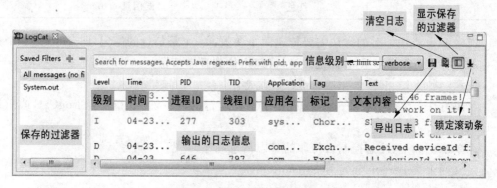

附图 1 LogCat 工具各部分的含义

默认情况下,LogCat 中显示的信息比较多,为了显示自己所需要的信息,可以对信息进行过滤。添加过滤条件的操作如附图 2 和附图 3 所示。

附图2 过滤器操作面板

附图3 添加过滤器的面板

android.util.Log 中常见方法有 Log.v()、Log.d()、Log.i()、Log.w()and Log.e()。根据首字母分别对应于 VERBOSE、DEBUG、INFO、WARN、ERROR。信息内容从 ERROR、WARN、INFO、DEBUG、VERBOSE 依次递增,即 VERBOSE 包含所有的信息,DEBUG 包含 ERROR、WARN、INFO、DEBUG 等信息,而 ERROR 仅仅包含 ERROR 级别的信息。不同类型的信息在 LogCat 中显示的颜色也会有所不同,具体如附表1所示。

附表1 信息级别及对应颜色表

方 法	颜 色	消 息
Log.v()	黑色	任何信息 verbose
Log.d()	蓝色	调试信息 debug
Log.i()	绿色	提示信息 information
Log.w()	橙色	警告信息 warning
Log.e()	红色	错误信息 error

通常 Log 类中相关的方法需要传递两个参数:一个是信息的标记,即 Tag;另一个是信息的内容。可以通过 Tag 标记过滤,快速定位到日志信息。

注意:有时 LogCat 中会不显示任何信息。

解决方法:在 DDMS→devices 视图中选择运行的设备,或重新打开 LogCat,或重启 Eclipse。

简单示例如下(注意控制台打印的日志信息顺序):

定义两个类 Person.java 和 Student.java。

Person.java

```
1   import android.util.Log;
2   public class Person {
3       public Person(){                    //构造方法
```

```
 4          Log.i(MainActivity.TAG, "Person Construtor invoked!");
 5      }
 6      public void say(){                    //自定义方法
 7          Log.i(MainActivity.TAG,"Person say()invoked!");
 8          System.out.println("I'm a super class!");
 9      }
10  }
```

Student.java

```
 1  public class Student extends Person {
 2      private String name;
 3      public Student(){                     //午餐构造方法
 4          this("姓名未知");
 5          Log.i(MainActivity.TAG, " Student Constructor without argument invoked!");
 6      }
 7      public Student(String name){          //带一个参数的构造方法
 8          this.name=name;
 9          Log.i(MainActivity.TAG, " Student Constructor with a argument invoked!");
10      }
11      public void say(){                    //自定义的方法
12          Log.i(MainActivity.TAG,"Student say()invoked!");
13          System.out.println("I'm a subclass of Person! My name is "+name);
14      }
15  }
```

在MainActivity类中定义TAG常量，并在onCreate()方法中调用相应方法。

MainActivity.java

```
 1  public class MainActivity extends Activity {
 2      public static final String TAG="LogCatInfoTest";
 3      protected void onCreate(Bundle savedInstanceState){
 4          super.onCreate(savedInstanceState);
 5          setContentView(R.layout.activity_main);
 6          Person person=new Student();      //多态,父类引用指向子类对象
 7          person.say();                     //调用对象方法
 8      }
 9  }
```

控制台中日志信息的输出顺序是什么？（选择可能输出的信息，并对其进行排序）

① Person Construtor invoked!

② Person say()invoked!

③ I'm a super class!
④ Student Constructor without argument invoked!
⑤ Student Constructor with a argument invoked!
⑥ Student say() invoked!
⑦ I'm a subclass of Person! My name is Xxx

结果：①→⑤→④→⑥→⑦。

(2) Eclipse 提供的 Debug 功能

和 Java 编程一样，在 Eclipse 中也可以对 Android 程序进行调试。首先在代码中设置断点，当程序执行到断点时将会停下来。设置断点的方法有如下几种。

① 双击左边代码所在行的行号，生成断点标志。
② 鼠标放在代码所在行，单击右键，选择第一个 Toggle Breakpoint，生成断点标志。
③ 将光标放在需要添加断点的行，然后按 Ctrl＋Shift＋B 键，即可生成断点标志。

如果想取消相应的断点，只需重复以上的操作即可。

设置好断点后，运行程序，此时不再是选择 Run As 而是选择 Debug As。程序会执行到断点处停止，并且跳转到 Debug 视图，如附图 4 所示。

附图 4　Eclipse 中调试窗口

接下来即可通过调试按钮或快捷键跟踪程序执行过程，Debug 调试的一些快捷键如下。

① F11：启动 Debug；
② F5：Step Into(进入内部执行)；
③ F6：Step Over(执行下一步)；
④ F7：Step Retrun(返回)；
⑤ F8：执行到最后。

2. 运行时常见的错误

(1) 空指针异常

① 引用类型的变量只有声明、定义，没有初始化，默认值为 null。

```
1   public class MainActivity extends Activity{
2       private Button login;
3       protected void onCreate(Bundle savedInstanceState){
4           super.onCreate(savedInstanceState);
5           setContentView(R.layout.activity_main);
6           login.setOnClickListener(new OnClickListener(){
7               public void onClick(View v){
8                   System.out.println("登录按钮被单击了!");
9               }
10          });
11      }
12  }
```

此时,编译没有任何错误,但运行时会抛出空指针异常!因为 login 并没有具体为它赋值。它默认为 null。程序运行结果如附图 5 或附图 6 所示。

附图 5 中文状态下强制退出提示

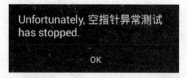

附图 6 英文状态下强制退出提示

此时就需要查看控制台中对错误信息的描述,一般来说,首先查看错误的开始、对错误的描述,例如:

```
FATAL EXCEPTION: main
java.lang.RuntimeException: Unable to start activity ComponentInfo{iet.jxufe.cn.android/iet.jxufe.cn.android.MainActivity}: java.lang.NullPointerException
```

然后查找 Caused by 语句,看是由什么造成的。

```
Caused by: java.lang.NullPointerException
at iet.jxufe.cn.android.MainActivity.onCreate(MainActivity.java:14)
```

发现原因后就需要分析,为什么会为 null 值,从而进行相应的修改。下面的修改行不行呢?为什么?

```
1   public class MainActivity extends Activity{
2       private Button login=(Button)findViewById(R.id.login);
3       protected void onCreate(Bundle savedInstanceState){
4           super.onCreate(savedInstanceState);
5           setContentView(R.layout.activity_main);
6           //login=(Button)findViewById(R.id.login);
7           login.setOnClickListener(new OnClickListener(){
8               public void onClick(View v){
```

```
9              System.out.println("登录按钮被单击了!");
10          }
11      });
12  }
13 }
```

此时，系统仍然会抛出空指针异常，这是因为 findViewById() 方法的作用是通过 Id 从某个布局文件中查找相应的控件，它的前提是该布局文件已加载。而布局文件的加载是在 onCreate() 方法中，login 作为成员变量，是在类加载的时候就执行的，而 onCreate() 方法是在创建了该类的对象后才会执行。正确的做法如下。

```
1  public class MainActivity extends Activity {
2      private Button login;
3      protected void onCreate(Bundle savedInstanceState){
4          super.onCreate(savedInstanceState);
5          setContentView(R.layout.activity_main);
6          login= (Button)findViewById(R.id.login);
7          login.setOnClickListener(new OnClickListener(){
8              public void onClick(View v){
9                  System.out.println("登录按钮被单击了!");
10             }
11         });
12     }
13 }
```

② 根据 findViewById() 方法未能找到相应控件（主要针对多个布局文件）。

```
1  public class MainActivity extends Activity {
2      private Button login;
3      private Button reset;
4      private EditText name,psd;
5      protected void onCreate(Bundle savedInstanceState){
6          super.onCreate(savedInstanceState);
7          setContentView(R.layout.activity_main);
8          login= (Button)findViewById(R.id.login);
9          login.setOnClickListener(new OnClickListener(){
10             public void onClick(View v){
11                 Builder builder=new AlertDialog.Builder(MainActivity.this);
12                 builder.setTitle("欢迎登录");
13                 View view=getLayoutInflater().inflate(R.layout.login, null);
14                 reset= (Button)findViewById(R.id.reset);
15                 name= (EditText)findViewById(R.id.name);
16                 psd= (EditText)findViewById(R.id.psd);
17                 reset.setOnClickListener(new OnClickListener(){
18                     public void onClick(View v){
```

```
19                          name.setText("");
20                          psd.setText("");
21                      }
22              });
23              builder.setView(view);
24              builder.create().show();
25          }
26      });
27  }
28 }
```

默认情况下，Activity 的 findViewById()方法会在 setContentView 方法设置的布局文件中查找控件，但上面的代码中这些控件并不是在 R.layout.activity_main 中，而是在 R.layout.login 中。上面代码中已经将 R.layout.login 转换成了 View 对象，此时应调用 View 类的 findViewById()。因此只需将上面加粗的部分用下面的代码替换即可。

```
reset=(Button)view.findViewById(R.id.reset);
name=(EditText)view.findViewById(R.id.name);
psd=(EditText)view.findViewById(R.id.psd);
```

(2) 类型转换异常

Android 中 Activity 类的 findViewById()方法的返回值为 View 类型，在实际应用中经常需要调用具体控件的一些特殊方法，例如 ImageView 的设置图片、TextView 设置文本内容等，而 View 类并没有提供相关的方法，因此，需要把 View 对象转化成具体的子类对象。由父类对象强制转换为子类对象，在编译时是不会出错的，但是当程序运行时，如果具体的对象与所转换的对象类型不一致，也不存在父子关系时，则会抛出类型转换异常。例如将 ImageView 强制转换成 TextView，将 TextView 转换为 Button 等。而将 Button 强制转换成 TextView 则不会出错，因为 TextView 是 Button 的父类，子类对象可以赋给父类引用。

(3) 数组越界异常

数组越界异常也是开发中经常会遇到的异常，访问时数组的下标从 0 开始，因此最大的下标为数组的长度减 1，如果访问的下标不在这个范围之内，则抛出数组越界异常。例如循环浏览图片时，当访问到最后一张时，如果继续递增则会导致数组越界。对于数组越界一个比较好的处理方式，即将数组的下标设置为当前访问的数对数组的长度取模，这样结果一定在 0～数组长度－1 之间，不会越界。

(4) 重复运行程序出现警告

当前程序已经运行在前台，并且程序没有任何更新，此时重复运行会提示如下警告。

```
Warning: Activity not started, its current task has been brought to the front
```

即 Activity 没有启动，因为当前任务已经运行在前台。

解决方案：①退出程序再运行；②修改程序再运行，如添加一个空格。

(5) XML 文件中标签拼写错误

在 Android 开发中,还会经常遇到 XML 文件中单词拼写错误,该错误编译时不是提示。程序运行时,则会强制退出,并且 LogCat 中会打印出 android. view. InflateException：Binary XML file line ♯ ：Error inflating class Xxxx. 信息。

错误原因：

① 引用类名问题,即标签的名称写错,这时候系统根据反射机制找不到相应的类；

② 如果是自定义标签,那么自定义的类必须实现包含属性的构造方法。

- View(Context context)：仅包含 Context 类型参数的构造方法,通过这种方式自定义的控件,只能通过 Java 代码来创建。
- View(Context context，AttributeSet attrs)：通过这种方式自定义的控件既可以在 Java 代码中创建,也可以在 XML 文件中使用,在 XML 文件中使用时,使用完整的包名＋类名作为标签的名称,如下所示。

```
1  public class MyButton extends Button {
2      public MyButton(Context context){
3          super(context);
4      }
5  //  public MyButton(Context context, AttributeSet attrs){
6  //      super(context, attrs);
7  //  }
8  }
```

(6) 使用 ListActivity 时,调用 setContentView()方法出错

当使用 ListActivity 时,可以不包含任何布局文件,即不调用 setContentView()方法,如果使用 setContentView()方法设置显示的界面,则在布局文件中必须包含一个 ListView,并且 ListView 的 id 为 @ android：id/list,否则会抛出运行时异常(Fatal Exception 致命的异常)：**Your content must hava a ListView whose id attribute is 'android. R. id. list'**。

ListActivity has a default layout that consists of a single, full-screen list in the center of the screen. However, if you desire, you can customize the screen layout by setting your own view layout with setContentView()in onCreate(). To do this, your own view **MUST** contain a ListView object with the id "@android：id/list"。

这是因为 ListActivity 中有一个默认的布局文件,该文件中仅包含一个占满整个屏幕的 ListView,并且该 ListView 的 id 为 @ android：id/list,系统会根据这个 id 来获取 ListActivity 中的 ListView。

(7) Eclipse 中导入项目错误

① 几乎所有的 Java 类都报错

出现这种现象,通常是由 Android 的版本造成的,原来项目所使用的版本在本机上不存在,此时可以看到在项目的文档结构中不存在 Android 开发包。

解决方案：为该项目引入 Android 开发包,不一定要和原版本一致,可以引入比原版

本更高的开发包。操作过程：选中该项目单击右键→选择 properties，弹出对话框→选择 Android，然后在右边选择一个已有的 Android 开发包→Apply→OK。

② 提示 Java 编译器错误

在 Eclipse 中导入 Android 项目时常出现 Android requires compiler compliance level 5.0 or 6.0. Found'1.4' instead. Please use Android Tools>Fix Project Properties. 错误提示。

解决方案：

（a）按提示在工程文件上单击右键→Android Tools→Fix Project Properties 即可；

（b）若（a）无效，则手动打开 Project→Properties→javaCompiler→选择 Enable project specific setting→再选择 Compiler Compliance Level→选择任意一个非默认的值）→OK；

（c）重复第（b）步，将 Compiler Compliance Leave 选为正确的值（该值一般是当前安装的 JDK 版本值，如 jdk 5 对应 1.5、jdk 6 对应 1.6），之后单击 OK。

③ 提示 @Override 报错

有时候导入 Android 工程明明是刚刚用过的没有问题的工程，但重新导入时就报错。

提示 The method … must override a spuerclass method，然后 Eclipse 给提示把 @Override 删除。

这个错误源于 Java Compiler，Java1.5 中是没有 @Override 的，1.6 中才有。

解决方案：让 Eclipse 使用 Java1.6 而不是 1.5。

操作过程如下：

在 Eclipse 中选择 Window→Preferences→Java→Compiler。

虽然这个时候可能在右边看到的 Compiler compiance level 选择的是 1.6，但是细分到每个项目的时候则不一定，因此继续选择 Configure Project Specific Setings，就可以看到我们的工程了，选择报错的工程并单击 OK。

这时我们看到这里的 JDK Compliance 并不是 1.6，将其修改为 1.6，之后单击 OK。

参 考 文 献

[1] Android 开发者指南. http://developer.android.com/index.html [EB/OL],2012.
[2] 李刚 编著. 疯狂 Android 讲义[M]. 北京：电子工业出版社,2011-7.
[3] 杨丰盛 著. Android 应用开发揭秘[M]. 北京：机械工业出版社,2010-1.
[4] 李宁 编著. Android 开发权威指南[M]. 北京：人民邮电出版社,2011-9.
[5] 李兴华 编著. 名师讲坛——Android 开发实战经典[M]. 北京：清华大学出版社,2012-3.
[6] 吴亚峰,苏亚光 编著. Android 应用案例开发大全[M]. 北京：人民邮电出版社,2011-9.